工程建设理论与实践丛书

平原河流聚能建筑物施工技术

PINGYUAN HELIU JUNENG JIANZHUWU SHIGONG JISHU

孔云洲 赵 然 曹 辉 主编

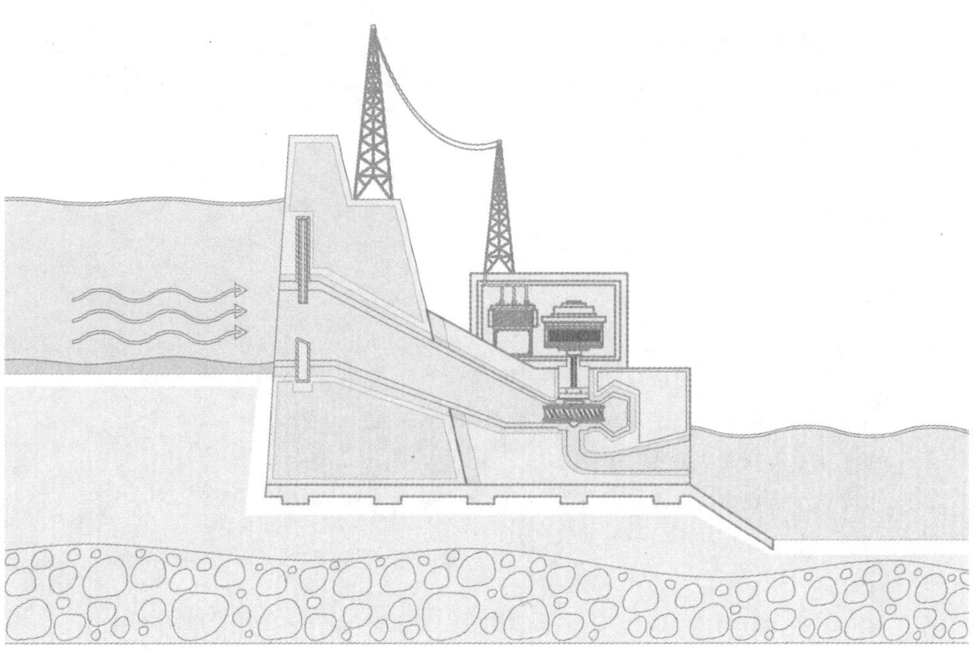

華中科技大學出版社
http://press.hust.edu.cn
中国·武汉

图书在版编目(CIP)数据

平原河流聚能建筑物施工技术 / 孔云洲，赵然，曹辉主编. —武汉：华中科技大学出版社，2024.2

ISBN 978-7-5772-0188-7

Ⅰ. ①平… Ⅱ. ①孔… ②赵… ③曹… Ⅲ. ①平原-河流-水利工程-工程施工 Ⅳ. ①TV5

中国国家版本馆 CIP 数据核字(2023)第 254379 号

平原河流聚能建筑物施工技术 孔云洲 赵 然 曹 辉 主编

Pingyuan Heliu Juneng Jianzhuwu Shigong Jishu

策划编辑：周永华

责任编辑：叶向荣

封面设计：杨小勤

责任校对：王亚钦

责任监印：朱 玢

出版发行：华中科技大学出版社(中国·武汉) 电话：(027)81321913

武汉市东湖新技术开发区华工科技园 邮编：430223

录 排：华中科技大学惠友文印中心

印 刷：武汉科源印刷设计有限公司

开 本：710mm×1000mm 1/16

印 张：20.25

字 数：364 千字

版 次：2024 年 2 月第 1 版第 1 次印刷

定 价：98.00 元

编　委　会

前　言

平原河流是指流经冲积平原地区的河流。大中型河流的中下游均流经冲积平原。平原河流河谷宽广，分布着广阔的河漫滩，中水位时水流集中在主槽中流动并形成一系列泥沙堆积体（如边滩、心滩、江心洲、浅滩、沙嘴等），平面形态具有一定规律，有顺直型、弯曲型、分汊型、游荡型等。

在平原河流的截断面修建主坝，在两侧的河岸上分别修建副坝与主坝衔接，形成库区。主坝可使得平原河流水流被拦截，壅高河床水位，副坝又可人为地缩小主坝雍高水位后库区的淹没面积，从而减少移民数量，充分集聚了平原河流上的水能，使其得到充分利用。在主坝上修建水电站，形成河床式水电站，位于主坝下游的平原河流形成泄洪渠和长尾水渠，这种新型的集聚水能的建筑物在我国大渡河上得到了应用，并取得了十分好的效益。

本书主要以编者单位在四川省内的大渡河下游负责建设的沙湾水电站及安谷水电站的实际施工全过程为基础素材，密切结合平原河流聚能建筑物施工项目的特点与实际。本着科学、规范、系统、实用和可操作的指导思想，编者着力将实践中的工作以及实践中的技术特点、难点进行归纳总结，并分析、研究、概括后，将其上升到理论的高度，使本书具有一定的导读性及实用性。

全书共有 6 章，包括河床式水电站工程概论、平原河流导截流施工技术、筑坝技术、枢纽建筑施工关键技术、长尾水渠施工和施工技术总结。

本书可作为普通高等院校水利水电工程等专业的阅读参考材料，也可作为继续教育的培训材料，为中国水电行业工作者提供较为系统而全面的参考。

由于编者的视角和掌握的资料有所局限，且知识水平有限，书中难免有疏漏之处，欢迎广大读者批评指正。

目　录

第1章　河床式水电站工程概论

1.1　大渡河水能开发介绍

大渡河系岷江右岸最大支流，汉代称为沫水，后世又称阳江、阳山江、大渡水、铜河，其发源于川青交界的雪山草地。上源有三支，东源梭磨河，发源于四川省红原县鹧鸪山；西源绰斯甲河，发源于青海省果洛山东南麓；正源足木足河，发源于青海省阿尼玛卿山。正源足木足河流经马尔康市热脚左纳东源梭磨河，西南流至马尔康市可尔因右纳西源绰斯甲河。三源汇合后始称大金川，向南流至丹巴县，左纳来自小金县的小金川，后始称大渡河。大渡河继续向南流，左纳金汤河，右纳瓦斯沟，过泸定县后，又右纳田湾沟、安顺河，折而东流，至石棉县，右纳南垭河，至汉源县，左纳流沙河，至甘洛县尼日，右纳牛日河，再东流过金口河、峨边县，至乐山市铜街子折而向北，过福禄镇有较大弯折，于乐山市草鞋渡左纳青衣江，然后向东流至乐山市市中区的肖公咀与岷江相汇。大渡河干流河道略呈L形，全长1062 km，流域面积77400 km^2。大渡河在金口河区的胜利乡白熊沟口流入乐山市境内，干流在乐山市境内河长172 km，落差253 m，平均比降约1.31‰。境内流域面积4610.1 km^2。

大渡河干流在铜街子以上，流急河道弯曲、坡陡。铜街子以下河宽逐渐增大。特别是沙湾至乐山段，长约35 km，河谷开阔，水流散乱；汊壕纵横，洲岛遍布，是典型的多汊滩险河道。夏秋汛期，众壕分流，江宽水阔，川流交错，状如水网，行船如入迷宫。枯水期，卵石遍滩，沙质岸滩、河滩草地随处可见，河床由砂卵石组成。

大渡河水能资源丰富，居我国十二大水电基地的第五位，大渡河水电的开发，在未来“西电东送”的宏伟工程中，具有重要的战略意义。大渡河干流靠近四川腹地，靠近四川负荷中心，其梯级电站的开发可就近供电四川电网，给电网提供可靠的调峰、调频和事故备用保障。同时，利用其在建的瀑布沟和上游开发条件较好的双江口水库电站的调节性能，联合运行后并经系统的合理调度，可使整个大渡河梯级电站达到季调节以上能力，这对四川水电进行电力补偿后外送也提供了较好的电力保障。大渡河沿河基本上均有等级公路贯通，对外交通方便，下游有成昆铁路通过，这为大渡河梯级全面开发提供了较好的交通便利条件。

依据《四川省大渡河干流水电规划调整报告》(2003 年 7 月)，干流规划河段水电开发推荐以下尔呷、双江口、猴子岩、长河坝、大岗山、瀑布沟等形成主要梯级格局的 22 级开发方案，规划干流总装机容量 23400 MW，年发电量 1123.6 亿 kW·h。在 22 个梯级中，以下尔呷为干流“龙头”水库，水库为多年调节性能，调节库容 19.3 亿 m^3，电站装机容量 540 MW；以双江口为上游控制性水库，水库为年调节性能，调节库容 19.1 亿 m^3，电站装机容量 1800 MW；以瀑布沟为中游控制水库，水库为季调节性能，调节库容 38.8 亿 m^3，电站装机容量 3300 MW。结合电力市场及大渡河干流近期开发目标，推荐双江口、深溪沟、大岗山、长河坝为继瀑布沟后的第一批开发工程；猴子岩、金川、巴底为第二批开发工程。铜街子以下河段为大渡河干流下游，根据规划，干流共三个梯级，分别为沙湾水电站、沫水水电站和安谷水电站。

在大渡河前期规划时，其最下游梯级为铜街子，对靠近城镇的大渡河下游并未规划有梯级。2003 年以后，为利用大渡河下游水能资源，并为沿岸的城市防洪、灌溉以及航运等提供发展的契机，在大渡河干流下游规划了 2 级梯级，即沙湾水电站和安谷水电站，鉴于下游河段的实际特点，这两级梯级开发不同于一般的水电梯级，而沫水水电站则是利用两个水电站水位尚未衔接部分水头进行水电开发。

沙湾水电站为下游第一个梯级电站，该工程以发电为主，受大渡河下游河谷开阔，沿河两岸城镇、农田较多，人口稠密等条件的约束，沙湾水电站采取的开发方式为河床式，同时河床式厂房厂后接 9015 m 的尾水渠，尾水渠可利用落差为 14.5 m。

沫水水电站为沙湾水电站尾水渠出口—安谷水电站回水末端河段规划的一个梯级电站。沫水水电站布置于沙湾水电站尾水渠与安谷水电站回水末端之间，安谷水电站正常蓄水位为 398 m，该河段最大可利用落差仅为 7 m，因此该电站采用单一级开发方式，为河床式方案。

安谷水电站为下游开发中的最后一级开发方式，该工程开发任务主要为发电和航运，同时兼顾有防洪、灌溉、供水等任务。安谷水电站工程位于大渡河从山区转入平原的冲积扇上，区域地貌形态主要表现为侵蚀堆积地貌，工程所在河段内水网密布，分壕汊道众多，心滩、漫滩极为发育，水流散乱，是典型的多汊滩险河道。考虑安谷枢纽所在河段河道的复杂性以及防洪敏感性高等特点，确定

安谷水电站的开发方案为:左岸建长防洪堤并结合河道疏浚形成水库,建闸挡水并结合长尾水渠发电,采用单级高水头船闸和下游长尾水渠通航等。

大渡河下游三级低水头梯级电站需要考虑到下游河段自然条件、防洪要求和河流开发利用条件等因素的影响,同时电站枢纽布置涉及发电、防洪、枢纽运行及生态保护等课题,因此十分有必要对电站枢纽布置问题进行研究。特别是安谷水电站采取长防洪堤并结合河道疏浚方法,同时采取建闸挡水并结合长达 10 km 以上的尾水渠的电站开发方式,在国内外均属罕见,具有重要的研究意义。

1.2　长尾水渠开发方式研究

河水经过水轮机后,水流所携带的水能被水轮机吸收利用,成为尾水。把尾水从发电站厂房排泄到下游河床的渠道称为尾水渠。

1. 大渡河使用长尾水渠开发方式的必要性

虽然我国水电建设事业取得了很大的成就,但与迅速发展的工农业生产对用电的需求相比还相差很远。我国水能资源理论蕴藏总量(未包括台湾地区)达 6.76 亿 kW,可开发容量约 3.78 亿 kW,相应年发电量 19200 亿 kW·h,居世界第一。但是,目前我国水电开发程度仍较低,大部分宝贵的水能资源还在白白地流失,开发率按电量算只有 10%左右,不但远远落后于美国、加拿大、西欧等发达地区和国家,而且也落后于巴西、埃及、印度等发展中国家。

随着我国经济持续稳定的高速发展,以开发水能资源来满足各行业对清洁能源的需求而兴建的水电工程越来越多,特别是四川省作为我国的水电“富矿区”,具有得天独厚的自然条件。然而四川省由于特殊的地形地貌特征,大量的水能资源分布在河流中上游人口稀少的三州地区,河流下游人口集中、工业发达、急需能源的盆地平原区水能资源分布较少。近年来,四川省下游地区经济的高速和超常规发展,使人们对当地水能资源开发的愿望越来越强烈,促使从事水电研发的人员不得不对原认为采用常规方式不可能开发或经济效益差、技术难度大的水能资源进行重新认识和研究,探索采取一种全新的水电开发方式进行开发,以满足当地日益增长的水电资源需求。

大渡河沙湾河段若采取堤坝式的高坝大库方式开发,会因淹没工矿场地和省道 103 公路及大片耕地、民房而变得不可行;若采用引水式方式开发,会因流量大且比降小，在经济上不合算，且电站负荷变化而产生的不稳定流无法满足航运船只对水流条件的要求而变得不可行；若采用纯河床式开发，则需建设两级电站才能完成该河段水能资源的开发利用，其投入产出比效果极差。经技术经济综合比较，针对该河段的特点采取了一种全新的开发方式：河床式厂房加长尾水渠的混合式开发。

2. 尾水渠功能延伸带来混合开发方式的多样性

无论是河床式还是引水式或堤坝式水电站厂房的尾水渠，其原有的功能仅仅是将发电后的水流平稳地导向下游河道。尾水渠是作为电站的出水口而存在的，一般较短，电站水头的集中在平面上均位于主厂房轴线上游。而沙湾水电站的尾水渠不仅具有上述功能，而且还集中了电站发电水头的二分之一，即 14.5 m，获得装机容量 220 MW 之多。该开发方式给尾水渠赋予了新的功能——集中发电水头、获得发电能量、增加装机容量。2005 年四川省省内采用长尾水渠集中部分水头的项目见表 1.1。

表 1.1　2005 年四川省省内采用长尾水渠集中部分水头的项目

所在河流	电站名称	装机容量/MW	水头/m		尾水渠设计流量/(m^3/s)	尾水渠长度/m	设计阶段
			总水头	其中尾水渠集中水头			
大渡河	沙湾水电站	480	30.0	14.5	2203.2	9015	施工
青衣江	百花滩水电站	150	32.8	16.0	575.0	7900	施工
青衣江	千佛岩水电站	102	25.0	12.0	600.0	6200	初设
青衣江	毛滩水电站	80	20.0	10.0	610.0	5700	规划
青衣江	金水滩水电站	51	14.0	6.0	630.0	3800	规划
涪江	吴家渡水电站	42	13.0	5.5	436.2	3700	初设

由表 1.1 可知，沙湾水电站长尾水渠在集中水头、设计流量和长度方面最具有代表性。

尾水渠具有集中水头的新功能，使得混合式开发方式变得多种多样：第一种为传统式，即由坝和引水渠各集中一部分水头；第二种为河床式厂房加长尾水渠；第三种为坝后式厂房加长尾水渠；第四种为传统引水式加长尾水渠；第五种为传统混合式加长尾水渠。

1.3 沙湾水电站工程概况

1. 工程自然条件

大渡河沙湾水电站工程位于四川省乐山市沙湾区境内，为大渡河干流下游梯级规划中的第一级，坝址位于大渡河沙湾区葫芦镇河段，该河段长 25 km，天然落差 30 m，河床天然平均比降 1.31‰。该工程上游距已建铜街子水电站 11.5 km，下游距乐山市城区 44.5 km，成昆铁路在本电站下游约 7.0 km 处的轸溪车站通过。坝址区有省道 S103 公路通过，交通方便，地理位置优越。

2. 工程开发内容与开发方式

(1) 开发内容。

沙湾水电站的开发任务以发电为主，兼顾灌溉和航运。近期为预留通航建筑物位置，电站采取河床式厂房加长尾水渠的新型混合式开发方式，其中筑坝壅水高度为 15.5 m，河床式厂房，厂后接长约 9.0 km 的尾水渠，尾水渠集中水头 14.5 m，电站总利用水头 30.0 m。

(2) 电站特征指标。

沙湾水电站装机容量 480 MW，设计水头 24.5 m，正常蓄水位 432.0 m，引用流量 2203.2 m^3/s，年利用小时数 5015 h，多年平均发电量 24.07 亿 kW·h，总库容 4554 万 m^3，总工期 64 个月，第一台机发电期 57 个月，工程静态总投资 278172 万元(其中尾水渠造价 54200 万元)，动态总投资 322119 万元(其中尾水渠造价 65100 万元)，单位千瓦时静态投资 5795 元。

根据《防洪标准》(GB 50201—2014)和《水电工程等级划分及洪水标准》(NB/T 11012—2022)，沙湾水电站属二等大型工程，其主要挡水建筑物包括非溢流面板坝、泄洪冲沙闸、主厂房、右岸接头坝等，按 100 年一遇洪水标准($P=1\%$)设计，相应洪峰流量为 10700 m^3/s；校核洪水按 2000 年一遇标准($P=0.05\%$)设计，相应洪峰流量为 14000 m^3/s。

沙湾水电站尾水渠左堤溢流段堤顶高程按发电停机流量设计，相应流量为 5000 m^3/s，其余堤段堤顶高程按 100 年一遇洪水标准设计。左堤脚防冲深度按 50 年一遇洪水标准($P=2\%$)设计，相应流量为 9890 m^3/s。尾水渠右堤堤顶高程，结合局部村镇防洪要求，按 10 年一遇洪水标准($P=10\%$)设计，则相应流量为 7940 m^3/s。

3. 工程总体布置

根据工程河段的地形地势特点，葫芦镇坝址以下河道走向为偏向右岸，角度接近 90°，且河床左岸岸坡较陡、主流集中、冲沟发育，不宜布置大流量的尾水渠，而右岸岸坡平缓，无大的冲沟发育，故尾水渠应布置在右岸（渠道短，开挖量小），相应厂房就只能布置在右岸。考虑到左岸坝下近距离范围内有葫芦镇及大型工矿企业，且其基础均为砂卵石覆盖层，因此，泄洪冲砂建筑物宜尽可能布置于主河床偏右岸，以避免对左岸岸坡的淘刷，危及村镇及工矿业的安全。河床左侧利用当地材料坝（面板堆石坝）与左坝肩相连。

沙湾水电站枢纽工程由首部枢纽、引水系统、厂区枢纽等建筑物组成，为低闸引水式电站。如图 1.1 所示为沙湾水电站枢纽平面布置图。

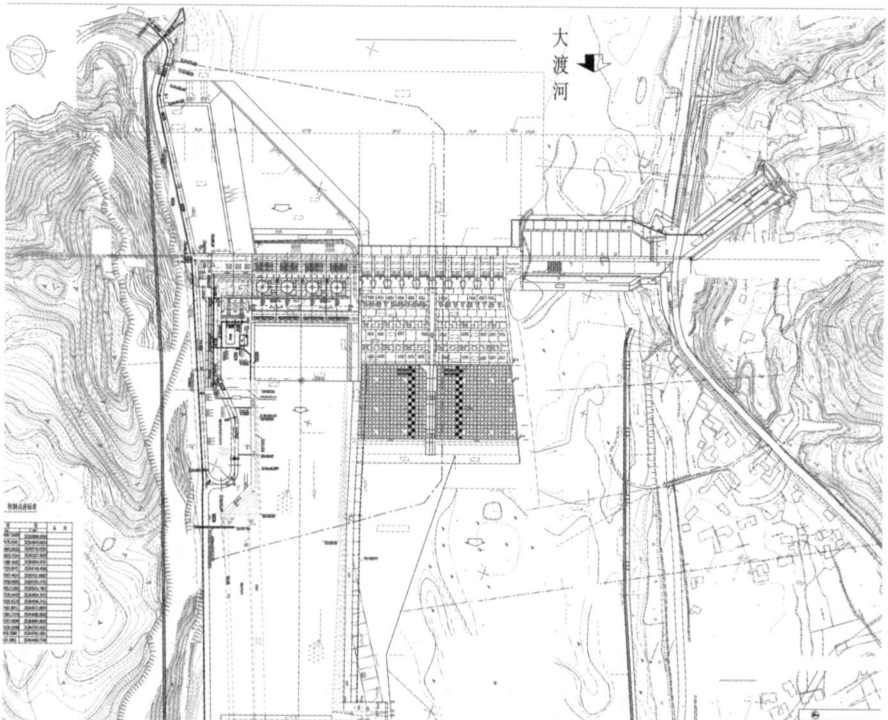

图 1.1　沙湾水电站枢纽平面布置图

本枢纽总体布置受到长尾水渠布置的制约，在主厂房只能布置在河床右岸

的前提下，针对安装间布置在主厂房左侧、右侧两个枢纽布置方案进行了研究。两个方案在技术上均没有大的制约因素，主要在于运行方便与否和经济上的区别。

（1）安装间布置在主厂房左侧。

安装间布置在主厂房左侧，主要是考虑到右坝肩布置有船闸，再加上下游水位较高，无法满足下游用公路直接进厂的条件；根据主机段地质勘探情况，应尽可能多地将主厂房主机间布置在基岩台地上，以避免由于覆盖层承载能力低而大量换基。由于厂房 2、3 号机组段基岩出露高程降低，再加上基础分布有最厚达 18 m 的粉细砂层透镜体，即使将安装间布置在厂房左侧，也避免不了对粉细砂层透镜体的换基处理，岩石开挖量也比较大，而进口流道离冲沙闸较远，不利于厂前引水排沙，且只能采取从坝上用电梯垂直进厂的方式，对于电站长期正常运行、检修、维护和对外交通均不方便，消防设施的通道也不畅。

（2）安装间布置在主厂房右侧。

安装间布置在主厂房右侧，虽然厂房大部分要建基于覆盖层上（需对覆盖层基础进行换基处理），但可减少安装间段基岩及右岸山体坡脚的岩石开挖量，有利于右岸高边坡稳定；冲沙闸紧邻电站进水口布置，有利于厂前引水排沙；电站进水口适当往主河槽方向平移，有利于进出口水流平顺；而且能够满足下游用公路直接进厂的条件，更有利于副厂房、开关站的布置，长期操作运行、检修、维护和对外交通均较方便，消防通道的布置也比较有利。

两个方案经综合技术经济比较后可知，安装间布置在主厂房左侧方案比安装间布置在主厂房右侧方案的直接投资少 580.2 万元，但综合以上几方面技术经济分析，宜采用将安装间布置在主厂房右侧的方案。

枢纽左岸用非溢流面板堆石坝接石沟口山体，右接泄洪冲沙闸，从左至右依次布置非溢流面板坝、泄洪冲沙闸（10 孔，单宽 14 m）、闸坝储门槽、主厂房、厂房储门槽（安装间）、右岸接头坝及副厂房、升压站等建筑物，坝线全长 699.82 m，非溢流坝（面板堆石坝）长 247.70 m，闸坝储门槽段长 20.02 m，泄洪冲沙闸段长 190.10 m，主厂房段长 147.5 m，安装间长 54.5 m，右岸接头坝（预留通航建筑物位置）42 m，右接陡峭的飞水洞山体。尾水渠全长 9015 m，尾水渠线路根据河床地形地质条件确定，以尽量少占用河道行洪断面及工程量较少为原则，尾水渠出口拟在祝湾坝下游约 500 m 河段处。

4. 主要建筑物形式

（1）左岸非溢流坝。

左岸非溢流坝（面板堆石坝）长 247.70 m，桩号为 0＋000.00～0＋247.70，其左接石沟口山体，右接泄洪冲沙闸。设计洪水标准为 100 年一遇，校核洪水标准为 2000 年一遇，坝顶高程按照《碾压式土石坝设计规范》（SL 274—2020）的相关要求计算，防浪墙顶高程为 434.80 m，考虑和泄洪冲沙闸相协调，设计坝顶高程为 435.00 m。左岸非溢流坝为砂卵石填筑面板坝，上下游坝坡坡比均为 1∶1.6，迎水面采用 30 cm 厚 C25 混凝土面板，背坡采用混凝土网格植草皮护坡，校核洪水位以下设混凝土网格梁干砌大卵石贴坡排水体。将比较松散、承载力低、压缩变形比较大的表皮覆盖层（3～4 m）清除后，左岸非溢流坝（面板堆石坝）建基于密实的砂卵石覆盖层上，上游坡脚设混凝土趾板。趾板下设混凝土防渗墙，厚 1.0 m，贯穿砂卵石覆盖层，嵌入基岩 1.0 m，其下设帷幕灌浆做防渗处理，最深至 360.0 m 高程处。因枢纽兼有永久进厂交通功能，非溢流面板坝顶宽 7 m。

（2）闸坝储门槽坝段。

闸坝储门槽坝段位于面板堆石坝与泄洪冲沙闸之间，坝轴线方向长度 20.7 m，桩号为 0＋247.02～0＋267.72。坝型采用混凝土重力坝。坝顶高程 435.00 m，坝顶宽 16.5 m，其中公路宽为 7 m。坝体上游面为垂直面，下游面在高程 425.33 m 以上为垂直面，以下为 1∶0.6 的斜面。坝体用 C15 混凝土填筑。坝体内设泄洪冲沙闸检修闸门储门槽，槽深 18 m，底高程 417.00 m，长 16 m。为满足坝体抗滑稳定及基底承载能力的要求，将坝基向上下游各扩宽 3 m。

坝基置于砂卵石覆盖层上，砂卵石层透水性较强，采用混凝土防渗墙进行防渗处理，墙厚 1.0 m，贯穿覆盖层，深入基岩 1.0 m。按地质条件，基岩部分岩溶发育，透水性较强，采用防渗帷幕进行处理，最深至 359.0 m 高程处。

（3）泄洪冲沙闸。

泄洪冲沙闸段长 190.10 m，桩号为 0＋267.72～0＋457.82，共 10 孔，其中冲沙闸 4 孔（1＃～4＃），紧靠厂房；泄洪闸 6 孔（5＃～10＃）。坝顶高程 435.0 m，均为 2 孔闸一个单元。泄洪冲沙闸为无底坎宽顶堰，闸孔单孔宽度 14 m，闸室段顺水流方向长 40.78 m，底板顶高程均为 416.5 m，泄洪冲沙闸底板厚 5 m，底板上部厚 0.5 m，为 C35HF 抗冲耐磨混凝土，下部为 C15 混凝土。

由于主厂房深基坑的开挖，冲沙闸 1＃～4＃孔均建基于回填碾压的砂卵石层上，其他孔均建基于原状砂卵石覆盖层上。根据地质情况，泄洪闸段砂卵石上

部结构松散，孔隙度大，属松散～稍密层，承载力低，不宜作为闸坝坝基持力层，建议予以清除，距地表 2.0～6.0 m 砂卵石层属中密～密实层，其承载力标准值相对较高，可以作为闸坝坝基持力层，因此将比较松散、承载力低、压缩变形比较大的表皮覆盖层清除后，闸基直接建于砂卵石覆盖层上。

（4）主厂房及安装间。

主厂房与闸坝为同一条轴线，主厂房主机段长 147.5 m，桩号为 0＋457.82～0＋605.32。主厂房布置形式为河床式，其下游接 9015.0 m 长的尾水渠，厂房左端与泄洪冲沙闸相接，右端与储门槽坝段相邻。

主厂房顺水流方向由拦沙坎、进水口、排沙廊道、进水室、主机间等组成。

拦沙坎位于进水口上游，其建基于砂卵石覆盖层上，建基高程 409.50 m，高度 5～9 m，下游为前池，底高程 412.50 m。为了更有利于排泄进入前池的悬移质，厂房进水口前缘底板设排沙廊道，孔径 5×5 m，建基于砂卵石覆盖层上，建基高程 405.50 m，排沙廊道通过厂房左边墙、冲沙闸右边墙底部，将淤砂直接排入冲沙闸后的消力池，以避免泥沙进入尾水渠中。

进水室设置清污机导向槽、拦污栅、检修门和事故门。每台机组流道总宽 19.5 m，墩厚 3.0 m，将一台机组分隔为三个流道。墩顶布置有交通桥、门机、清污机及启闭排架等。清污机、拦污栅和检修门共用一台双向门机，门机轨距 9 m。进水室闸墩顶高程与泄洪冲沙闸闸顶一致，为 435.00 m，坝轴线方向长 147.50 m，考虑到坝顶交通要求，进水室顺水流方向长 35.0 m。

主机间长 137.40 m，宽 24.5 m，分为发电机层、夹层、水轮机层、蜗壳层等。

主机间内装有 4 台单机容量为 120 MW 的轴流转桨式水轮发电机组，转轮直径 8.3 m，额定水头 24.5 m，单机引用流量 550.8 m^3/s，水轮机安装高程 394.94 m，发电机层高程 412.78 m，发电机型号 SF120-72/1320，水轮机型号 ZZD345E-LH-830，各 4 台。机组间距 34 m，采取一机一缝，缝内设一道橡胶止水带和一道止水铜片。1 机建基于泥质白云岩上，建基高程 367.82 m，2、3、4 机基底为砂层及砂卵石覆盖层，由于主厂房基底应力较大，存在不均匀沉降的可能，鉴于砂层及砂卵石覆盖层为 10 m 左右，宜考虑采用 C10 混凝土做换基处理，最低底高程 357.72 m。

安装间位于主厂房右侧，上游侧为重力式储门槽段，顶高程 435.0 m。安装间总长 56.5 m，宽 24.5 m，分为二层，上层为安装场，与发电机层同高程，下层为水泵室层，与水轮机层同高程。安装间与主机间设沉陷缝，并设橡胶止水带和紫铜片两道止水。

(5) 主厂房储门槽坝段(安装间)。

主厂房储门槽坝段位于厂房与右岸接头坝之间,坝轴线方向长度 52.5 m,桩号为 0+605.32～0+657.82。坝型采用有功重力坝。坝顶高程 435.00 m,坝顶宽 21.5 m,其中公路宽为 7 m,最大坝高 42.42 m。坝体上游面为垂直面,下游面在高程 424.80 m 以上为垂直面,以下为 1∶0.5 的斜面。坝体用 C15 混凝土浇筑。坝体预留 6 孔厂房进水室检修门储门槽,槽深 16 m,底高程 419.0 m,长 8 m。坝体置于白云岩上。

(6) 右岸接头坝。

右岸接头坝段长 42.0 m,桩号为 0+657.82～0+699.82,右侧与陡峭的桅杆坝山体相接。坝型采用混凝土重力坝。坝顶高程 435.0 m,坝顶宽 15 m,其中公路宽为 7 m,最大坝高 40.72 m。坝体上游面为垂直面,下游面在高程 431.0 m 以上为垂直面,以下为 1∶0.65 的斜面。坝体用 C15 混凝土浇筑。由于基础局部每隔 20 cm 分布有泥化夹层,为满足坝体抗滑稳定及基底承载能力的要求,将坝基向上下游各扩宽 5 m,坝基置于基岩上。

(7) 尾水渠。

沙湾水电站尾水渠全长 9015 m,沿河床右岸布置,尾水渠出口位于祝湾坝下游约 500 m 处,尾水渠断面形状为梯形,底宽 91 m,两边坡度 1∶1.6,顶面宽 140～170 m,该尾水渠入口即电站厂房出水口反坡段末底板高程为 398.23 m,尾水渠末端(出口)底板高程为 397.21 m,尾水渠中心线比降 1/8000,尾水渠右堤的防洪标准为 10 年一遇。尾水渠在来水流量大于 5000 m^3/s 时参与行洪,外堤溢流段堤顶高程根据电站以及水库运行调度要求,采用停机敞泄分界流量(5000 m^3/s)相应的水位作为控制标准,外堤其余堤顶高程均按 100 年一遇洪水不翻水进行设计。尾水渠设计流量为电站满负荷发电引用流量 2203.2 m^3/s,设计最小流量为电站单机满负荷发电引用流量 550 m^3/s。

1.4 安谷水电站工程概况

1. 工程概况

安谷水电站位于四川省乐山市市中区安谷镇与沙湾区嘉农镇接壤的大渡河干流上,为大渡河干流梯级开发中的最后一级。坝址距上游正在修建的沙湾水电站约 35 km,下游距乐山市城区 15 km,有省道 S103 公路从枢纽区左岸通过,

对外交通较方便。

本工程采用混合开发方式，即筑坝壅水高度为 20.0 m，河床式厂房，厂后接长约 9461 m 的尾水渠，尾水渠利用落差 15.5 m。电站正常蓄水位 398.0 m，相应库容 6330 万 m^3，装机容量 4×190 MW＋1×12 MW(生态机组)，额定水头 33.0 m/21 m，设计引用流量 2576.0 m^3/s＋64.9 m^3/s，保证出力 203 MW，多年平均发电量 31.44 亿 kW·h，利用时数 4073 h。

1) 工程等级

安谷水电站工程开发任务为发电和航运，并兼顾防洪、灌溉、供水等。本电站采用混合式开发方式，水库正常蓄水位 398.00 m，电站装机容量 760 MW，预可研阶段设计电站满负荷发电引用流量为 2200 m^3/s，可研阶段设计电站满负荷发电引用流量为 2576 m^3/s。根据《防洪标准》(GB 50201—2014)和《水电工程等级划分及洪水标准》(NB/T 11012—2022)，安谷水电站属二等大型水电站。其主要建筑物包括泄洪冲沙闸坝、电站主副厂房、非溢流坝、副坝、尾水渠、升压站等，均为 2 级建筑物；次要建筑物包括铺盖、拦沙坎、上下游导墙、护坦、海漫等，均为 3 级建筑物；下游河道左岸防洪堤为 4 级建筑物。

根据有关规划，大渡河铜街子至安谷河段为Ⅴ级航道，安谷船闸为Ⅴ级航道上船闸，根据《船闸总体设计规范》(JTJ 305—2001)及《内河通航标准》(GB 50139—2014)设计船闸，设计最低通航水位保证率为 90％，设计通航船舶为 300 t 级，远期下游航道条件改善后可满足 500 t 级驳船通行。该工程为综合利用水利水电枢纽，根据《船闸水工建筑物设计规范》(JTJ 307—2001)，在综合利用水利枢纽中船闸挡水部分的主要建筑物(闸首、闸室)级别应与大坝、电站等建筑物级别一致，因而船闸闸首、闸室按 3 级水工建筑物设计，上下游引墙等按 4 级水工建筑物设计。

2) 枢纽布置概况

安谷水电站枢纽主体工程从左至右依次布置非溢流面板堆石坝、泄洪冲沙闸、厂房坝段、通航建筑物、右岸混凝土接头坝等拦河枢纽建筑物，主坝上游左岸布置混凝土面板堆石坝副坝，右岸设置太平镇防护副坝，主坝下游设置长泄洪渠、长尾水渠等工程。为保护左岸Ⅰ级阶地上的罗汉镇(现并入水口镇)、嘉农镇的大片建筑和耕地，在大渡河左侧河床中修筑挡水副坝，下游建有泄洪渠和尾水渠。安谷水电站枢纽平面布置图见图 1.2。

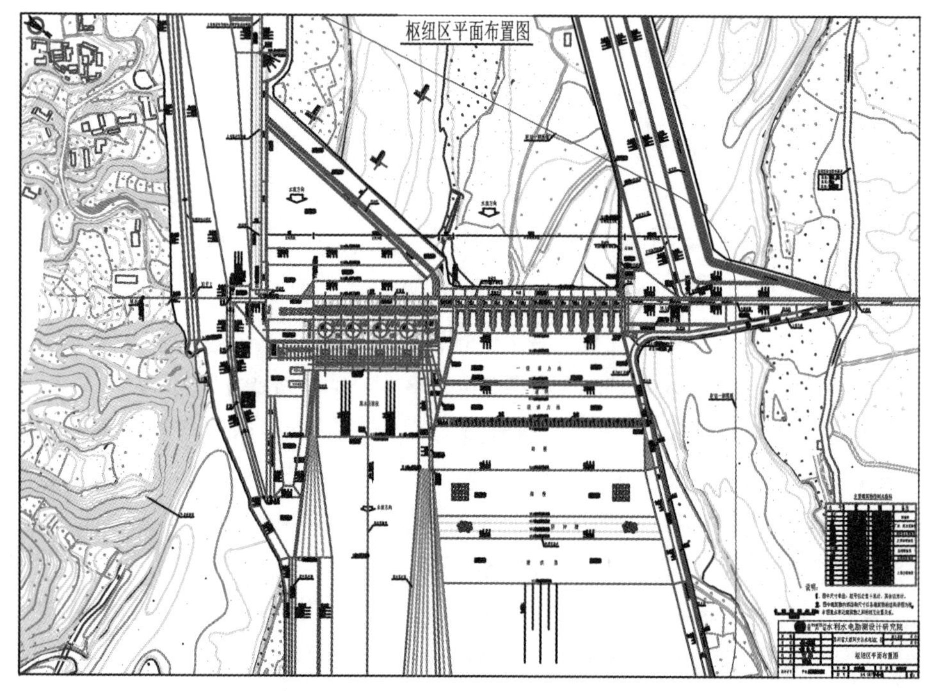

图 1.2　安谷水电站枢纽平面布置图

(1) 左岸非溢流坝(混凝土面板堆石坝)。

左岸面板堆石坝长 120.0 m,与库区左岸副坝(混凝土面板坝)相接,右接泄洪冲沙闸储门槽坝段。设计洪水标准 100 年一遇,校核洪水标准 2000 年一遇,坝顶高程 400.70 m,坝顶设 1 m 高防浪墙。坝顶宽度为 7 m,最大坝高 26 m,为砂卵石填筑混凝土面板坝。上下游坝坡坡比均为 1∶1.6,迎水面采用 30 cm 厚 C25 钢筋混凝土面板,坡脚与 C25 混凝土趾板相接。坝体背坡采用混凝土网格植草皮护坡,校核洪水位以下设混凝土网格干砌大卵石贴坡排水体。

(2) 闸坝段。

泄洪冲沙闸段长 186.0 m(含 34.0 m 储门槽段),共 9 孔,其中冲沙闸 3 孔(1#～3#),泄洪闸 6 孔(4#～9#)。泄洪冲沙闸段沿坝轴线长 152.00 m,闸室底板堰顶高程均为 379.00 m,闸顶高程为400.70 m。泄洪冲沙闸采用相同结构布置,均为开敞式平底堰型,单孔净宽 12.0 m,闸室顺水流方向长 48.0 m。泄洪冲沙闸中墩厚 4.0 m,边墩均厚 4.0 m,闸墩净高 23.7 m。泄洪冲沙闸设平面检修门和弧形工作门,工作门后底板采用 1∶3.5 的斜坡与消力池相接。

泄洪冲沙闸均采用底流多级消能方式。第一级消力池底板顶高程 373.00

m，长 46 m，池中部设高 5 m 的消力墩，池末端设差动式消力坎，坎高 4.25～6.0 m，坎后以 1∶2 的斜坡与第二级消力池相接；第二级消力池底板高程 375.00 m，长 23.0 m，池末端设差动式消力坎，坎高 2.75～4.0 m，坎后以 1∶2 的斜坡与第三级消力池相接；第三级消力池底板高程 376.00 m，长 16.0 m，池末消力坎高 3 m。

(3) 厂房坝段。

厂房坝段紧靠泄洪冲沙闸段布置在右岸的主河道，闸（坝）顶高程均为 400.70 m。厂房坝段由主机间段和安装间段（储门槽段）组成，沿坝轴线方向总长 212.30 m。主机间段沿坝轴线长 151.3 m，顺水流方向长 88.0 m。主机间内安装 4 台轴流转桨式水轮发电机组，单机容量 190 MW，总装机容量 760 MW。机组间距为 33.00 m，水轮机安装高程 351.10 m。

进水室前缘设拦沙坎，坎顶高程 383.0 m，拦沙坎前设 20.0 m 长的混凝土铺盖。进水室底坡坡比为 1∶1.5，底板厚 2.0 m，基础置于砂卵石上。为保证厂房“门前清”，在进水室斜坡前缘设排沙廊道，孔径 4×4 m，顶高程 374.80 m，排沙廊道通过厂房左边墙、冲沙闸右边墙底部，将淤砂排入冲沙闸消力池。

(4) 船闸段。

船闸按Ⅴ级船闸进行设计，船闸尺度为 120 m×12 m×3.0 m（长×宽×门槛水深）。船闸段长 42.0 m，紧靠右接头坝布置。船闸主要由上游引航道、上闸首、一闸室、中闸首、二闸室、下闸首及下游引航道等组成。

(5) 右岸接头坝。

右岸接头坝段沿坝轴线长 131.05 m，其中 13.50 m 的接头坝位于船闸与厂房段之间，另 117.55 m 段紧靠船闸右侧布置，沿坝轴线分为四段，分别长 30.0 m、30.0 m、30.0 m、27.55 m。坝型均采用混凝土重力坝。坝顶高程 400.70 m，坝顶宽 7 m，上游坡为直立面，下游坡比 1∶0.6，基础置于弱风化岩体上，基础高程 364.00～382.00 m，最大坝高 38.70 m。

(6) 尾水渠。

尾水渠全长 9450 m，尾水渠出口拟在鹰咀岩河段上游约 700 m 河段。尾水渠与船闸下引航道之间采用混凝土衡重式挡墙相隔，其后采用 450 m 的渐变段与面板式堤身扭面衔接，船闸航道与尾水渠结合，在桩号尾 2＋500.00 m 前，渠中部设混凝土透水隔墙。尾水渠纵坡 1/8000，在桩号尾 7＋793.00 m 处设 1/800的反坡与天然河道相衔接，为保证尾水渠出口水流顺畅，对出口河床以 1∶15的反坡进行疏浚。为确保通航的保证率，尾水渠左堤采用 100 年一遇洪水标准设计，堤顶高程 366.60～387.50 m，堤身采用混凝土面板砂卵石填筑，出口顶冲段采用混凝土面板裹头保护，渠内侧（右堤）结合永久公路，拟定堤顶高程 367.30～379.50 m。

（7）左岸副坝（混凝土面板堆石坝）。

左岸混凝土面板堆石副坝轴线长 10403.50 m，与枢纽左岸非溢流坝相接。设计洪水标准 100 年一遇，校核洪水标准 2000 年一遇，坝顶高程 400.70～401.90 m，坝顶设 1 m 高防浪墙。坝顶宽度为 6 m，最大坝高 26.0 m，为砂卵石填筑混凝土面板坝。上下游坝坡坡比均为 1∶1.6。

为保证副坝后阶地的生产生活及环境用水、排涝等问题，在库尾副坝桩号 0－108.20 m 处，设置 3×3 m 的底孔取水闸从库内取水，初步拟定取水流量为 70.0 m^3/s。利用原右岸的分壕下泄流量，并对其进行疏浚（以下简称排涝沟），使其能宣泄 10 年一遇的内涝洪水。排涝沟沿右岸布置，至峨眉河汇口处，轴线长约 22.317 km。

（8）泄洪渠。

泄洪渠包括泄洪冲沙闸海漫末端至尾水渠出口的右岸部分河道，该渠全长约 8814 m。由于该河段汊壕纵横，心滩、漫滩极为发育。夏秋汛期，众壕分流，河心岛上的民房和耕地防洪标准低，常受洪水肆虐。为保证泄洪渠左岸农田、村镇及洲岛民居 20 年一遇的防洪标准，沿泄洪渠河道左岸修建防洪堤，右岸为尾水渠左堤，两堤间距约 400 m。其中泄洪渠左堤堤身采用砂卵石填筑，迎水面和背水面坡度均为 1∶1.5，迎水面采用 30 cm 厚的 M7.5 浆砌石护坡，坡脚设 2.5 m 厚的混凝土防冲齿槽，基础置于中密的砂卵石层上，背水面采用干砌卵石护坡。

2. 基本资料

1）地形资料

（1）2005 年 1 月实测的安谷水电站工程河段 1∶2000 河道地形图。

（2）坝址附近河段地质剖面图。

2）水文资料

（1）实测 2006 年 7 月 21 日流量 Q＝2430 m^3/s 时的河道两岸瞬时水面线资料。

（2）不同频率洪水流量资料（见表 1.2）。

表 1.2　安谷水电站设计洪水计算成果

洪水频率 P/(%)	0.05	0.1	0.2	1	2	5	10	20	50
流量 Q/(m^3/s)	14000	13300	12600	10800	10000	8940	8090	7190	5820

(3) 安谷枢纽坝址处水位流量关系曲线。

(4) 安谷河段洪痕调查资料。

3) 设计资料

(1) 安谷水电站枢纽、泄洪冲沙闸、厂房、船闸、库区副坝、防洪堤、尾水渠等工程的平面布置图及剖面布置图。

(2) 有关设计文件及说明。

4) 通航标准

根据《四川省内河航运发展规划》(2001—2050)，大渡河沙湾至乐山段 35 km 航道为Ⅴ级航道，按照《船闸总体设计规范》(JTJ 305—2001)要求，选取 5 年一遇洪水作为该河段的设计最大通航流量，其流量值 Q=7190 m^3/s(P=20%)，设计枯水最低通航保证率为 95%，相应流量 Q=414 m^3/s，口门区纵向流速不超过 1.5 m/s，横向流速不超过 0.25 m/s，回流流速不超过 0.4 m/s。

3. 安谷水电站工程区域水文地质条件

1) 气象条件

大渡河流域南北跨五个纬度、东西跨四个经度，沿河地形变化十分复杂，致使流域内气候差异很大。上游段属高原气候，多风、干燥、降雨量小、气温低；中游地区气候大多较为湿润，但降水分布较为复杂：泸定～兴隆～流沙河流域～乌斯河一条带为少雨区，气候较为干燥，田湾河～松林河～南桠河中上游～尼日河上游一条带为多雨区，其中南桠河左上源和尼日河左上源为两个高值区，峨边一带为低值区；下游段属亚热带湿润季风气候区。冬季受西风带气流影响，寒冷少雨；夏季受东南暖湿气流控制，温湿多雨。在季节上具有春迟、夏短、秋早、冬长等特点，并多低温、秋雨绵绵天气。降水一般较丰沛，多年平均年降水量为 1250～1500 mm。

安谷水电站枢纽区无气象观测资料，根据大渡河下游乐山市气象站历年观测资料统计，多年平均气温 17.1 ℃，极端最高气温 36.8 ℃（1988 年 5 月 3 日），极端最低气温 −2.9 ℃（1976 年 12 月 29 日），多年平均降水量 1323.2 mm，多年平均相对湿度 80%，多年平均风速 1.3 m/s，历年最大风速 17.0 m/s（1975 年 8 月 9 日），相应风向 NNE。降雨在年内分配不均匀，雨量集中于汛期，7—9 月降雨量占年雨量的 80%以上。流域内的降雨与气温在地区上的分布趋势一致，从上游向下游增大。

2）水文条件

（1）洪水特性。

大渡河流域内的径流主要由降雨补给，径流的年际年内变化与降雨特性基本一致，其特点是径流的年际变化较小，枯季径流较为稳定。据铜街子水文站 1937—2002 年共计 66 年的水文观测资料统计，多年平均流量 1490 m^3/s，系列内最大年平均流量 1990 m^3/s（1949 年），年最小流量一般出现在 2 月，最小年平均流量 1130 m^3/s（1987 年）。径流在年内的分配较不均匀，丰水期 5—10 月水量占年水量的 80.1%，11 月至次年 4 月只占 19.9%，最枯的 2 月仅占约 2.09%。

大渡河流域洪水主要由暴雨形成，洪水发生时间与暴雨同步。据分析：上游集雨面积大，降水强度相对较小，洪水量大峰不高，中下游地区处于青衣江、马边河、安宁河三暴雨区波及范围，暴雨频繁、强度大，是大渡河流域暴雨洪水的主要来源区。据沙坪水文站 1966—2002 年的资料统计，年最大流量多发生在 6—9 月，尤以 7 月为最，年最大流量出现的比例达到 65.2%。

大渡河流域内一次洪水过程涨落较快，洪水过程线多为单峰。据铜街子水文站 1960 年、1961 年、1965 年等年份的大洪水资料分析，一次洪水历时一般 3～5 d，峰顶历时 1～3 h。

（2）洪水系列。

沙坪水文站位于铜街子水文站上游 61 km 处，控制流域面积 76383 km^2，两站区间面积 1367 km^2，占沙坪站面积的 1.8%，且无较大支流集中入汇。结合工程所处位置和上下游资料情况，采用铜街子水文站 1937—1967 年实测洪水资料和沙坪水文站 1968—2002 年实测洪水资料，组成铜街子水文站 1937—2002 年共 66 年年最大流量系列，再加上 1904 年历史洪水后，组成铜街子水文站历年最大洪峰流量不连续系列，进行设计洪水计算。

（3）洪峰流量频率计算。

对铜街子水文站年最大流量不连续系列进行频率计算，用数学期望公式分

别计算历史洪水和实测洪水系列各项的经验频率，以矩法计算统计参数的初值，采用 P-Ⅲ型理论频率曲线适线，沙湾水电站位于铜街子水文站下游约 20 km 处，电站坝址与铜街子水文站区间面积为 164 km^2，仅占铜街子水文站集雨面积（76383 km^2）的 0.21%，且区间无大的支流加入。因此，安谷水电站设计洪水可直接采用铜街子水文站设计洪水计算成果（表 1.3）。

表 1.3　铜街子水文站设计洪水计算成果

均值/(m^3/s)	C_v	C_s/C_v	各频率设计值/(m^3/s)								
			0.05%	0.1%	0.2%	1%	2%	5%	10%	20%	50%
6120	0.24	5.0	14000	13300	12600	10800	10000	8940	8090	7190	5820

(4) 瀑布沟水电站对安谷水电站设计洪水的影响。

瀑布沟水电站位于大渡河中游尼日河汇口上游觉托附近，坝址控制流域面积 68512 km^2，瀑布沟水电站正常蓄水位 850 m，死水位 790 m，总库容 53.9 亿 m^3，调节库容 38.82 亿 m^3。目前，瀑布沟水电站已开工建设，其建成后的滞洪作用将影响下游安谷水电站洪水流量。

根据设计拟定的瀑布沟水电站洪水调节方案，其对入库洪水的削峰作用为 10%～30%，瀑布沟水电站至安谷水电站区间流域面积较大，其间有尼日河和官料河两个较大的支流加入，属青衣江、马边河、安宁河暴雨区波及范围，考虑区间遭遇特大暴雨的情况，瀑布沟水电站的削峰作用对下游安谷水电站的影响可以不计，加之，安谷水电站早于瀑布沟水电站建成，从安谷水电站早期运行安全角度考虑，安谷水电站设计洪水不考虑瀑布沟水电站的影响。

3) 泥沙特性

大渡河发源于四川和青海交界的雪山草地，全长 1062 km，流域面积 77400 km^2，其干流穿行于高山峡谷之间，河道弯曲，坡陡流急；铜街子以下河面宽度逐渐增大，尤其是沙湾至乐山河段，河长约 35 km，河谷开阔，汊壕纵横，滩洲遍布。

大渡河上游地区森林覆盖优于中下游，禁伐天然林及退耕还林的推进将使流域植被覆盖率进一步提高，流域水土流失进一步减小，泸定至铜街子河段支流加入较多，加之人类活动较为频繁，其产沙模数大于上游和下游地区。上游已开工建设的大型水库瀑布沟水电站为多年调节水库，库沙比达 191，具有很大囤蓄泥沙的库容，水库泥沙淤积进程缓慢，淤积年限较长，该水库运行 30 年时，悬移质泥沙出库率仅为 10%。由此可见，由于瀑布沟水电站的拦沙作用，在较长时期内由上游及支沟输移而来的泥沙将得到控制，进入该水电站河段的河流泥沙以区间两岸及支沟产生的推移质泥沙为主，河床主要由砂卵石组成，级配较不均匀。

天然情况下的沙坪水文站多年平均悬移质年输沙量为3770万t，减去瀑布沟水电站坝址处多年平均悬移质输沙量3150万t，可得瀑布沟水电站与沙坪水文站的区间年输沙量为620万t，相应的区间输沙模数为954 t/km^2（区间集雨面积6504 km^2）。瀑布沟水电站坝址集雨面积68512 km^2，安谷水电站坝址集雨面积76717 km^2，瀑布沟水电站坝址与安谷水电站坝址之间的区间集雨面积为8205 km^2，根据区间输沙模数，按区间集雨面积计算瀑布沟水电站坝址与安谷水电站坝址之间的区间输沙量为783万t。瀑布沟水电站水库运行至第30年时的悬移质泥沙出库率为10%，按线性增加计算前30年悬移质泥沙年平均出库率为5%，年平均出库沙量为168万t，加上区间输沙量783万t，即得安谷水电站多年平均入库沙量为951万t，相应含沙量为0.201 kg/m^3。

（1）悬移质泥沙。

大渡河流域来沙的年内分配极不均匀，主要集中在汛期5—10月，其沙量占全年的99%，7、8、9月的沙量占全年的79.4%，年际分布差异较大，以沙坪水文站为例，最大年沙量为9060万t（1989年），是多年平均输沙量的2.40倍，是最小年输沙量1160万t（1972年）的7.81倍。沙坪水文站实测最大含沙量为31.4 kg/m^3，福禄水文站实测最大含沙量为25.7 kg/m^3，均出现在1989年7月27日。安谷水电站悬移质泥沙颗粒级配见表1.4。

表1.4　安谷水电站悬移质泥沙颗粒级配

粒径级/mm	0.007	0.010	0.025	0.050	0.10	0.25	0.50	1.0	3.0
小于某粒径重量百分比/(%)	11.5	17.5	28.3	42.6	61.5	81.9	95.4	99.8	100

（2）推移质泥沙。

安谷水电站工程河段目前尚无推移质实测泥沙资料，安谷水电站入库推移质泥沙输沙量根据原型观测资料推算（见表1.5），上游正在建设的瀑布沟水电站，已建龚咀水库、铜街子水电站等均具有较大的拦沙库容，可以层层拦截推移质泥沙。目前龚咀水库推移质泥沙出库较少，铜街子水电站推移质泥沙出库时间尚远，铜街子—安谷区间无大的支流汇入，因此安谷水电站在运行期内的入库推移质输沙量非常少，工程泥沙问题并不突出。

表 1.5　安谷水电站河床质颗粒级配

粒径级/mm	0.10	0.5	1.0	2	5	10	20	60	100	200
小于某粒径重量百分比/(%)	3.40	4.50	6.41	7.77	12.70	18.0	29.8	55.1	72.7	100

4）河床地形地质条件

工程区域位于四川盆地边缘，属中、高山峡谷与丘陵、平原的过渡地带，地势总体呈南西高、北东低，山顶高程 650～840 m，以三峨山为最高，主峰海拔 2027 m，属典型的中山地貌。两岸冲沟较发育，呈树状分布。安谷水电站工程位于大渡河从山区转入平原的冲积扇上，河段内水网密布，分壕汊道众多，该河段共有河心洲 100 多个，河床最大宽度达 3000 m，河段内洲岛散布，农耕发达。

大渡河自北东向流经枢纽区，区内地貌形态主要表现为侵蚀堆积地貌。河谷宽缓，河床宽度 950～1200 m，最大宽度约 3000 m，两岸地形不甚对称。右岸地形较为陡峻，岸坡自然坡度角 15°～45°，局部呈直立状；河心岛为高漫滩，地面高程一般为 378～381 m，主要呈长条形或椭圆形发育于大渡河中；左岸沿江为一大片Ⅰ级阶地，宽度 0.8～1.5 km，地形较为平缓，地面高程均低于正常高水位，Ⅰ级阶地上有罗汉、嘉农两镇的大片建筑和耕地。

工程区位于扬子准地台西缘，地处四川台拗与上扬子台拗两个二级构造单元的交界部位。工程场地内无规模较大的区域性活动断裂，主要受外围历史强震和场地附近中强地震的影响，外围历史地震对工程场地的最大影响烈度为Ⅵ度。据《中国地震动参数区划图》(GB 18306—2015)，工程区地震动峰值加速度值为 0.1g，对应地震基本烈度为Ⅶ度。

库区左岸为一大片Ⅰ级阶地，右岸山体雄厚，库外无低邻谷存在，组成库盆及周边的岩石主要为白垩系—三叠系上统的砂岩、砂页岩、泥质粉砂岩及粉砂质泥岩，其透水性弱，岩层产状总体倾向库内。分布在库尾的须家河组的炭质页岩、砂质页岩可视为相对隔水层。

坝址右岸下游 500 m 处发育有 NE 流向的沫龙溪沟，沟底高程 381.0～399.0 m，为水库区右岸的低邻谷。大渡河与沫龙溪沟构成了宽 450～800 m 河间地块，山顶高程 420～435 m，沟底高程 387.0～394.5 m。河间地块由 Q_2^{fgl} 组成，下部为厚 5～24 m 砂卵砾石，局部有黏土充填。下伏基岩顶面高程 380～395 m，卧坡坡度角为 0.3°～3°，为 K_{1j} 中厚层～薄层状砂岩夹泥岩薄层。Q_2^{fgl} 中、下部砾卵石层及下部的砂卵砾石或黏土的渗透系数为 5.0×10^{-4}～$1.2\times$

10^{-2} cm/s，属中等～强透水层，层中遗留下很多废弃采金矿洞。由于沫龙溪沟底高程低于砂卵砾石层和基岩卧坡高程，同时砂卵砾石层中地下泉水沿其下伏基岩接触面出露，工程设计考虑对右岸沫龙溪沟上游的河间地块砾卵石层进行帷幕灌浆处理，解决了向下游渗漏的问题。

库区覆盖层库岸主要分布在库尾太平镇、草坝及王坝。太平镇坐落在Ⅰ级阶地上，阶面高程 395～405 m，该镇大部分将被淹没，由于该镇是沙湾区的工业区，设计拟定在太平镇Ⅰ级阶地前缘外河床、漫滩修建太平防洪堤，并在后缘修建排水沟和排涝洞，因此，该段库岸不存在库岸再造和内涝问题。草坝、王坝分别位于库尾右岸和左岸Ⅰ级阶地上，沿河两岸已修建有防洪堤，堤顶高程 401～403 m，堤坡采用干砌卵石护坡处理，故本段岸坡基本上不存在库岸再造问题。

岩质岸坡分布在右岸小黑岩～太平天宫山和草坝～库尾一带，组成岸坡岩石分别为 K_{1j} 砂岩、粉砂岩夹泥岩薄层与 J_{3p}、J_{2s}、J_1 砂岩、粉砂质泥岩互层，岸坡坡高 30～50 m，自然坡度角 30°～40°，经分析岸坡整体处于稳定状态，水库蓄水后，局部可能发生小规模的塌落，但不会影响水库的正常运行。

水库左岸由于设置有副坝，若副坝不采取防渗和排水措施，库水将沿副坝地基砂卵砾石层向阶地中渗漏，地下水位抬升后，约 8 km^2 农田面积和其上的房舍可能产生浸没。采取防渗和排水措施后则不存在浸没问题，水库可能浸没区主要分布在库尾两岸草坝和王坝，水库蓄水后，其农作物和建筑物的临界浸没高程分别为 401.5 m 与 402.0 m，库尾草坝、王坝浸没面积约 40 万 m^2。

水库区岸坡变形破坏微弱，基岩岸坡以小规模的崩塌为主，库区内无大的滑坡、泥石流分布。库岸再造的主要物质源为阶地堆积物，由于阶坡高度不大，坍岸宽度有限，所产生的固体物质不丰，加之汛期泄洪冲淤，因此，库区的固体径流物质不会影响水库的正常运行。

水库区位于北东向新桥、乐山隐伏断层之间，未见大的断裂构造通过库区，仅在库尾左岸丰都庙处发育有横穿大渡河的丰都庙断层，其规模较小且活动微弱。库盆主要由砂岩、泥质粉砂岩及泥岩等微弱透水岩层组成，属于河道型水库，水库不具备诱发地震的地质背景，因此，水库蓄水后由水库诱发地震的可能性较小。

第 2 章　平原河流导截流施工技术

2.1　导流施工技术

2.1.1　河床式电站导流

1. 导流方式

根据平原河流河床式水电站枢纽建筑物的特征及布置，一般采用分期导流方式。因平原河流洪水期和枯水期的流量相差很大，一般一期先围河床式厂房及部分溢流坝和通航建筑物，利用束窄后的河床泄洪通航。河床式厂房与通航建筑物分设在左、右两岸，可同时安排施工。二期再围剩余溢流闸坝，利用一期已建的溢流闸坝泄洪，利用已建船闸通航。

(1) 沙湾水电站导流方式。

沙湾水电站分两期施工，采用二段二期常规施工导流方式，一期围护右岸，采用束窄左岸河床全年导流，安排右岸五孔冲沙闸、电站主副厂房、右储门槽、安装间、右岸接头坝、尾水渠、升压站等土建及金属结构安装工程施工。二期围护左岸，采用枯期导流，右岸已建的五孔冲沙闸为导流构筑物，安排左岸五孔泄洪闸、左储门槽坝段、左岸非溢流坝(含基础处理)、二期纵向围堰加高、二期过水围堰等土建及金属结构设备安装工程在两个枯水时段内施工。

(2) 安谷水电站导流方式。

大渡河安谷水电站工程建设线路点长约 20 km，如何合理导流，选择施工布局，也是该工程的设计重点。该河段河谷开阔，沙心洲岛遍布，河心岛发育，河谷宽度 1100～1900 m。结合枢纽整体水力学模型，导流施工按库区副坝、枢纽工程、尾水渠及泄洪渠分别制定导流方案。

库区副坝沿线取水建筑物较多，为尽量减少对沿河生产生活的影响，拟定束窄河床的导流方式，即基本维系原河网水系和过流能力，采用分部分段在枯水期

施工的方式，共布置24道枯期土石围堰。

枢纽工程坝址处岸坡平缓，河床宽度约1.67 km，河道在此段分为左、中、右三条主流，左岸主流河道宽75 m，中间主流河道宽150 m，右岸主流河道宽150 m，枢纽布置在右侧主河道段。根据地形条件、河道主流情况及枢纽布置，经方案比较研究，采用左岸大明渠导流方式，即一期工程全年围堰挡水，由左岸350 m宽明渠过流，设计导流流量8940 m^3/s。枢纽导流施工具有工程规模大、导流流量大及运行期长等特点。从实际施工情况看，枢纽工程运行条件良好，各项参数指标与设计符合，对工程建设顺利完成起到了决定作用。

尾水渠及泄洪渠工程所处河道也分为左、中、右三条主流，中间主流通过汊壕与左右主流相连。轴线起始于上游黄荆坝，经周陆坝、金坝等河心岛及中间主流河床、漫滩至青衣江汇口，全长9.5 km。通过方案比较并结合导流模型试验，拓宽疏浚左岸主河道形成枯期导流明渠，不仅对沿线生产生活影响较小，同时保证尾水渠及泄洪渠枯水期全段可以实现全面旱地施工。针对复杂的边界导流条件，分段制定相关措施，极大地改善了施工条件，减轻了施工难度，降低了工程造价，为工程按期发电创造了有利条件。

2. 导流时段

导流时段即按导流程序划分的各施工阶段的延续时间，也称挡水时段或施工时段。影响导流时段划分的主要因素有河道水文特性、主体建筑物形式、导流方式、施工进度及工期等。划分导流时段的基本依据是从施工角度对全年流量变化过程线所划分的水文时段。

表2.1所示为安谷水电站导流施工规划程序。

3. 导流建筑物

以下以安谷水电站为例，介绍一些常见的导流建筑物。

(1) 泄洪渠和左堤。

安谷水电站所处河段汊壕纵横，夏秋汛期常受洪水侵扰。尾水渠和航道的修建也减小了部分行洪断面，因此应对原右岸河床自泄洪冲沙闸海漫末端至尾水渠出口进行疏浚，形成泄洪通道；沿泄洪渠左岸修建防洪堤，堤距约350 m(距右岸尾水渠左堤)，堤轴线总长8846.69 m(本标承担桩号0＋940 m～3＋600 m)。堤身采用砂卵石填筑，两侧坡比均为1∶1.5。迎水面采用50 cm厚的C25混凝土护坡，坡脚设3 m宽、厚1.2 m的C25混凝土防冲齿槽，基础置于中密的砂卵石层上，埋深2～3 m；背水坡采用M8浆砌块卵石护坡。

表 2.1　安谷水电站导流施工规划程序表

工程项目	导流时段	导流标准	导流流量/(m^3/s)	挡水建筑物	泄水建筑物	上游水位/m	下游水位/m	备注
副坝	一枯:第一年10月—第二年5月	10年	3690	施工段由顺坝围堰挡水,其他段为天然状态	右岸副坝1+585.7坝段以前河段由左岸及中间原河道过流;1+585.7坝段以后河段由原全河道过流	398.0	393.5	
	一汛:第二年6—9月	10年	8090	完工段由副坝挡水,其他段为天然状态	右岸副坝1+585.7坝段以前河段由左岸及中间原河道和右岸清理滩地过流;1+585.7坝段以后河段由原全河道过流	—	—	副坝停工度汛
	二枯:第二年10月—第三年5月	10年	3690	施工段由顺坝围堰挡水,完工段由副坝挡水,其他段为天然状态	右岸副坝河段由左岸原河道及右岸束窄河道过流;其他段由原全河道过流	398.0	388.7	

续表

工程项目	导流时段	导流标准	导流流量/(m^3/s)	挡水建筑物	泄水建筑物	上游水位/m	下游水位/m	备注
副坝	二汛:第三年6—9月	10年	8090	完工段由副坝挡水,其他段为天然状态	右岸副坝河段由左岸原河道及右岸清理河道过流,其他段由原全河道过流	—	—	仅施工10年洪水位以上部分滩地防渗墙
	三枯:第三年10月—第四年5月	10年	3690	施工段由顺坝围堰挡水,完工段由副坝挡水,其他段为天然状态	右岸束窄河道过流	398.5	384.5	除枢纽明渠占压段副坝外,枯末副坝完工
	三汛:第四年6—9月	10年	8090	完工段由副坝挡水,其他段为天然状态	左岸放水闸和右岸永久泄流通道过流	—	—	副坝停工度汛
	四枯:第四年10月—第五年5月	20年	3970	施工段由枢纽二期围堰挡水,其他由已完工副坝挡水	左岸放水闸和右岸束窄河道过流	389.6	389.6	枯末枢纽明渠占压段副坝完工
枢纽工程	一期:第一年10月—第四年9月	20年	8940	枢纽一期围堰	左岸原河道及枢纽导流明渠过流	383.8	378.8	
	二期:第四年10月—第五年5月	20年	3970	枢纽二期围堰	左岸原河道及13孔泄洪闸过流	389.6	378.1	

续表

工程项目	导流时段	导流标准	导流流量/(m^3/s)	挡水建筑物	泄水建筑物	上游水位/m	下游水位/m	备注
尾水渠及泄洪渠	一枯:第一年 11 月—第二年 4 月	10 年	1870	围堰挡水	中间及右岸原河道过流	378.4	367.5	施工尾水渠导流明渠
	一汛:第二年 5—10 月	10 年	8090	天然状态	左岸导流明渠和中间及右岸原河道过流	—	—	仅施工 10 年洪水位以上部分滩地防渗墙
	二枯:第二年 11 月—第三年 4 月	10 年	1870	上下游围堰挡水	左岸导流明渠过流	380.6	364.05	
	二汛:第三年 5—10 月	10 年	8090	左岸由已完工防洪堤挡水，右岸为天然状态	左岸导流明渠和泄洪渠过流	—	—	仅施工 10 年洪水位以上部分滩地防渗墙
	三枯:第三年 11 月—第四年 4 月	10 年	1870	上下游围堰挡水	左岸导流明渠过流	380.6	364.05	

续表

工程项目	导流时段	导流标准	导流流量/(m^3/s)	挡水建筑物	泄水建筑物	上游水位/m	下游水位/m	备注
尾水渠及泄洪渠	三汛:第四年5—10月	10年	8090	左岸由已完工防洪堤挡水,右岸由已完工尾水渠左堤和尾水渠全年围堰挡水	左岸导流明渠和泄洪渠过流	378.5	369.3	
	四枯:第四年10月—第五年5月	20年	3970	左岸施工段防洪堤由枢纽二期围堰挡水,其他段由已完工防洪堤挡水,右岸由已完工尾水渠左堤和尾水渠全年围堰挡水	泄洪渠过流	378.1	378.1	枯末枢纽明渠占压段防洪堤完工

(2) 泊滩堰改造。

泊滩堰是以灌溉为主、兼顾发电的中型骨干水利工程,原取水口位于大渡河右岸,距上坝址上游约 900 m,渠线沿右岸布置,控灌乐山市市中区安谷、车子镇及五通桥区冠英镇的 2200 hm^2 农田,并担负灌区人畜用水及其他用水。安谷水电站的建设将对泊滩堰的引水造成影响,因此,应对泊滩堰进水口进行改造。

在右岸接头坝布置 3 孔取水闸取水,设计取水能力 17.0 m^3/s,闸底板高程

378.00 m,设拦污栅、检修门、工作门各一道,单闸孔断面尺寸 3 m×3 m,门后接消力池,消力池整体结构为方形涵洞,单孔最大断面尺寸 4.0 m×6.5 m,长度 25.0 m,洞身为 C20 钢筋混凝土,最小壁厚 50 cm,其后暗涵涵身采用城门洞型,与原泊滩堰隧洞相衔接,暗涵轴线长约 481.0 m,断面尺寸 4.0 m×4.5 m,采用 50 cm 厚 C20 钢筋混凝土衬砌。为保证其施工期取水,闸前设梯形明渠及暗涵引水,单孔底宽 4.0 m。

(3) 枢纽导流明渠。

①导流明渠。

一期导流采用左岸明渠,明渠宽度为 350 m,进口高程为 378.5 m(为原河床高程),进口水位为 383.8 m,出口高程为 373.5 m(为泄洪渠相应位置设计高程),出口水位为 378.8 m,明渠长度为 2.09 km,平均底坡为 0.24%。根据明渠水力计算成果及试验成果,导流明渠最大流速 6.74 m/s。对流速大于 5 m/s 的明渠段迎水面边坡和坡脚采用厚 1.5 m 的钢筋笼作防冲保护。对流速 3～5 m/s的明渠段迎水面边坡和坡脚采用厚 1.0 m 的格宾笼作防冲保护。

下游防洪堤防冲保护为永久混凝土面板,防洪堤上游端头和导流明渠左堤结合部位 20 m 范围迎水面边坡和坡脚再采用厚 1.0 m 的格宾笼加强保护。

②一期围堰。

一期上游围堰长 743.5 m,纵向围堰长 792.0 m,下游围堰长 704.6 m。围堰堰顶宽度为 20.0 m,迎水面和背水面的坡比均采用 1∶1.5。一期围堰最大高度为 8.3 m,防渗结构的最大深度为 31 m,采用混凝土防渗墙作为一期上游围堰防渗结构。

(4) 尾水渠导流明渠。

左岸明渠宽度为 100 m,边坡坡度为 1∶1.5,进口渠底高程为 375.0 m(为枢纽明渠相应位置处底高程),出口渠底高程为 358.00 m(为原河床底高程),明渠长度为 9.967 km,平均纵坡为 1.71‰。根据导流模型试验成果,明渠 10 年一遇汛期分流量为 1869 m^3/s,枯期设计过流量为 1870 m^3/s,经计算,明渠进口水深4.6 m,导流明渠最大平均流速 3.85 m/s。拟在明渠转弯段以及居民集中点的明渠边坡采用厚 0.8 m 的钢筋笼及格宾笼护坡(居民集中点采用钢筋笼防护,其余段采用格宾笼防护),其他段采用 0.6 m 厚格宾笼护脚,坡面采用 0.3 m 厚斜坡干砌块石护坡。明渠进口 20 m 范围内采用 1 m 厚的钢筋笼保护。

(5) 沐龙溪明渠。

枢纽下游 700 m 处有沐龙溪汇入大渡河,20 年一遇的洪峰流量为 113

m^3/s,枯季基本无水。为不影响枢纽基坑全年施工,在原沐龙溪沟下游修建导流明渠,将沐龙溪沟洪水引至枢纽下游围堰外侧,集中向大渡河排放,三枯在尾水渠内填筑明渠将水引至尾水渠左堤外侧,向大渡河集中排放,四枯拆除。

明渠底宽为 20 m,边坡坡度为 1∶1.5 和 1∶1,进口渠底高程为 380.6 m,出口渠底高程为 379.80 m,明渠长度为 264.0 m,平均纵坡为 3.03‰。明渠跨泊滩堰处采用渡槽形式。

明渠上游段修筑挡水围堰,将原河道水流引至导流明渠,围堰采用土石结构,围堰长 132.07 m,围堰堰顶宽度为 5.0 m,迎水面和背水面的坡比分别采用 1∶2.0 和 1∶1.5,采用黏土斜墙防渗,堰高约 3 m。

2.1.2 明渠导流

明渠导流就是指在水利工程施工基坑的上下游修建围堰挡水,使原河水通过明渠导向下游。

明渠导流多用于河床外导流,适用于河谷岸坡较缓,有较宽阔滩地或有溪沟、老河道等可利用的地形,且导流流量较大,地形、地质条件利于布置明渠的情况。与隧洞导流相比,明渠导流过流能力较大、施工较方便、造价相对较低,在地形和枢纽布置条件允许时采用较多。在河床内用分期导流方式修建混凝土坝的初期导流阶段,也常采用明渠来导流。在中期和后期导流阶段,可用其他泄水建筑物或在明渠内设底孔或缺口导流,以便使明渠所占的坝段可以通过施工升高。

以下以安谷水电站为例,对其超长明渠导流施工进行介绍。

1. 主要工程量

上文已经介绍过安谷水电站的导流建筑物,表 2.2 所示为明渠导流施工主要工程量。

2. 工程施工特点

(1) 枢纽两岸均有平坦阶地及滩地,场地开阔,利于施工布置。省道 S103 公路通过枢纽左岸,乐山—沙湾公路(县道)从枢纽右岸附近通过,右岸开发区道路通过尾水出口,工程对外交通方便。

(2) 开挖范围纵向方向长 15.0 km,开挖面积达 300 万 m^2,施工战线长,投入的人员、设备、材料等资源量非常大,整个工作面的系统管理、生产组织、协调难度相当大。

表 2.2　明渠导流施工主要工程量

编号	部位	表土开挖/m³	土夹石混合料开挖/m³	砂卵石开挖/m³	石方明挖/m³	砂卵石填筑/m³	砌体/m³	混凝土浇筑/m³	钢筋制作和安装/t	金属结构制作和安装/t
1	枢纽明渠	246000	1192000	1549800	—	202900	147899	1410	2618	
2	尾水明渠 0＋000～1＋810	—	—	452400	—	69100	38800	—	233	
3	尾水明渠 1＋810～9＋967	—	—	2637300	—	25500	107030	555	64	
4	沐龙溪明渠	22342	15743	28134	14572	5613	88	127	8	
5	泊滩堰改造	14058	—	65808	84353	30036	—	35817	1955	126
6	泄洪渠 0＋490～0＋971.5	59706	119411	509794	—	—	—	—	—	
7	泄洪渠 0＋971.5～3＋600	346805	693610	3613450	—	438563	11484	37259	1657	
8	1＃碴场	95895	29148	—	—	13993	21153	154	—	
9	右岸新增碴场	13140	31937	—	—	15281	22956	239	—	
10	3＃碴场	61740	21112	—	—	9992	18490	422	—	
合计		859686	2102961	8856686	98925	810978	367900	75983	6535	126

(3) 本标工程有效工期短，施工强度高，土石方开挖高峰强度超过 300 万 m^3/月，砌体施工(含钢筋笼、格宾笼、干砌石、浆砌石)高峰强度达 11 万 m^3/月。

(4) 现场河谷开阔，导流界面关系复杂，要堆筑十几道围堰，渗水影响难以确定。

(5) 工程施工界面关系复杂，存在大量的协调工作，如主材供应、临时征地、用电、地方道路使用、施工干扰等问题将层出不穷。

(6) 施工准备期短，要求在最短的时间内形成生产能力，临建施工时间短、布置难度大。

(7) 本工程技术含量较低，单月产值高，资金需用量大(主要是材料款)。

(8) 施工区民房较多，施工中应避免扬尘，采取有效措施降噪，尽可能减少对居民的干扰。

3. 总体施工工序

开工后，立即在全面铺开施工风、水、电及仓储、砂石、混凝土系统建设的同时，填筑枢纽明渠施工围堰、尾水渠施工围堰及泊滩堰改造进口围堰。第一阶段导流利用大渡河右岸主河床过流，进行枢纽明渠、尾水渠开挖和泊滩堰改造项目施工。在枢纽明渠和尾水渠明渠主渠段具备过流条件前，修筑尾水明渠岔口段临时围堰，拆除枢纽明渠进口围堰，使用第一阶段导流主河床部分实现本工程后阶段导流，进行泄洪渠的开挖施工。最后在泄洪渠基本开挖结束时拆除尾水渠明渠岔口围堰实现导流明渠全断面过流，进行泄洪渠左堤施工。

泊滩堰取水口改造项目在本标施工期间具有与导流明渠同等重要的地位，优先安排施工，计划在 2011 年 3 月底完工。沐龙溪作为相对独立的可调节工作面，主要安排在 2011 年 12 月至次年 2 月施工。其他如碴场水土保持、场区施工道路维护等项目按投标文件要求进行安排。

4. 主要施工方案

1) 施工道路及风、水、电系统布置

(1) 施工道路布置。

本标场内交通相对便利，左岸有苏沙线，右岸有乐山至安谷的县级道路，同时本标业主还提供了 J1 公路、J1 公路至 Q2 桥的连接道路、C11 前期公路、枢纽右岸进场公路以及沐龙溪便桥等道路。本标项目施工均在已有道路的基础上延接或拓宽形成施工道路。根据其承担的运输任务不同，道路路面宽度相应调整，主要道路路面宽度 10 m、12 m 或 15 m。

(2) 施工风、水、电系统布置。

施工供风：采用移动空压机供风，本标施工场地内共布置 2 台空压机(单台供风能力 20 m^3/min)。

施工供水：各个营地的生活用水及其他辅助企业的用水主要采用打水井取水；混凝土养护和开挖用水直接从大渡河取水，左、右岸砂石拌和系统各设置 1 个取水泵站，接主供水管道供施工用水。

施工供电：布置 10 kV 高压线至各个工作面附近，各用电点配置变压器变压后供电。前期由地方供电线路供电，后期右岸枢纽变电站建成后，改由该变电站供电。拟定供电点接口为：从 Q2 桥附近架设高压 1＃线路，为左岸 A 区、左岸 B

区、枢纽明渠、泄洪渠提供施工用电；从右岸泊滩堰附近生活区高压供电部位新架 2＃高压线至右岸 A、B 区及泊滩堰施工部位；尾水渠明渠和沐龙溪明渠部位施工用电，采用 440 kW、200 kW、90 kW 柴油发电机供电，另备用 75 kW、90 kW、200 kW 的柴油发电机。

2）生产辅助企业场地布置

（1）项目部办公生活区主要集中在罗汉镇，采用租用当地民房的形式。后期计划在业主营地上游重新规划项目部营地。

（2）左岸 A 区位于 Q2 桥正对 1＃碴场位置，占地面积 19530 m^2，主要布置开挖一、二队营地，机械修配厂，钢筋加工厂，中心仓库，设备停放场，50 t×2 油库，建筑面积 3050 m^2。

（3）左岸 B 区位于 Q2 桥至罗安大桥连接道路附近，占地面积 8000 m^2，主要布置混凝土拌和系统、砂石加工系统、试验室等临时设施，建筑面积约 480 m^2。

（4）左岸 C 区位于泄洪渠左堤中段、5＃道路附近，占地面积 23270 m^2，主要布置开挖四队营地、机械修配厂、设备停放场等临时设施，建筑面积约 2470 m^2。

（5）左岸 D 区位于尾水渠导流明渠附近，桩号为明 9＋678.9，紧邻 3＃碴场，占地面积 10960 m^2，主要布置开挖三队营地、机械修配厂、停车场等临时设施，建筑面积约 890 m^2。

（6）右岸施工区在征地范围内规划。在 8＃表土料场和 8＃碴场之间空地布置办公生活区、机械修配区、油库；在设计泊滩堰取水口改造上游布置砂石筛分系统和拌和系统、试验室、木材和钢筋加工厂、模板堆放场等临时设施。占地面积共 10100 m^2，建筑面积 1810 m^2，不设炸药库。

3）导流标准与程序

（1）导流标准。

导流建筑物级别为 5 级，围堰采用枯期（11 月至次年 4 月）10 年一遇洪水标准设计，设计流量 1870 m^3/s。

（2）导流程序。

本标工程从开工到 2011 年 4 月 28 日完工，主要经历了一个枯期，根据施工总进度安排，细部导流程序如下。

①2010 年 11 月—2011 年 2 月，利用枢纽明渠及尾水渠明渠沿线围堰挡水，进行枢纽明渠和尾水渠明渠的大部分区域开挖。

②2011 年 2 月，已开挖完成的枢纽明渠和尾水渠明渠的大部分区域过流，同时右岸泄洪渠内开挖渠道辅助过流，利用围堰挡水，进行泄洪渠左堤的开挖、填筑施工，以及尾水渠明渠剩余部分开挖。

③2011 年 3 月—4 月，利用围堰挡水，进行泄洪渠的剩余部分开挖和左堤混凝土施工。

④2010 年 11 月—1 月，利用原泊滩堰引水渠作为围堰挡水，进行泊滩堰改造各部位底板、拦砂井施工，泊滩堰引水改至外侧保持供水。

⑤2010 年 2 月后，泊滩堰改造的拦砂井具备挡水功能，进行剩余部分施工。

⑥沐龙溪明渠进口处结合主体挡水围堰，形成施工围堰挡水，完成施工。

4）土石方开挖施工

（1）工作范围及工程量。

本工程施工范围包括：枢纽明渠、泄洪渠（0＋490～3＋600）、尾水渠明渠（0＋000～9＋967.1）、1＃碴场、3＃碴场、右岸新增碴场水土保持、泊滩堰进水口改造、沐龙溪明渠工程。

土石方明挖的主要工程量包括：表土开挖 859686 m^3，无用料（粉细砂土）开挖 2102961 m^3，砂卵石开挖 8828552 m^3，冰水堆积层 28134 m^3，石方明挖 98925 m^3，开挖总量达到 11918258 m^3，实际开挖量约 1183.69 万 m^3。

（2）土石方开挖施工方案。

①枢纽明渠。

枢纽明渠的开挖料物包括表土、粉细砂土、砂卵石等。枢纽明渠开挖划分为 A、B、C、D 四个区域，其中 A、B 区位于滩地，可提前开挖，C、D 区属于原河床，待第一阶段施工导流即上游 1＃、2＃围堰截流后进行开挖。枢纽明渠分区施工特性见表 2.3。

表 2.3　枢纽明渠分区施工特性

区域	面积/万 m^2	平均开挖高程/m	工程量/万 m^3
A	32.97	376～382	100.12
B	18.4	377～383	57.4
C	15.23	376～378.5	32
D	35.59	374～379	109.26
合计	102.19	—	298.78

a. 开挖方法。

枢纽明渠宽度 350 m,开挖最大高度 5 m,平均高度 2～4 m。采取分层剥离的方法,多个工作面揭盖式开挖,即不同料物进行分层、梯级开挖,下层开挖滞后上层一个工作面。大面开挖采用液压反铲装车、装载机(3.0 m^3)集碴并维护基坑道路,排除地表水、清除表层淤泥、树根及杂物,挖装自卸汽车运输至标段内规划碴场堆放。

枢纽明渠开挖时首先要进行钢筋石笼、格宾石笼护底护坡部位的开挖,为其他工序提交工作面。

b. 设备配置。

枢纽明渠的开挖计划工期 2.5 个月,高峰月开挖强度 158.4 万 m^3,于 2010 年 12 月开工,计划配置 CAT345(2.8 m^3)液压反铲 2 台、SK450(1.8 m^3)液压反铲 14 台、CAT330(1.6 m^3)液压反铲 20 台,挖装设备总能力为 194 万 m^3/月,挖装设备保证系数 1.22;配置 25 t 自卸汽车 180 台、20 t 自卸汽车 45 台,运输设备综合出碴能力为 207 万 m^3/月,保证系数约 1.3,满足施工高峰强度。

c. 出碴道路布置。

枢纽明渠主要覆盖的施工道路为 1＃道路、2＃道路、3＃道路,基坑大面内根据实际情况形成施工环路,通过新增的这三条施工道路,出碴至 1＃、2＃表土料场以及 1＃碴场。

②泄洪渠。

泄洪渠(0＋490～3＋600)的开挖料物包括表土、粉细砂土、砂卵石等。泄洪渠开挖划分为 0＋971.5 上段及 A、B、C、D 区共五个区域,其中 A、B、C 区大部分位于滩地,可提前进行开挖,D 区属于原河床,待第二阶段施工导流后进行开挖。泄洪渠分区施工特性见表 2.4。

表 2.4　泄洪渠分区施工特性

区域	面积/万 m^2	平均开挖高程/m	工程量/万 m^3
0＋971.5 上段	16.8	373.5～379	68.89
A 区	25.78	370～375	129.16
B 区	36.81	372～377	195.03
C 区	26.18	373～378	92.54
D 区	23.12	370～373	48.66
合计	128.69	—	534.28

a. 开挖方法。

泄洪渠宽度 350 m，开挖最大高度 5 m，平均高度 2～3 m。采取分层剥离的方法，多个工作面揭盖式开挖，具体方法同枢纽明渠。

泄洪渠开挖时要首先进行左堤部位的开挖，为其他填筑、混凝土、排水沟等工序提交工作面，保证总工期。开挖的符合级配要求的可用料物经监理批准后部分直接运至左堤进行填筑，其余则运至规划碴场。

b. 设备配置。

泄洪渠(0＋490～3＋600)的开挖计划工期为 5 个月，高峰月开挖强度163.2 万 m^3，于 2011 年 3 月开工，计划配置 CAT345(2.8 m^3)液压反铲 3 台、CAT330(1.6 m^3)液压反铲 25 台、SK450(1.8 m^3)液压反铲 10 台，挖装设备总能力为 205.4 万 m^3/月，挖装设备保证系数 1.25；配置 25 t 自卸汽车 185 台、20 t 自卸汽车 45 台，运输设备综合出碴能力为 212 万 m^3/月，保证系数约 1.3，满足施工高峰强度。

c. 出碴道路布置。

泄洪渠主要覆盖的施工道路为 5＃道路、6＃道路、13＃道路，基坑大面内根据实际情况形成施工环路，通过新增的这三条施工道路，出碴至 4＃、6＃表土料场以及 1＃碴场和右岸新增碴场。

③尾水渠明渠。

尾水渠明渠(0＋000～9＋967.1)的开挖料物主要为砂卵石。尾水渠明渠战线较长，划分为 A、B、C、D、E、F 区共六个区域，尾水渠明渠施工特性见表 2.5。

表 2.5 尾水渠明渠施工特性

区域	面积/万 m^2	平均开挖高度/m	工程量/万 m^3
A 区	14.58	2.5	36.45
B 区	28.37	3.7	104.97
C 区	18.2	4	72.8
D 区	16.67	2.5	41.68
E 区	4.3	1	4.3
F 区	14.85	2	29.7
合计	96.97	—	289.9

a. 开挖方法。

尾水渠明渠全长 9967.1 m，主渠道宽度为 100 m，分渠道宽度 50～60 m，施工场地狭长，适合分段开挖，根据工期安排分期进行开挖，削减高峰强度。尾水渠明渠为单一的砂卵石开挖，开挖区段覆盖层厚度 1～4 m，因此不需要分层开挖，反铲一次开挖到位。

大面开挖采用液压反铲装车、装载机（3.0 m^3）集碴并维护基坑道路，排除地表水、清除表层淤泥、树根及杂物，挖装自卸汽车运输至标段内规划碴场堆放。

b. 设备配置。

该部位主要开挖计划工期 3.5 个月，高峰月开挖强度 110.4 万 m^3，于 2010 年 12 月开工，计划配置 CAT345（2.8 m^3）液压反铲 1 台、SK450（1.8 m^3）液压反铲 10 台、CAT330（1.6 m^3）液压反铲 15 台，挖装设备总能力为 137.8 万 m^3/月，挖装设备保证系数 1.25；配置 25 t 自卸汽车 130 台、20 t 自卸汽车 25 台，运输设备综合出碴能力为 143.5 万 m^3/月，保证系数约 1.3，满足施工高峰强度。

c. 出碴道路布置。

尾水渠明渠主要覆盖的施工道路为 4＃道路、8＃道路、9＃道路、10＃道路、11＃道路、12＃道路，C11 前期公路以及基坑大面内根据实际情况形成施工环路，通过这些新增的施工道路和业主提供的道路，出碴至 3＃、5＃表土料场以及 1＃碴场和 3＃碴场。

④泊滩堰取水口及沐龙溪。

泊滩堰取水口和沐龙溪明渠的改造开挖内容包括表土开挖、土夹石开挖、砂卵石开挖、冰水堆积体、石方明挖，具体工程量详见表 2.6。

表 2.6　泊滩堰取水口和沐龙溪明渠改造开挖工程量

开挖内容	泊滩堰取水口/万 m^3	沐龙溪明渠/万 m^3	合计/万 m^3
表土开挖	3464	22342	25806
土夹石开挖	65808	15743	81551
砂卵石开挖	10594	—	10594
冰水堆积体	—	28134	28134
石方明挖	84353	14572	98925

a. 土方开挖。

泊滩堰取水口土方开挖高度 1～13 m，沐龙溪明渠土方开挖高度 2～4 m，表土、泥质土、砂卵石分别开挖，一次到位。由于施工面较窄，可采取两端向中间和

中间向两端的方式使四个工作面同时作业。

冰水堆积体主要集中在沐龙溪明渠桩号沐 0+000.00～沐 0+230.00 范围段内，开挖厚度 4～8 m。冰水堆积体胶结紧密，难以直接开挖，进行松动爆破后方可挖除，参考项目部在其他工程中的施工经验，冰水堆积体开挖分层厚度取 1.5～2 m。

泊滩堰取水口和沐龙溪明渠改造土方开挖工程量 14.6 万 m^3，最大月开挖强度为 8 万 m^3，发生在 2010 年 11 月，拟在泊滩堰明渠配置 3 台 CAT330(1.6 m^3)液压反铲、25 t 自卸汽车 12 台，沐龙溪明渠配置 2 台 CAT320(1.2 m^3)液压反铲、20 t 自卸汽车 10 台，满足施工强度。

b. 石方开挖。

为了保证石方开挖效果及安全性，项目部将进行专项爆破设计以及各种爆破实验，作为存档资料，爆破作业由专业爆破队伍施工，严格控制其各种爆破材料的采购质量、规范使用和安全存放等。

泊滩堰明渠石方开挖：整个施工区域均存在石方开挖，只是厚度不同，其中桩号泊放 0+074.50～泊放 0+176.5 m 范围段、泊放 0+263.50～泊放 0+303.5 m 范围段基岩直接出露，最大开挖厚度约 13 m，其他部位在土方和砂卵石开挖完成后才可进行石方开挖，最大开挖厚度约 8 m。泊滩堰明渠石方开挖分进口和出口两个作业面分别施工，针对基岩出露段，在进行土方施工期间可先进行钻孔作业，待土方开挖完成后再进行爆破作业。石方开挖主要分两层进行，第一层主要为大面开挖，开挖厚度 5～9 m，第二层为保护层开挖，开挖厚度 2～3 m。

沐龙溪明渠石方开挖：石方开挖主要集中在桩号沐 0+000.00～沐 0+230.00范围段内，开挖厚度 2～3 m。由于石方开挖厚度为 2～3 m，开挖时不进行分层，一次爆破开挖到位。

强度分析：该部位石方明挖总量约 98925 m^3，开挖月高峰强度 44000 m^3/月，于 2010 年 12 月开工。钻孔设备为 1 台液压钻机和 2 台 100B 潜孔钻，月生产能力达到 60000 m^3/月，再辅以 30 台 YT28 手风钻，设备总钻爆能力满足施工强度需要。

⑤碴场防护。

本标碴场防护工程包括 1＃碴场防护、3＃碴场防护和右岸新增碴场防护，碴场防护开挖内容包括表土开挖、粉细砂土开挖等，具体工程量详见表 2.7。

表土开挖采用 CAT320(1.2 m^3)液压反铲挖装，20 t 自卸汽车运输到碴场

内表土场按要求堆存保护。其中:1#碴场的表土运至3#表土堆放场;3#碴场的表土运至5#表土堆放场;右岸新增碴场的表土运至6#表土堆放场。粉细砂土采用CAT320(1.2 m^3)液压反铲挖装开挖,开挖后由20 t自卸汽车运输到碴场内无用料堆放场地堆存。

表 2.7　碴场防护开挖工程量

碴场	表土开挖/万 m^3	粉细砂土开挖/万 m^3
1#碴场	9.5895	2.9148
3#碴场	6.174	2.1112
右岸新增碴场	1.314	3.1937

5) 钢筋石笼及格宾石笼施工

(1) 钢筋石笼制作。

防护用钢筋石笼采用规格为3 m×3 m×1.5 m、3 m×1 m×1.5 m钢筋石笼单体。钢筋石笼的钢筋网采用ϕ12钢筋焊接,主筋采用ϕ16钢筋焊接,钢筋网眼尺寸为15 cm×15 cm,接头采用电弧焊焊接方式连接,焊接长度取10倍钢筋直径。网面钢筋宜通长编织,尽可能减少焊接加长对钢筋石笼整体的不利影响,网面钢筋与骨架钢筋之间的连接,必须采取有效措施确保连接牢靠。钢筋之间采用电弧焊焊接方式连接,电弧焊烧蚀深度不得超过钢筋直径的1/3。护面及护底钢筋石笼之间采用ϕ16钢筋焊接成整体。钢筋石笼在加工厂加工,作业面拼装,拼装时预留一面网面钢筋,待卵石填满后,再作封口。钢筋石笼在运输及吊装时应采取有效措施,防止过大变形或损坏。

关于钢筋石笼的装填,要求选用大于15 cm粒径、形状均匀、质地坚硬的卵石,可以用机械进行大量装填,并辅以人工操作。

(2) 格宾石笼制作。

格宾石笼由专业厂家生产,在现场直接拼装即可使用。

格宾石笼卵石应精心摆放,力求卵石大小搭配适当,充分密实,避免同粒径卵石过分集中或石料架空等施工缺陷。充填格宾石笼的卵石尽量选用粒径大于8 cm、形状均匀、质地坚硬的卵石,单块重量符合设计文件或有关技术要求,全强风化卵石不得用作格宾笼内的填料,不允许使用薄片、条状、尖角等形状的卵石,风化岩石、泥岩等亦不得用作填充石料。岩石的干抗压强度应大于30 MPa。采用CAT320(1.6 m^3)液压反铲挖装开挖卵石料,25 t自卸汽车运输至填筑工作面,反铲或人工装填,并辅以人工绑扎封闭格宾石笼。

(3) 钢筋石笼、格宾石笼施工。

尾水渠明渠桩号明 1＋810 下游的钢筋石笼在钢筋厂内加工，20 t 平板车运输至现场，无须拼装，成型的钢筋石笼采用 16 t 或 8 t 吊车吊装，填石在 1＃碴场集中筛分，采用 1.6 m^3 液压反铲挖装、25 t 自卸汽车运输；填石采用 1.2 m^3 反铲装填、人工配合；枢纽明渠及尾水明渠桩号明 1＋810 上游范围内的钢筋笼在加工厂内制作成半成品，25 t 平板车运输至现场拼装、焊接，1.2 m^3 反铲装填、人工配合。

所有格宾石笼均采用外购成品，经综合仓库将检验合格的成品运至现场安装，填石采用人工装填，0.8 m^3 反铲配合。

6）混凝土施工

(1) 混凝土施工任务。

①明渠混凝土施工。

防护面板混凝土：明渠混凝土防护面板采用成套衬砌设备，包括坡面振动布料机(PHB-23000C 型)、坡面振动成型机(PHZ-23000C 型)以及抹光台车等，混凝土采用 6 m^3 混凝土罐车运输。

趾板混凝土：主要采用 15 t 自卸车运输混凝土至作业面并由 ZX250 型长臂反铲入仓，ϕ100 硬轴振捣棒振捣。

②泊滩堰取水口改造混凝土施工。

底板混凝土采用 15 t 自卸汽车从右岸拌和系统取料，QUY50 液压履带吊送料入仓，长臂反铲辅助，振动棒振捣。

进口闸室段中墩、边墩及胸墙混凝土、涵洞段边墙顶板混凝土采用 6 m^3 混凝土罐车运料至作业面并由 HBT60 混凝土泵泵送入仓，软轴振捣棒振捣。

模板均以组合钢模为主，木模补充。

③沐龙溪明渠渡槽段混凝土施工。

主要采用 15 t 自卸汽车从右岸混凝土系统取料，人工入仓，插入式软轴振捣棒振捣，模板采用散装钢模板，辅以木模板。

(2) 混凝土施工工艺。

①混凝土生产及运输。

本标混凝土除周陆桥桥墩加固和沐龙溪明渠两个部位外，其余部位均采用布置在两岸 HSZ60 拌和站集中生产供应，成品混凝土采用 15 t 自卸汽车或6 m^3 混凝土搅拌运输车水平运输。

泄洪渠趾板混凝土垂直入仓主要考虑长臂反铲入仓方式；面板混凝土垂直

入仓主要考虑渠道衬砌机、布料机运输;右岸泊滩堰混凝土大部分采用长臂反铲入仓,上部结构采用 HBT60 泵入仓;周陆桥桥墩加固和沐龙溪明渠两个部位的混凝土在现场采用搅拌机拌制,短臂反铲入仓浇筑。

混凝土施工阶段,务必做好防雨和道路维护措施以及坍落度的控制,避免混凝土在运输途中发生剧烈颠簸而离析。

②一般混凝土施工。

这里的一般混凝土是指底板、趾板、桥墩加固、墩(墙)体、垫层、路面等常规部位的混凝土。

混凝土集中在拌和楼拌制,15 t 自卸汽车水平运输至各工作面,长臂反铲入仓。由于上述多数部位的基础都是在软基上,所以在底层混凝土浇筑之前,采用 18 t 振动碾进行振动压实,经验收合格后才开仓浇筑。

一般混凝土施工控制要点如下。

a. 清基和施工缝处理、冲洗。

混凝土浇筑前,清除岩基上的杂物、泥土及松动岩石,压力水冲洗干净。施工缝人工凿毛,清除缝面上所有浮浆、松散物料及污染体,用压力水冲洗干净,保持清洁、湿润。进行地质资料收集整理,基础验收。

b. 测量放线及岩面处理。

基面处理合格后,用全站仪、水准仪等进行测量放线检查,将建筑物的控制点线放在明显地方,并在方便度量的地方给出高程点,确定钢筋绑扎和立模边线,并做好标记,焊钢筋、架立筋。对测量放线中发现混凝土浇筑基面局部的欠挖,采用风镐或冲击破碎锤进行岩面处理,直至合格。

c. 模板、钢筋加工、钢筋绑扎及止水设施、预埋件安装。

本工程模板和支架材料优选厚度不小于 3 mm 的钢板作为混凝土浇筑模板面板材料,钢模肋条、支架等,均采用符合国家标准或行业标准的钢材制作。局部小体积混凝土不利于钢模板浇筑部位采用木模,木材质量要求达到Ⅲ等以上的材质标准,腐蚀、严重扭曲或脆性的木材严禁用于本工程木模加工。

为保证混凝土浇筑表面外观质量以及模板防锈蚀和脱模方便,钢模板每次使用前均应清理干净,面板涂刷高级精炼色拉油类的防锈保护涂料。木模表面采用烤涂石蜡或其他保护材料。

普通模板与钢筋由专业工程师出具设计图和下料单,在钢筋、模板加工厂统一制作,为了防止运输时造成混乱和便于架立,每一型号的钢筋必须捆绑牢固并挂牌明示,载重车运输到工作面,人工进行绑扎焊接,底板钢筋要预先搭设好钢筋架。模板运输中要防止变形损坏，专用模板统一加工好后运至现场安装、调试，检验合格后方可投入使用。

止水设施的形式、尺寸、埋设位置和材料的品种规格符合施工图纸的规定，止水设施及预埋件安装严格按设计图纸要求进行，负责预埋件安装的人员，必须和钢筋架立人员密切配合，一些管路须穿过密集钢筋区域时，采用穿插作业。严防乱割受力钢筋，埋件一定要牢固固定在可靠的部位，确保浇筑振捣时不会走样。

d. 立模、校模。

所有模板经检验合格后运往现场拼装立模。模板拼装严格按施工规范进行，做到立模准确，支撑固定可靠，以确保混凝土尺寸及浇筑质量符合设计及规范要求。模板与混凝土接缝以及模板与模板缝间必须作填缝处理。模板安装就位后，认真进行测量校模，并按设计要求安装止水设施及预埋件，然后人工清仓，采用高压风或水冲洗仓面。

e. 清仓验收。

清理仓位内的杂物，并且冲洗干净，排除积水，提交有关验收资料进行仓位验收，同时做好浇筑准备，搭设简易脚手架、溜槽架、安全护栏，检查振捣设备，增加照明。浇筑仓位首先通过内部三检，提供原始资料，由质检部门提请监理人进行验收。

f. 混凝土拌制运输及取样试验。

混凝土由本标自建的混凝土拌和系统按现场试验室提供并经监理工程师批准的程序和混凝土配料单进行统一拌制，并在浇筑现场进行混凝土取样试验。各种不同类型结构物的混凝土配合比通过试验选定，并根据建筑物的性质、浇筑部位、钢筋含量、混凝土运输、浇筑方法和气候条件等，选用不同的混凝土坍落度。

g. 混凝土入仓浇筑。

仓面验收合格后，方可进行混凝土浇筑，基岩面浇筑仓，在浇筑第一层混凝土前，均匀铺设一层 2～3 cm 水泥砂浆，塔体底板混凝土浇筑前铺一层厚度不小于 10 cm 的一级配混凝土，保证混凝土与基岩面结合良好。

混凝土浇筑注意以下要求：混凝土的生产和原材料的质量应满足规范和技术条款要求；浇筑混凝土时，严禁在途中和仓内加水，以保证混凝土质量；浇入仓内的混凝土，应注意平仓振捣，不得堆积，严禁滚浇，严禁用振捣器代替平仓。

仓内注意薄层平铺，特别是边墙一定要对称下料，防止模板整体移位，认真

平仓，防止骨料分离，注意层间结合，加强振捣，确保连续浇筑，防止出现冷缝，浇筑过程中模板工和钢筋工要加强巡视维护，发现异常情况及时处理。蜗壳阴角部位各埋设两条灌浆管路，待蜗壳混凝土浇筑结束，进行回填灌浆。

浇筑二期混凝土时，将结合面的老混凝土凿毛，冲洗干净，保持湿润。浇筑前，检查模板安装质量，控制模板的安装误差在允许的范围内，保证模板有足够的强度。浇筑过程中，采用小型振捣机械捣实，避免漏振，并控制混凝土浇筑层厚及上升速度，保证钢筋和金属埋件不产生位移，模板不走样。

h. 养护。

混凝土浇筑结束后 12～18 h，洒水养护，用麻袋覆盖保湿、保温，养护时间不少于 28 d，在干燥、炎热的气候条件下，适当延长养护时间。

i. 拆模、修饰。

混凝土强度达到施工图纸要求及规范规定后，方可拆除模板。拆模后对模板进行清理，满足下一段混凝土浇筑使用要求。

拆模后若发现混凝土有缺陷，提出处理意见，征得监理人同意后才能进行修补。对不同的混凝土缺陷，按相应的监理人批准的方法进行处理，直至满足设计和规范要求。

③预制混凝土施工。

本书这里所述预制混凝土包括沐龙溪明渠预制顶板、泊滩堰改造工程拦砂井预制顶板、混凝土预制块等。

混凝土集中在右岸拌和站拌制，预制场地选在拌和站附近，装载机在出机口接料，水平运输至浇筑点工作面，人工入仓，采用 ϕ50 软轴振捣器振捣密实，养护达到规定强度后，16 t 吊车转移、堆码。

预制混凝土施工控制要点如下。

a. 预制混凝土构件的制作偏差。

构件尺寸应符合施工图纸要求，其长度允许误差为±10 mm，横断面允许误差为±5 mm；

局部不平(用 2 m 直尺检查)允许误差为 5 mm；

构件不连续裂缝小于 0.1 mm，边角无损伤。

b. 运输、堆放、吊运和安装。

运输：预制混凝土构件的强度达到设计强度标准值的 75%以上，才可对构件进行装运，卸车时应注意轻放，防止碰损。

堆放：堆放场地应平整坚实，构件堆放不得引起混凝土构件的损坏。堆垛高度应考虑构件强度、地面耐压力、垫木强度及垛体的稳定性。

吊运：吊运构件时，其混凝土强度不应低于施工图纸和监理人对其吊运的强度要求，吊点应按施工图纸的规定设置，起吊绳索与构件水平面的夹角不得小于45°；起吊大型构件和薄壁构件时，应注意避免构件变形，防止产生裂缝或损坏，在起吊前应做临时加固措施。

构件安装：应按施工图纸或监理人的指示进行安装。安装前，应使用仪器校核支承结构的尺寸和高程，并在支承结构上标出中心线和标高。

④二期混凝土施工。

本书这里所述混凝土包括右岸泊滩堰取水口改造闸室段门槽及其他电气结构安装完成后的二期混凝土。

混凝土集中在右岸拌和站拌制，罐车水平运输至工作面，主要采用HBT60泵入仓，空间狭小的部位采用人工铲料入仓。采用ϕ30软轴振捣器振捣密实，养护。

二期混凝土施工控制要点如下。

a. 混凝土浇筑前必须对一期混凝土面进行凿毛，合格后再进行立模封仓。

b. 门槽浇筑时每隔3 m高程设置下料孔，下料孔旁设置下料平台(可随浇筑高程升高)，单个门槽宜一次性浇筑完成，尽量不产生施工缝，如必须留施工缝，则按规范要求处理。

c. 混凝土坍落度宜为18～20 cm，并保证良好的性能指标，下料厚度不大于50 cm时必须振捣密实后再进行后续浇筑。

d. 混凝土强度达到施工图纸要求及规范规定后，方可拆除模板。

7) 闸门制作与安装施工

本标闸门制作主要是指取水口检修闸门和工作闸门制作，共计126 t，属于平面门，拟在指定的水工机械厂内制造完成，运输至工地进行安装。

(1) 门槽安装。

①一期埋件安装方案。

根据水利水电工程钢闸门制造安装及验收规范，预埋在一期混凝土中的锚栓或锚板，按设计图样制造，运至现场后用土建吊车随钢筋吊入仓号，由土建施工人员在钢筋和模板校正好后进行安装和固定。金属结构安装人员会同监理工程师共同在混凝土浇筑开仓之前对预埋锚栓或锚板位置进行检查、核对。

②门槽安装方案。

门槽安装时均在土建混凝土浇筑到坝顶后进行安装。

平面闸门门槽安装施工程序如下：土建交面→门槽安装施工专用平台安装→门槽测量控制点设置→门槽吊装就位和调整→埋件工作表面涂黄油、贴油纸→交土建进行二期混凝土回填→下一层门槽安装施工准备→门槽安装。

在金属结构拼装场内用 25 t 汽车吊装车，用 10 t 载重汽车运至安装现场，用土建吊车将其吊装至安装位置进行安装和调整，土建吊车不能直接吊装到位的埋件，用卷扬机、滑车组等将其牵引就位进行安装和调整。

门槽埋件在制造厂分部位、分段（节）制造，故其采用预设安装基准点，并通过挂钢丝线分段（节）控制相对尺寸的方法，进行安装。先将底坎和首节主、反轨安装完毕，经监理工程师验收合格后，交土建进行二期混凝土回填。强度符合要求后再进行其余门槽安装及门槽节间焊接和二期混凝土回填，待全部安装后再进行整体检测、验收。

已安装好的平面闸门门槽均用试槽框进行检验，试槽框应起升灵活，无卡阻现象。

③门槽安装条件。

a. 一期埋件（锚板或锚栓）安装在混凝土浇筑过程中随时进行。

b. 一期混凝土上的模板等杂物已经彻底清除干净，一、二期混凝土的结合面全部凿毛完成（在拆模的同时进行）；经核实，二期混凝土的断面尺寸及预埋锚栓和锚板的位置均符合施工图纸的规定，锚板表面已露出一期混凝土面。

c. 用于埋件安装的固定地锚、卷扬机、施工专用平台等已安装完毕并做过起升试验，动作灵活可靠，刹车及限位装置灵敏可靠。

d. 门槽孔口上部已密封严实，并牢固可靠，具备安全施工的条件。

e. 影响门槽安装的多余部分的混凝土已全部清除完毕。

④门槽安装前的检查与准备。

a. 门槽埋件安装前检查和清理。

按施工图纸逐项检查各安装设备的完整性和完好性。

逐项检查设备的构件、零部件的损坏和变形。

按施工图纸和制造厂技术说明书的要求，进行必要的清理和保养。

对上述检查和清理发现的缺件、构件损坏等情况，以书面文件报送监理工程师，并负责按施工图纸要求进行修复和补齐处理。必要时可按监理要求，对门楣以下（含门楣）止水部位进行整体框架式大组，通过矫形确保止水面平面度符合设计要求。

b. 门槽一期混凝土预埋插筋的检查与校正。

埋件安装前,按设计图纸和技术要求对一期混凝土预埋插筋或锚板的位置、数量进行检查核对,对漏埋的插筋或锚板补埋或增加型钢(如角钢)进行连接加固,对弯曲变形的插筋进行调直,以保证门槽埋件加固的强度和可靠性。

c. 规范和施工技术资料、检测工具的准备。

闸门及启闭机设计施工图纸和修改通知单。

门槽埋件安装质量控制标准:《水电工程钢闸门制造安装及验收规范》(NB/T 35045—2014)。

经监理工程师批准的平面闸门和拦污栅埋件施工措施、安装质量检验表格和单元工程质量等级评定表格。

经国家指定计量器具鉴定机构校正过的 20 m 钢盘尺、拉力计、油桶、钢琴线、200 mm 钢板尺。

d. 埋件安装测量控制点的布置。

埋件安装前按监理工程师提供的安装基准点,测放埋件安装控制点,测放后再进行复检,合格后方可使用。

测量使用的经纬仪、水准仪、钢尺等计量器具等均经国家一级计量单位按规定的检定周期进行检定,测量时计入修正值,以保证测量成果的准确性、可靠性。

底坎安装基准控制点,包括闸门孔口中心线点、底坎中心线点和底坎安装高程点。闸门孔口中心线点测放在门槽混凝土底板上,底坎中心线点和高程点可合二为一测放到门槽混凝土侧墩上。所有测点用红色铅油做出标记。

⑤门槽埋件安装主要措施及工艺要点。

a. 一期埋件安装工艺要点。

锚板安装时尽量贴紧模板,必要时在中间加支撑,让两侧的锚板形成整体,可减少混凝土浇筑过程中锚板的变形和位移。

混凝土浇筑过程中,振捣棒不能靠近锚板位置,锚板两侧的振捣对称、均匀,防止锚板发生变形和位移。

模板拆除过程中及时找出锚板的安装位置,锚板表面全部露出混凝土面。

门槽一期混凝土浇筑过程在每个门槽内预埋一对角钢,用于施工平台的上下滑移。

b. 二期埋件安装工艺要点。

二期埋件安装主要控制门槽孔口的中心线,大跨、小跨尺寸和门槽底坎水平度及门槽主、反轨的垂直度。

埋件安装尽量使用同一组测量控制点进行检查和校正。

埋件就位调整完毕，按图纸要求与一期混凝土中的预埋插筋或锚板焊牢。严禁将加固材料直接焊接在主轨、反轨、侧轨、门楣（胸墙）等的工作面上或水封座板上。

埋件上所有不锈钢材料的焊接接头，均使用相应的不锈钢焊条进行焊接。焊接完毕用砂轮机将门槽接头部位磨平。

埋件所有工作表面上的连接焊缝应打磨平整，并涂上黄油加以保护。

每安装 12 m，经检查合格，移交土建在 5～7 天内进行二期混凝土回填，如过期或有碰撞，予以复测，复测合格方可浇筑二期混凝土。二期混凝土一次浇筑高度一般控制在 5.0 m 以下，浇筑时，注意防止撞击门槽和用于门槽加固的拉筋。

埋件的二期混凝土拆模后，对门槽所有表面遗留的钢筋和杂物进行清理，以免影响闸门的启闭，并对埋件的最终安装精度进行复测，同时检查混凝土面的尺寸，及时清理跑模导致的会影响闸门运行的混凝土。

用于门槽安装的测量控制点应妥善保护，并做出明显标记。

(2) 闸门安装。

闸门运输至现场后，用 25 t 汽车吊吊装就位后进行安装和调整。

①安装项目。

安装项目包括取水口检修闸门和工作闸门的安装，同时还包括设备调试及试运转工作必需的各种临时设施的安装。

②施工准备。

a. 闸门安装主要设备。

25 t 汽车吊 1 台、10 t 载重汽车 1 辆、1.5 t 载重汽车 1 辆、ZX7-400IGBT 电焊机 1 台、ZHYC-60 焊条烘干箱 1 台、ZX7-800S 电焊机 1 台、数字式超声波探伤仪 1 台、空压机（0.9 m^3/min）1 台。

b. 安装前设备的检查。

在进行闸门安装前，对该设备的全部构件、零部件和设备总成等进行检查。

检查该闸门构件、零部件是否齐全，在运输、存放过程中是否有变形和损伤。

在拼装检查中若发现尺寸误差、损伤、缺陷或零部件丢失等，及时报告监理人后按设计图纸要求进行修理、重新加工或补备零部件，然后进行安装。

设备安装前，按施工图纸和技术说明书要求进行清理和保养。

c. 预拼装。

为全面检查安装部位的情况、设备构件和零部件的完好性，对各项设备的重要构件进行预拼装检查。

在本标金属结构堆放、拼装场预拼装合格后，根据橡胶水封的到货情况，按需要的长度进行粘接。水封粘接时使用闸门水封提供商提供的模具及操作规程进行热粘接。将水封压板与水封橡皮组合在一起配钻螺栓孔。橡胶水封螺栓孔使用旋转法采用专用的钻头进行加工，不允许采用冲压法和热烫法加工，其孔径比螺栓直径小 1 mm。

③闸门安装施工方案。

单节门叶用 10 t 载重汽车运输至安装现场后，用 25 t 汽车吊吊装至安装位置进行安装和调整。

④闸门门叶安装质量控制要点。

a. 组装时依据厂内提供的对位板及安装控制线进行对装，重点复核门叶上水封座板面的平面度和整体扭曲。门体拼装的允许偏差应符合施工图纸的规定。

b. 水封安装完毕通过拉线进行扭曲检查以确保侧、顶水封的共面度，注意对侧、底水封转角部位的过渡处理，防止漏水。底水封安装时注意控制它与门叶竖向中心线的垂直度。

c. 安装就位以前注意对门槽各部位进行清理，对于有碍门叶运行的杂物要全部清除，滑道工作面全程涂抹黄油。

d. 门叶就位过程中，对水封所经部位的门槽面进行加水润滑，防止水封磨损。

e. 门叶就位后，用千斤顶将门叶连同水封顶紧在门槽止水面上，用滤光法对各部位的止水效果进行检查，并用塞尺检查压缩量，对于漏光或压缩量偏小部位及时进行处理。

f. 试验合格的门叶按要求对表面进行防腐处理。

⑤闸门试验。

闸门安装完毕后，项目部会同监理人对闸门进行试验和检查。平面闸门的试验项目包括如下。

a. 静平衡试验。试验方法为：将闸门自由地吊离地面 100 mm，通过滑道的中心测量上、下游方向与左、右方向的倾斜量，闸门的倾斜量不超过门高的 1/1000，且不大于 8 mm；当超过上述规定时，应进行配重调整。

b. 无水情况下做全行程启闭试验。试验过程检查滑道或滚轮的运行有无

卡阻现象，双吊点闸门的同步达到设计要求。在闸门全关位置，水封橡皮无损伤，采用漏光方法检查水封橡皮的压缩程度。在本项试验的全过程中，必须对水封橡皮与不锈钢水封座板的接触面采用清水冲淋润滑，以防损坏水封橡皮。

c. 静水情况下的全行程启闭试验。本项试验在无水试验合格后进行。试验、检查内容与无水试验相同(但不进行漏光检查)。

d. 通用性试验。对一门多槽使用的平面闸门，必须分别在每个门槽中进行无水情况下的全过程启闭试验，并经检查合格。

2.1.3　围堰工程

围堰是指在水利工程建设中，为建造永久性水利设施修建的临时性围护结构。其作用是防止水和土进入建筑物的修建位置，以便在围堰内排水，开挖基坑，修筑建筑物。围堰一般主要用于水工建筑中，除作为正式建筑物的一部分外，围堰一般在用完后拆除。围堰高度高于施工期内可能出现的最高水位。

1. 围堰的填筑与拆除施工

(1) 一期上下游横向围堰填筑。

河床式电站尾水渠开挖范围较大，一期下游横向围堰轴线可能布置在尾水渠开挖范围内，是先开挖尾水渠后填筑围堰，还是先填筑围堰，在二期截流前再进行剩余尾水渠开挖，这是需要慎重决策的问题。两者各有优缺点：先填筑围堰可以减少围堰填筑工程量，使围堰尽快形成，但给二期截流工作增加了难度；先开挖尾水渠后填筑围堰，则情况相反。具体要点如下。

①一期围堰填筑强度主要取决于开挖强度，对围堰填筑本身来讲，已具有足够的填筑工期，有时间先组织尾水渠开挖。

②二期截流前需要完成的一期收尾工作较多，只有在土建、金属结构收尾工作完成后才能断路进行尾水渠开挖，如果项目没有完成，尾水渠开挖就不能进行，势必会影响二期截流。

③如果在截流前进行剩余尾水渠开挖，根据情况在尾水渠外侧先做一个子围堰挡水，避免在尾水渠还未挖完或一期截流验收还未进行时有突发性洪水倒灌基坑。子围堰可用黏土或砂土填筑，截流前可先挖除约 10 m 宽的缺口，其余土料让水流冲走。

(2) 一期围堰拆除和二期围堰填筑。

二期截流之前，一期上下游围堰分流缺口应清除干净，一期工程应进行截流前阶段验收，二期围堰应基本进占至龙口位置，一期围堰拆除石碴直接用于二期围堰填筑。

一期围堰拆除前，应分析计算二期戗堤进占所需工程量，从而确定截流前一期围堰是否须全部拆除，如果不能全部拆除，则要确定好分流口位置和宽度。围堰开始拆除的时间是由一期工程进展情况、二期截流时间和来水情况决定的。下游围堰拆除的重点是尾水岩埂开挖（先填筑子围堰），开挖时适当调整爆破参数，以储备部分大中石用于二期截流，上游围堰主要拆除分流缺口，缺口前边先设置一道挡水堤，在截流前迅速拆除。

在二期围堰进占时，一方面一期围堰要尽快拆除，另一方面二期进占戗堤不能太高，暂时可容纳的工程量有限，这是一个矛盾。所以一期围堰拆除和二期围堰进占不能急于求成，一期围堰拆除的关键是上游分流缺口和下游尾水渠拆除，靠纵向围堰部分可在截流后再继续拆除。二期上游围堰要进行挡水发电，水上部分戗堤应保证碾压质量，考虑上游来洪水时水库水位须提前放空降落，为防止水位频繁降落引起防渗体坍塌，迎水面和裹头处应用块石进行保护。二期下游戗堤进占可根据来水情况确定进占速度，在水量较大时，进占不宜太快，以免石碴冲往下游后增加防渗体施工难度。下游围堰黏土斜墙防渗体施工宜在截流后进行，截流后水流基本处于静水状态，容易保证施工质量。

2. 工程概况

沙湾水电站分两期施工，一期主要施工任务为五孔冲沙闸坝，电站主、副厂房，以及右储门槽、安装间、右岸接头坝、尾水渠、升压站等土建及金属结构安装工程。二期工程主要分标项目施工任务（但不限于）：二期五孔泄洪闸、左储门槽、左岸非溢流坝（含基础处理）、二期纵向围堰加高、二期过水围堰（含基础处理及汛后围堰加高）等的土建工程，五孔泄洪闸金属结构安装工程，以及为完成本合同项目需要的所有临时工程。二期工程计划自 2008 年 9 月 1 日开工，至 2010 年 5 月 31 日完工，合同工期 21 个月。

3. 水文条件

大渡河流域内的径流主要由降雨补给，径流的年际、年内变化与降雨特性基本保持一致。径流的年际变化较小，枯季径流较为稳定。

表 2.8 所示为沙湾水电站分期洪水成果，表 2.9 为沙湾水电站坝下 150 水位流量关系曲线，表 2.10 为过渡期各月旬平均流量计算成果。

表 2.8　沙湾水电站分期洪水成果

统计时段	各频率设计值/(m³/s)						
	P/(%)						
	2	3.33	5	10	20	33.3	50
1 月	1730	1730	1730	1730	1730	1730	1730
2 月	1730	1730	1730	1730	1730	1730	1730
3 月	1730	1730	1730	1730	1730	1730	1730
4 月	1730	1730	1730	1730	1730	1730	1730
5 月	3330	3180	3050	2810	2540	2300	2070
6—9 月	9890	9290	8800	7940	7030	6300	5650
10 月	4280	4090	3930	3630	3290	3000	2720
11 月	2090	2000	1920	1780	1730	1730	1730
12 月	1730	1730	1730	1730	1730	1730	1730
10 月—次年 5 月	4300	4120	3970	3690	3380	3110	2840
10 月—次年 4 月	4280	4090	3930	3630	3290	3000	2720
11 月—次年 5 月	3730	3520	3350	3040	2690	2400	2110
11 月—次年 4 月	2130	2030	1950	1800	1730	1730	1730

表 2.9　沙湾水电站坝下 150 水位流量关系曲线表(节点间距=0.10 m)

水位/m	设计流量/(m³/s)									
	0.00	0.10	0.20	0.30	0.40	0.50	0.60	0.70	0.80	0.90
413.00	—	—	—	—	—	—	67.2	69.6	72.6	76.1
414.00	80.3	85.1	90.5	96.7	103	111	119	128	137	148
415.00	159	172	187	203	220	238	257	277	298	321
416.00	345	381	425	475	526	581	639	701	767	836
417.00	912	993	1080	1170	1260	1360	1460	1570	1680	1800
418.00	1920	2040	2160	2290	2410	2540	2670	2810	2950	3090
419.00	3230	3370	3520	3670	3820	3970	4120	4280	4440	4600
420.00	4760	4930	5090	5260	5420	5590	5760	5930	6110	6290
421.00	6470	6650	6840	7030	7220	7410	7610	7800	8000	8200
422.00	8400	8610	8830	9050	9280	9510	9740	9990	10200	10500
423.00	10700	11000	11200	11400	11700	11900	12100	12300	12500	12700

表 2.10 过渡期各月旬平均流量计算成果

统计时段		均值/(m^3/s)	各频率设计值/(m^3/s)					
			P/(%)					
			2	5	10	20	50	90
4月	上旬	498	760	700	649	591	489	358
	中旬	609	1080	953	854	746	578	405
	下旬	727	1200	1090	997	890	708	481
5月	上旬	960	1740	1550	1390	1220	923	573
	中旬	1190	1850	1700	1570	1420	1170	842
	下旬	1540	2550	2310	2110	1890	1500	1020
10月	上旬	2270	3640	3320	3050	2750	2220	1550
	中旬	1930	2800	2610	2440	2250	1900	1450
	下旬	1540	2240	2080	1950	1790	1520	1160
11月	上旬	1200	1680	1580	1480	1380	1190	933
	中旬	983	1330	1260	1190	1110	975	788
	下旬	829	1080	1030	981	925	824	684

4. 一期围堰工程地质条件

一期围堰采用砂卵石构筑，分为上游围堰、纵向围堰与下游围堰。围堰轴线总长 1212.01 m，顶宽 20 m，堰身与堰基均采用塑性混凝土防渗墙防渗。

在河床覆盖层中，中上部为第四系全新统现代河流冲积堆积(Q_{42}^{al})层，按物质成分的差异分为两层：上部第Ⅱ层为漂砾卵石夹砂，厚度 6～31.5 m；下部第Ⅰ层为砾卵石夹砂，厚度 20～27 m。河床底部为第四系上更新统冲洪积堆积(Q_3^{al+pl})层，物质成分为砾卵石夹砂及砂夹砾卵石，层中局部分布黏土夹砾卵石及Ⅱ-2-②层砂层透镜体，厚 6.7～27.9 m。漂砾卵石主要成分为花岗岩、闪长岩、辉绿岩等，粒径一般为 2～20 cm，最大可达 35 cm，呈次圆～次棱角状，分选性差；砂主要为中细砂，含量为 10%～20%。据坝址区抽(注)水试验资料，第Ⅱ层渗透系数为 6.29×10^{-2} cm/s，属强透水层。据颗分资料判定，渗透变形类型为管涌型，第Ⅰ层渗透系数为 2.55×10^{-3} cm/s，属中等透水层。下伏基岩岩性为三叠系中统雷口坡组($T_{21}^{2\sim5}$)层灰岩、岩溶角砾岩夹灰质白云岩、泥质白云岩等，T_2^5 T_{21}^3 层岩体具中等岩溶发育，T_{21}^2 T_{21}^4 层岩体具弱岩溶发育。岩体内多见溶

孔发育，直径 0.1～3.0 cm，岩溶角砾岩溶孔内多充填黏土及灰岩白云岩角砾。据钻孔揭示，岩体强风化带厚 0～15.0 m，弱风化带厚 9.3～11.9 m。据钻孔压(注)水试验资料，岩溶角砾岩渗透性较强，透水率一般为 13.0～55.0 Lu，最大达 185 Lu，属中等～强透水岩层，泥质白云岩透水率为 2.0～19.5 Lu，以弱透水岩层为主。

5. 一期围堰塑性混凝土防渗墙施工

一期围堰塑性混凝土防渗墙总计 7.9 万 m^3，最大孔深 80 m，平均孔深超过 50 m。为了加快施工进度，将围堰防渗墙划分为两个标段进行施工。

1) 施工槽段划分

一标段施工围堰轴线总长 527.37 m。根据机械设备情况，一期槽段长 6.2～6.6 m，二期槽段长 6.3～7.2 m，共 93 个槽段，均采用三主二副的槽段布置方式。二标段施工围堰轴线总长 684.64 m。根据机械设备情况，一期槽段长 6.2～6.6 m，二期槽段长 7.2～8.5 m，共 107 个槽段。其中一个槽段为凑合段，段长 4.84 m，采用两主一副的槽段布置方式，其他均采用三主二副的槽段布置方式，一期围堰工程共划分 200 个槽段。

2) 防渗墙造孔施工

(1) 造孔设备与造孔方法。

为了适应工程量大、强度高、造孔深且地层复杂的条件，防渗墙造孔设备主要采用了钢绳冲击式钻机，冲击式反循环钻机 CZ-30、CFZ-1200 和 HSW3.2 抓斗。在不同的槽段，防渗墙造孔分别采用两钻一抓及两钻一劈等成槽方法；同一槽孔遵循先主孔钻进，后抓钻副孔成槽的原则。主孔长 1.0 m，副孔长 1.5～2.8 m，每个槽孔根据成槽方法和副孔长度有三个主孔和两个副孔，单个槽孔长度为 6.2～8.5 m。

(2) 主要技术要求。

①槽孔壁平整垂直，中心偏差不大于 3 cm，孔斜率不大于 0.4%，槽孔在任意深度的套接厚度不小于 0.66 m。

②造孔过程中严格控制孔斜，根据测斜结果采取定向聚能爆破等措施及时纠偏，以保证孔斜率符合设计要求。注意孔深、孔形，槽孔中任意高程水平段面上没有梅花孔、探头石和波浪形小墙等。

③在造孔施工过程中，孔内泥浆始终保持在导墙顶面以下 30～50 cm，严防

塌孔。

(3) 泥浆护壁。

根据工程实际情况和设计要求，槽孔采用当地黏土泥浆护壁。选择泥浆土料，黏粒含量应大于50%，塑性指数大于20，含砂量小于5%，以 SiO_2/Al_2O_3 为3～4为宜。

分散剂为就近化工厂生产的工业碳酸钠(Na_2CO_3)；降失水增黏剂为中黏类羧甲基纤维素钠(CMC)，配制泥浆用水采用新鲜洁净的淡水(从大渡河中抽取)。

(4) 清孔。

①槽孔清孔换浆结束后1 h，应达到下列标准：

孔底淤积厚度≤10 cm；

泥浆比重≤1.30 g/cm^3；

泥浆黏度≤30 s；

泥浆含砂量≤10%。

二期槽段在清孔换浆结束之前，用刷子钻头清除槽孔端头混凝土孔壁上的泥皮，结束标准为刷子钻头上不再带有泥屑、孔底淤积不再增加，在清孔验收合格后的4 h内浇筑混凝土。

②清孔采用抽桶出碴的方法。清孔时，向槽内不断补充新鲜泥浆，下入钻头不断搅动孔底沉积物，以彻底清除沉碴。一个单孔清孔完毕后，移动钻机逐孔进行清孔。

当单元槽段内各孔孔深不同时，清孔次序为先浅后深。

3) 墙体混凝土浇筑

(1) 下设混凝土导管。槽孔清孔验收合格后，下设混凝土浇筑导管。混凝土导管为丝扣连接，管径为220 mm；导管埋入混凝土的深度应不小于1.0 m且不大于6.0 m。同时，导管下设应满足以下要求。

①根据槽段长短，设置数根浇筑导管，呈对称布置，间距不大于3.5 m，一般为3 m左右，以保证混凝土流动时能均匀上升。一期槽段的导管距孔端或接头管1.0～1.5 m，二期槽段的导管距孔端1.0 m。当槽底高差大于0.25 m时，导管应布置在其控制范围的最低处。导管底口距槽底距离应控制在15～25 cm。

②导管连接和密封必须稳妥，接头处螺丝扣良好，便于拆装，防止因该处进浆而污染混凝土。浇筑应预先进行管压试验，以保证浇筑过程的可靠性。

③导管下设前，应在地面进行导管组合，使不同位置的导管能够适应所处位

置的孔深情况。导管组合完毕后，认真做好记录，以便指导下设和拆除。

(2) 混凝土浇筑。采用直升导管法水下浇筑混凝土。混凝土采用 6 m^3 搅拌运输车送至槽口储料槽，由分料斗进导管入槽孔进行浇筑施工。混凝土运输和浇筑时应注意以下几点。

①装料前检查搅拌罐中有无冲洗后的积水，防止污染混凝土。

②浇筑前对拌和车经过的道路进行整修，保证拌和车平稳运输，防止因道路崎岖、过度颠簸导致混凝土离析。

③混凝土运至槽口后，设专人指挥倒车放料，保证混凝土顺利入槽。

④在浇筑过程中，控制各导管均匀下料，并根据混凝土上升速度起拔导管，导管埋入混凝土的深度宜为 1.0～6.0 m。混凝土上升速度应不小于 2.0 m/h。

4) 墙段连接

防渗墙段连接采用“钻凿法接头”。该方法工艺简单，形成的接缝可靠。施工时严格控制一期槽段两个端孔的施工过程，对孔斜进行勤测勤修。

6. 一期围堰塑性混凝土防渗墙施工特殊情况处理

(1) 漏浆塌孔处理。

在造孔过程中，如遇漏浆塌孔等事故，则采取改善泥浆性能，加大泥浆比重，加入黏土、锯末、水泥等措施，确保孔壁稳定和槽孔安全。在实际施工过程中，受到大渡河水位频繁变化，击穿 T_{21}^{3} 层岩溶角砾岩致使浆液骤降，以及黏土质量不完全达标等因素的影响，塌孔及塌槽现象经常发生。尤其是在击穿 T_{21}^{3} 层岩溶角砾岩后，多数孔均产生不同程度的浆液骤降，出现塌孔、塌槽。对于垮塌比较严重的孔，只能采取回填砂卵石等办法重新钻进；对于垮塌不严重的孔，可以回填黏土等，确保整个槽段的安全。

(2) 掉钻埋钻处理。

在防渗墙施工中，掉钻埋钻等孔内事故经常发生，若不及时处理，将直接影响工程施工。一般采取“绳套法”“打捞法”或“埋钻移位处理法”等进行处理。

(3) 砂层处理。

严格控制抽砂次数和时间，加大泥浆比重；向孔内投入大量黏土和块碎石，反复冲击加固孔壁。

(4) 漂石、孤石处理。

在造孔过程中，遇到漂石、孤石以及风化岩块等影响钻进工效时，则应在确保孔壁安全的前提下，采取孔内定向聚能爆破措施，或在漂石、孤石比较富集的

部位采取钻孔预爆等措施来提高钻进工效。

(5) 浇筑事故处理。

在浇筑过程中如出现浇筑事故，则优先选用清除孔内混凝土、重新浇筑混凝土的方法进行处理；如清除困难，则可经监理同意后于上游侧用灌浆高喷等方法进行补帷处理。

7. 二期围堰工程地质条件

(1) 枢纽地质工程条件。

枢纽区河床覆盖层深厚，最大厚度达 66.0 m。主要由第四系上更新统冲洪积(Q_3^{al+pl})堆积层以及第四系全新统冲积(Q_4^{al})堆积层组成。冲洪积堆积层主要分布于河流左岸Ⅱ级阶地及河床内左、右两侧深切河槽中部、下部。物质组成成分：上部为漂砾卵石夹砂，砂夹砾卵石，局部夹砂层透镜体；中部为砾卵石及漂砾卵石夹粉土；下部为砾卵石夹砂，层中夹粉细砂层透镜体。冲积堆积层广泛分布于河床及漫滩中部、上部。按其组成物质差异分为两层，上部Ⅱ-2 层为漂砾卵石夹砂，局部夹粉细砂层或砂夹砾卵石透镜体，厚 6.6～33.2 m，下部Ⅱ-1 层为砾卵石夹砂，厚 0～26.0 m。

(2) 二期上游围堰工程地质条件。

上游围堰布置在上游侧距坝轴线 76.86～146.64 m 处。围堰左端头与左岸岸坡相接，岸坡段地表分布第四系人工堆积(Q_4^{γ})杂填土，厚 0～4.4 m。河床覆盖层中部、上部地层为第四系全新统现代河流冲积堆积(Q_{42}^{al})层，按物质成分差异性分为两层：上部第Ⅱ层为漂砾卵石夹砂，厚度 0～30.9 m；下部第Ⅰ层为砾卵石夹砂，厚度 0～17.5 m。河床下部为第四系上更新统冲洪积堆积(Q_3^{al+pl})层，物质成分为砾卵石夹砂及砾卵石夹粉土，厚 7.3～27.9 m，层中局部分布第四系上更新统冰水堆积(Q_3^{fgl})孤块石夹黏土。河床覆盖层中漂砾卵石主要成分为花岗岩、闪长岩、辉绿岩等，粒径一般为 2～20 cm，最大可达 35 cm，呈次圆～次棱角状，分选性差；砂主要为中细砂，含量为 10%～20%。

(3) 二期下游围堰工程地质条件。

下游围堰布置在下游侧距坝轴线 253.5～283.34 m 处。围堰端头与左岸岸坡相接，该段岸坡地形平缓，地表分布第四系人工堆积(Q_4^{γ})杂填土，厚 0～5.6 m。河床覆盖层中部、上部地层为第四系全新统现代河流冲积堆积(Q_{42}^{al})层，按物质成分的差异分为两层：上部第Ⅱ层为漂砾卵石夹砂，厚 5.5～16.0 m；下部第Ⅰ层为砾卵石夹砂，厚 0～17.0 m。河床下部为第四系上更新统冲洪积堆积

(Q_3^{al+pl})层，物质成分为砾卵石夹粉土，底部为砾卵石夹砂，厚 0～48.9 m。河床覆盖层中漂砾卵石主要成分及透水性与上游围堰基本相同，仅泥质白云岩透水率为 2.0～19.5 Lu，以弱透水岩层为主，具有较好的隔水性能。

8. 二期围堰结构设计

根据沙湾水电站水文特性、水文地质条件、导流标准及导流设计流量对围堰结构进行设计，其中堰顶顶部高程以相应设计洪水流量，通过相关水力要素计算，按照导流标准选择一定超高值，并兼顾混凝土防渗墙施工平台高程，计算最终堰顶高程，堰顶宽度、堰身边坡需视通道要求及规范要求选取。

(1) 下游围堰结构形式。

根据一枯、二枯挡水期，设计挡水流量 3970 m³/s，下游水位 419.50 m，考虑波浪爬高、堰体沉陷等因素增加一定超高值，则一枯下游围堰堰顶高程（戗堤高程）取 420.5 m；过水期根据河流流速冲刷情况及规范施工过流面板钢筋混凝土 0.8 m，则下游围堰最终堰顶高程为 420.5 m+0.8 m=421.3 m，堰高 4.8 m；下游围堰两侧坡面（迎水面与背水面）坡比均取 1∶1.5，堰顶宽暂取 11.0 m，具体见图 2.1，下游围堰堰体要求一直使用到完工拆除，期间允许过流防洪度汛一次。

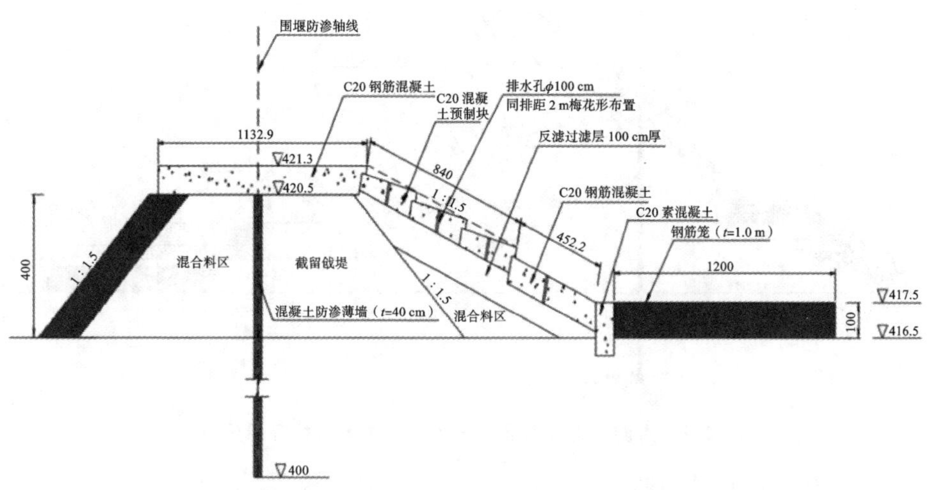

图 2.1　下游围堰设计断面(尺寸单位:cm,标高单位:m)

(2) 上游围堰结构形式。

根据导流程序可知，上游围堰须在不同时间段内根据挡水要求、经济投入等

情况分期加高，最终汛期过流后围堰恢复。加高须满足挡水发电要求水位：设计水位 429.95 m（$P=1\%$），正常水位 432.0 m 及校核水位 432.95 m（$P=0.05\%$）。根据上述三种水位要求，上游围堰最终设计顶高程应高于正常水位，考虑一定超高值与壅高水位，堰顶高程取 432.7 m（与兼作二期纵向围堰的冲沙闸导墙高程 432.7 m 平齐），堰高 16.2 m。

①其中，一枯期间（2009 年 4 月以前）挡水设计流量 3970 m^3/s，挡水期间下游水位 419.5 m，以此水位推算上游围堰拦蓄挡水后雍高水位 5.0～9.0 m（部分机组已发电，分流宣泄部分流量），考虑围堰过流面板厚 0.8 m，则最终取 426.5 m，堰高 10.0 m。

②2009 年 4 月—2009 年 6 月超标洪水来临前，其挡水标准应进一步提高（初步以 5650 m^3/s 设计计算子堰尺寸、规模等，拦蓄试验水位 428.82 m），子堰加高至 429.0 m，堰高 12.5 m（子堰高 2.5 m），要求满足超标准洪水来临时，子堰主动溃堰，基坑充水过流防洪度汛。

③过流防洪度汛进入二枯期间，修复围堰，并加高培厚至临时发电水位高程 432.7 m，满足挡水发电要求，具体见图 2.2。

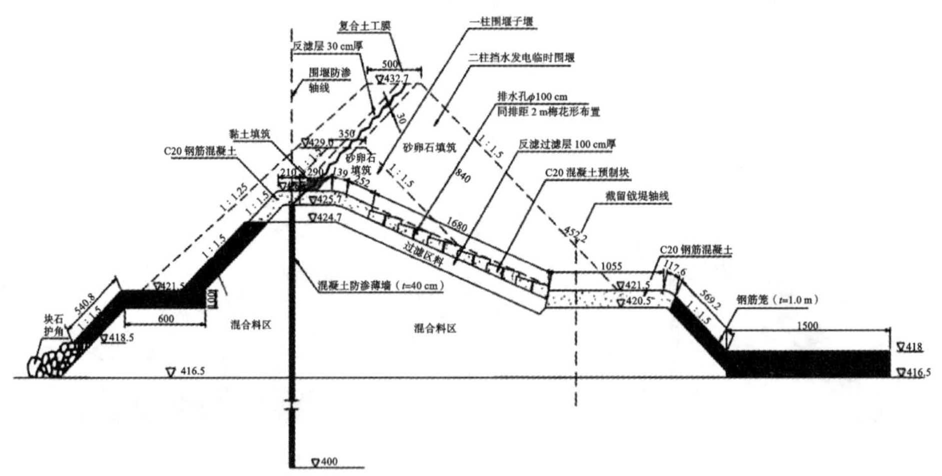

图 2.2　上游围堰设计断面（尺寸单位：cm，标高单位：m）

（3）纵向围堰结构形式。

一期工程施工期间已经对冲沙闸孔数进行调整优化，由原设计四孔优化为五孔，进一步确保了冲沙闸分流能力，二期工程施工期间对一期纵向围堰进行了适度削薄，然后施工冲沙闸上、下游导墙，完全满足挡水要求。

9. 二期围堰总体布置

二期围堰布置在河床左岸，上、下游横向围堰横断左岸河流，纵向围堰沿水流方向布置，上游横向围堰长 261.20 m（桩号 0－099.260），下游横向围堰长 264.49 m（桩号 0＋194.180），上游、下游防渗墙桩号分别为 0－122.460 与 0＋194.180。根据基坑内水工建筑物结构尺寸及位置关系，并兼顾围堰填筑量、过流防洪度汛条件及后期基坑初期排水工程量，综合考虑道路布置及材料堆放空间确定围堰平面位置。

10. 二期围堰工程量

根据招标文件中的围堰结构形式计算围堰相关工程量，具体见表 2.11。

11. 二期导流围堰施工流程及施工方法

（1）施工程序。

测量放线→挖掘机清挖基底→填筑围堰→围堰内设置导流排水沟→铺设土工膜。

（2）测量放线。

施工前建立测量控制点及施工标志，确定堰体轴线，以控制施工方向及堰体填筑范围。施工中随时测量堰体填筑断面尺寸及高程，以确保堰体断面准确。

（3）挖掘机清挖基底。

由于围堰堰底淤泥较深，河水不深，为防止堰体滑移，利用挖掘机对河床底围堰基础宽度范围淤泥进行清挖，保证围堰稳定。

（4）填筑围堰。

可利用现有河床使用挖掘机开挖砂砾料，分层填筑围堰，并用 18 t 压路机分层碾压，分层回填后挖掘机削坡并进行坡面夯实，迎水面削坡至河底基岩 30 cm处，然后在迎水面铺设土工膜，底部土工膜伸入导流渠底 50 cm 下，并向渠中延伸 1 m，围堰顶土工膜延伸到外边缘处，覆盖后用砂土袋压紧。

（5）土工膜铺设。

根据现场情况，确定土工膜尺寸，裁剪后予以试铺。搭接宽度符合要求，搭接处应平整，松紧适度。土工膜安装可以采用自然搭接、热熔焊接和缝合三种方法，以焊接为主。焊接和缝合的宽度不小于 100 mm，自然搭接宽度不小于 200 mm。

表 2.11　沙湾水电站二期围堰工程量汇总

（单位：m^3）

序号	围堰名称		混合料	砂卵石回填	C20钢筋混凝土	过渡料	钢筋笼	预制块	块石护脚	黏土	土工膜	反滤层	混凝土防渗层	浆砌石
1	上游围堰	戗堤	18806.4	—	2507.5	—	—	—	—	—	—	—	—	—
2		围堰体	63792.9	46159.3	3490.2	6626.6	12830.1	3510.5	2350.8	292.5	3317.2	2442.2	2685.1	—
3	小计		82599.3	46159.3	5997.7	6626.6	12830.1	3510.5	2350.8	292.5	3317.2	2442.2	2685.1	—
4	下游围堰	戗堤	1580.6	—	2327.5	—	—	—	—	—	—	—	—	—
5		围堰体	1735.1	—	3495.5	2814.2	5459.1	1777.4	—	—	—	—	2168.8	—
6	小计		3315.7	—	5823.0	2814.2	5459.1	1777.4	—	—	—	—	2168.8	—
7	纵向围堰	围堰体	—	—	20130.0	—	2786.0	—	—	—	—	—	—	6686.0
合计			85915.0	46159.3	31950.7	9440.8	21075.2	5287.9	2350.8	292.5	3317.2	2442.2	4854.0	6686.0

(6) 已浇筑混凝土防护。

在导流围堰封闭后，现场施工人员对已浇筑完成的混凝土进行排查并进行成品保护，用丝棉封堵消力池、海漫、排水管，覆盖坝底板安全监测线及预埋螺栓。

12. 二期围堰可能发生的紧急情况及应急措施

(1) 可能存在的集中渗漏原因分析及处理措施。

①原因分析。

填筑土料的质量存在问题，填筑的防渗土料的抗渗指标未达到要求，未能起到很好的防渗效果，可能导致发生大面积渗水现象。

导流围堰与两岸坡的相接处产生较大渗漏，主要原因在于岸坡上碴土未清除干净，或与边坡未能较好地结合。

②处理措施。

选用符合质量的土料，继续在原铺设材料上填筑，减少渗漏。

对岸坡碴土进行进一步处理，并填筑防渗黏土。

在渗漏不能得到很好处理，流量过大的情况下，应在围堰下游增设一截水槽，增加排水设备的投入，加大排水量，强排渗漏水，保证干地作业。

当围堰发生集中渗漏情况时，在围堰迎水侧找出渗流进水口，及时堵塞，截断渗水来源。同时，在背水侧渗流出口采用反滤料压填，降低水流流速，延缓围堰土料的流失，防止险情扩大。

围堰出现局部塌方时，采用装载机、挖掘机及时对塌方范围抛填块石进行修补完善，恢复围堰断面尺寸，防止围堰断面减小、险情扩大。

(2) 超标洪水的应急处理措施。

当围堰上游出现超标设计水位洪水，必须发布紧急撤离通知，对在围堰及基坑内施工的所有人员及设备进行紧急转移。

13. 二期围堰拆除

围堰拆除时先拆除下游围堰，再拆除上游围堰。围堰拆除采用 1 m^3 挖掘机开挖，8 t 自卸汽车运输，部分合格土料用于回填，其余弃置弃土区。人工清除杂物，确保主河槽上下游河床平顺。围堰应拆除至原河床高程，分别对水上和水下两部分进行拆除，水上部分开挖至水面以上 50 cm，采取后退法开挖，围堰拆除与修筑方向相反。对于水上部分的临时围堰，每个工作面采用 1 m^3 液压反铲挖掘机后退开挖，8 t 自卸汽车运输；对于水下部分的临时围堰，可以采用长臂反铲开挖，8 t 自卸汽车运输，弃碴运至业主、监理工程师指定地点堆放。导流明渠的回填应分层进行，采用 1 m^3 反铲挖掘机装料，推土机平料，振动碾压密实，最后进行表土恢复。

2.1.4 砂卵石地层快速支护

1. 背景

（1）根据水力模型试验结果，导流明渠的水力学条件非常复杂，设计根据不同的水力学条件，采取了钢筋石笼、混凝土面板、格宾石笼、混凝土预制块、干砌石等多种支护方式，支护工程量较大。

枢纽导流明渠宽度为 350 m，明渠长度为 2.09 km，平均底坡为 0.24%。根据明渠水力计算成果及试验成果，导流明渠最大流速 6.74 m/s。枢纽明渠边坡坡比 1∶1.5，采用 50 cm 厚 C20 素混凝土面板防护，重力式趾墙采用 C15 混凝土，趾墙基础置于冲刷线以下（经计算，明渠在设计标准下的无防护措施工况下最大冲坑深度为 5.4 m），趾墙顶采用钢筋笼及混凝土预制块防护（对流速大于 5 m/s 的明渠段采用厚 1.5 m 的钢筋石笼和混凝土预制块，对流速 3～5 m/s 的明渠段采用厚 1.0 m 的钢筋石笼和混凝土预制块），其他段采用格宾石笼护坡。枢纽导流明渠渠道支护典型断面图见图 2.3。

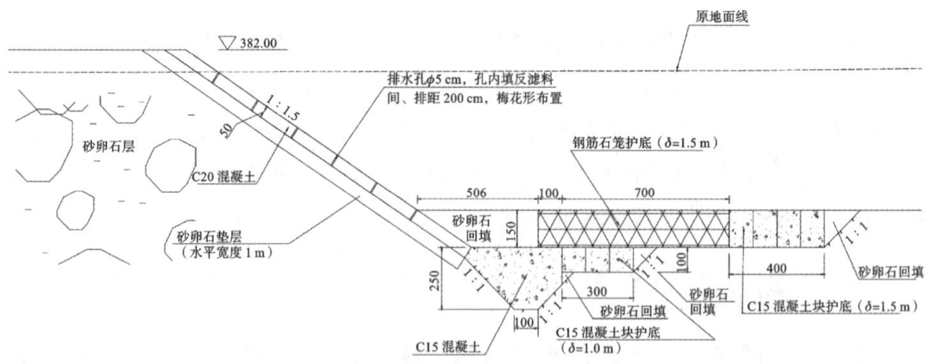

图 2.3　枢纽导流明渠渠道支护典型断面图（尺寸单位：cm，标高单位：m）

尾水渠导流明渠宽度为 100 m，边坡坡度为 1∶1.5，明渠长度为 9.96 km，平均纵坡为 1.7‰。根据导流模型试验成果，明渠最大平均流速 3.79 m/s。在

明渠转弯段以及居民集中点的明渠边坡采用厚 0.8 m 的钢筋石笼卵石护坡，其他段采用格宾石笼和干砌石护坡。尾水渠导流明渠渠道支护典型断面图见图 2.4。

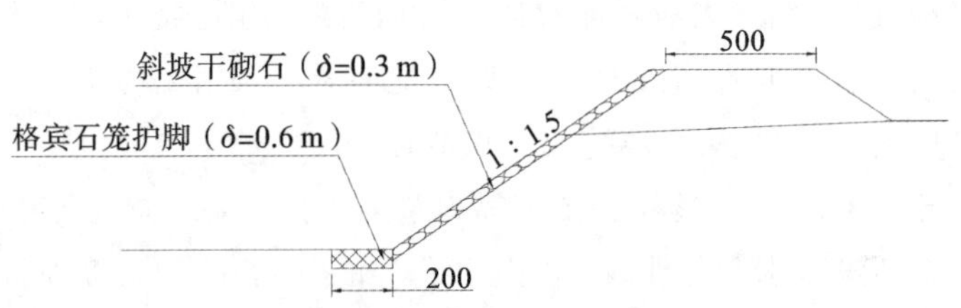

图 2.4　尾水渠导流明渠渠道支护典型断面图(尺寸单位:cm)

整个导流明渠的支护工程量较大，具体为：钢筋石笼 9.8 万 m^3，格宾笼 14.1 万 m^3，干砌石 6.9 万 m^3，砌体合计 30.8 万 m^3；面板混凝土 4.5 万 m^2，混凝土预制块 1.2 万 m^3。

(2) 导流明渠基坑紧邻主河道，水系发达，基坑周边下伏砂卵石，属强透水层，无人造渗控体系，渗水流量大。渗流处理不好，将对砂卵石边坡的开挖成形和支护造成较大影响。

(3) 原本就比较紧张的导流明渠招投标施工工期，由于各方面因素影响大幅压缩，有效施工工期不足 1.5 个月，工期异常紧张，强度较高。

导流明渠施工的合同工期为 4.5 个月，工程实际开工时间较计划开工时间延后 2.5 个月，但完工时间仍按合同完工日期进行控制，工期压缩至 2 个月。除去开挖所占的直线工期，枢纽导流明渠和尾水渠导流明渠须在 1.5 个月时间内完成全部砂卵石地层护坡施工，达到过流形象面貌。否则，产生连锁效应，将直接影响 2011 年整年度的防洪度汛工作，情况严重的话，还将影响后期枢纽主体工程的施工工期。

一方面，导流明渠砂卵石边坡支护的防冲刷要求高，支护工程量较大，且支护施工与渠道开挖、渠堤填筑等交叉作业，受渗水影响大，施工难度较大；另一方面，支护施工实际有效工期不足 1.5 个月，砌体合计高峰强度为 28.7 万 m^3/月、9572 m^3/天，混凝土合计高峰强度为 8.9 万 m^2/月、2977 m^2/天，工期风险较大。由此可见，必须通过对砂卵石地层护坡技术的研究，实现在复杂的工况条件下快速、高效、经济地进行支护施工，确保施工强度和质量。

2. 思路

(1) 通过对明渠基坑周边地质情况、渗流通道、渗透坡降等的研究分析，制定渗流处理方案，保证开挖的砂卵石边坡成形和支护效果。

(2) 众所周知，面板混凝土采用常态混凝土浇筑，其骨料需要加工、破碎，同时需要修建混凝土拌和站，施工流程过于复杂。相关地质资料显示，枢纽区的河床砂砾石级配良好，剔除大粒径卵石后，可以直接作为混凝土的天然骨料，即应用原级配混凝土施工工艺。相比而言，原级配混凝土采用现场拌制，生产过程简单、操作简单、施工方便，极大地缩减了施工时间。

(3) 格宾石笼、干砌石施工主要依靠大量人工操作，效率低、施工时间长，而网状护坡正逐渐进入水利行业，相比格宾石笼和干砌石防护而言，网状护坡具有材料轻盈、经济、施工简便、易于推广、防护效果稳定等一系列优点。

3. 研究方法

(1) 课题分析：根据工程特点，确定砂卵石地层边坡快速支护施工研究的重点和难点。

(2) 设计方案优化：根据不同情况、不同边界条件，对砂卵石地层边坡的支护方式进行设计方案优化。

(3) 施工工艺比选：通过生产性试验，对制定的施工工艺进行比选，确定相关的技术参数、施工工艺和技术措施。

(4) 现场实施：应用于实际施工中，通过实际施工修正部分技术参数和施工工艺，从而确定较优的能够支撑砂卵石底层边坡快速支护施工的技术方案、参数和工艺、方法等。

(5) 运行期监测：主要采用简易观测法、设站观测法、地形测量等方法对导流明渠及边坡进行变形监测，并通过对监测数据的整理、分析，验证和评价快速护坡的稳定性和效果。

4. 研究内容

(1) 渗流处理研究。

砂卵石地层与岩石地层不同，在渗流影响下，其中所含的细颗粒将流失，从而造成大粒径卵石堆积，边坡不再稳定，出现垮塌难以成形。为了解决边坡成形问题，必须有效地解决渗流问题，通过对基坑周边地质情况、渗流通道、渗透坡降等的研究，确定渗水的引排或抽排位置与开挖边坡的距离和相对高差等参数，制定渗流处理方案。

①在进行渠道边坡砂卵石层开挖时，随开挖面的下降，做好边坡稳定处理，

配备一定数量潜水泵，排除边坡渗水。

②根据渠道边坡与相邻河道的距离、砂卵石边坡的开挖高度，通过渗透坡降计算出最优的渗水引排位置，避免大量渗水影响边坡成形和支护。

③针对长 12 km 的导流明渠基坑，经过实测，明渠进口至 2 km 段平均纵坡为 1.4‰；2～3.8 km 段平均纵坡为 2.4‰；3.8～5.6 km 段平均纵坡为 1.3‰；5.6～8.5 km 段平均纵坡为 1.6‰；8.5～12 km 段平均纵坡为 1.2‰；整个明渠段平均纵坡为 1.53‰。根据此坡降与主河道坡降的对比，确定了相应流量下的渗流和回灌范围，相应确定了排水沟引排和泵坑抽排的位置和高程。

(2) 原级配混凝土施工工艺研究。

原级配混凝土施工有以下几种方案。

①原状砂砾石料剔除大粒径卵石后，掺入水泥和水，反铲拌和均匀后入仓浇筑，形成混凝土结构物。

②对于开挖形成、地层较紧密的砂卵石边坡，先采用反铲在边坡原地疏松砂卵石地层，再将拌制好的水泥浆直接灌入边坡，振捣浇筑完成。

③对于开挖形成、地层较疏松的砂卵石边坡，直接采用喷浆的方式进行加固。

④对于大粒径卵石含量较高的边坡，拌制自流式砂浆或小级配混凝土，灌入坡面，形成堆石混凝土。

针对以上四种方案进行现场试验，重点对原级配混凝土骨料粒径控制、原级配混凝土拌和物质量控制工艺、原级配混凝土快速施工工艺进行研究。通过现场生产性试验及强度指标检测，确定了最终的施工工艺：第②和④方案由于工程所在区砂卵石地层较致密，水泥浆或砂浆等渗入砂卵石地层有限，无法满足支护厚度要求；第③方案中的喷浆通过模型冲刷试验，也难以满足设计要求；第①方案支护厚度及强度均满足设计指标要求，选择该方案。

(3) 网状护坡施工工艺研究。

对于流速较慢、冲刷不很严重的砂卵石边坡，可采用干砌石、浆砌石、格宾石笼等支护方式，但以上支护方式工序多、全靠人工施工、所需工期较长，难以实现快速支护施工，因此针对这些部位采取网状护坡。通过对各类网状材料的比选，确定选用耐特笼土工网支护。在此之前，耐特笼土工网主要用于北方土质边坡的支护，主要采用小直径钢筋锚入土质边坡进行加固，而砂卵石边坡钢筋植入过程中一旦遇到大粒径卵石，就无法达到要求的锚入深度。针对此特点，将研究新的锚固方案。

锚固方式拟以齿槽压脚、坡顶压顶为主，坡面锚固为辅，通过研究耐特笼土工网固定与冲刷的关系、质量控制工艺、快速施工工艺，确定压脚或压顶长度及厚度、锚固点等相关参数。

5. 技术应用

(1) 渗水处理方案。

根据渗流处理研究，将导流明渠分为5个区，分别是大明渠区、第1汊口区、U形段、第2汊口区、明渠出口区，范围分别是0～2 km段、2～3.8 km段、3.8～5.6 km段、5.6～8.5 km段、8.5～12 km段。各区的排水沟按照计算的位置和高程布置，主要引排方法如下。

①大明渠区。

开挖前，先在明渠周边钢筋石笼或格宾石笼护脚区靠基坑侧，按照排水坡降高程开挖排水沟，纵坡按照明渠设计纵坡控制，将渗水引排至尾水渠明渠。既汇集大面渗水，也引排支护施工区渗水。

②第1汊口区。

两条岔河分期交替施工，即右岸岔河过流、左岸明渠支护施工；左岸施工完成后过流，右岸明渠支护施工。

③U形段。

与大明渠区方法相同，先按照排水坡降高程开挖排水沟，纵坡按设计纵坡控制，将渗水引至下一区段。

④第2汊口区。

与第1汊口区方法完全相同。

⑤明渠出口区。

根据相应流量下的渗流和回灌范围，将明渠开挖区分为左、右岸交替施工，中间设置挡水坎，即右岸疏通河道过流、左岸明渠支护施工；左岸施工完成后过流，右岸明渠支护施工。

(2) 原级配混凝土快速支护技术应用。

①配合比试验。

根据混凝土施工和易性及强度要求，在现场进行了砂卵石的级配试验及混凝土的试配检测，并对试配混凝土进行了3 d、7 d、28 d抗压强度检测。

砂卵石筛分试验结果见表2.12。

表 2.12　砂卵石筛分试验结果　（单位：%）

检测日期	<5 mm	5～10 mm	10～20 mm	20～40 mm	40～60 mm	60～80 mm	80～100 mm	≥100 mm
2010.12.7	19.5	5.2	4.1	23.8	21.5	13.9	3.2	8.8
2010.12.14	20.0	4.6	3.4	26.2	22.4	12.7	3.7	7.0
2010.12.17	10.5	2.2	2.5	8.2	13.0	10.6	19.7	33.3

根据配合比试验成果，确定混凝土配合比参数如下。

a. C20 混凝土配合比采用：1 m^3 砂石料＋300 kg“嘉华”牌 P・O42.5 水泥；坍落度均控制在 30～50 mm。

b. C15 混凝土配合比采用：1 m^3 砂石料＋250 kg“嘉华”牌 P・O42.5 水泥；坍落度均控制在 30～50 mm。

②施工工艺。

剔除原级配混凝土骨料中的大粒径卵石→按配合比掺入水泥→采用反铲对拌和物进行干拌→干拌均匀后按配合比掺入水→采用反铲进行搅拌→原级配混凝土入仓浇筑。

③施工方法。

面板混凝土浇筑采用拉模施工，拉模由电动卷扬机牵引拉动，5 cm 厚方木上沿镶[50 槽钢作为拉模轨道，角钢三脚架做支撑。混凝土由拌和池集中现场拌制，自卸汽车运输至工作面，反铲入仓完成布料、振捣作业，出模的混凝土表面及时人工配合进行原浆抹面、压实、收光。

④原级配混凝土质量检测。

混凝土抗压强度：检测方法及质量评定按《水工混凝土施工规范》(DL/T 5144—2015)的有关规定执行，混凝土抗压强度均满足设计要求，质量合格。表 2.13 所示为尾水渠明渠原级配混凝土抗压强度统计，表 2.14 所示为枢纽明渠原级配混凝土抗压强度统计。

表 2.13　尾水渠明渠原级配混凝土抗压强度统计

统计部位	混凝土设计强度	试件组数	最大值/MPa	最小值/MPa	平均值/MPa	合格率/(%)	均方差	离差系数
尾水渠明渠	C15	73	21.9	15.2	17.5	100	1.661	0.095

表 2.14　枢纽明渠原级配混凝土抗压强度统计

统计部位	混凝土设计强度	试件组数	最大值/MPa	最小值/MPa	平均值/MPa	合格率/(%)	均方差	离差系数
上游防护堤	C15	4	16.7	15.8	16.3	100	—	—
	C20	9	25.0	20.3	22.3	100	—	—
纵向防护堤	C15	60	24.3	15.0	16.6	100	1.489	0.090
	C20	113	25.0	20.0	21.7	100	1.191	0.055
下游防护堤	C15	46	19.1	15.0	16.4	100	0.967	0.059
	C20	52	24.9	20.0	22.6	100	1.248	0.055
新增预制块	C15	28	21.3	15.1	17.2	100	1.450	1.520
趾板及边坡预制块	C15	29	19.2	15.6	16.8	100	0.901	0.054

(3) 耐特笼土工网快速支护技术应用。

耐特笼土工网通过现场生产试验和模型冲刷试验,确定锚固参数如下。

①齿槽压脚:沿坡脚下挖宽 2.0 m、深 0.6 m 的齿槽,齿槽内铺设耐特笼土工网,并预留包裹长度。齿槽采用砂卵石料填充饱满后,翻卷预留的耐特笼土工网包裹砂卵石料与坡面土工网搭接,搭接处用格宾网丝捆绑形成整体。

②坡顶压顶:坡面的耐特笼土工网延伸至坡顶,坡顶水平铺设 1.75 m,其上采用 0.5 m 厚砂卵石填筑,碾压密实。

③坡面锚固:坡面压重加固点采用梅花形布置,间距为 1.8 m(纵向)×2.0 m(横向)。加固点采用人工开挖深坑,最小尺寸为:直径 40 cm,深度 60 cm。坑内埋设混凝土预制块用于压重加固,采用双股格宾网丝拧成麻花形,外露长度不小于 80 cm,一端捆绑牢靠在混凝土预制块上,另一端外露部位与耐特笼土工网绑扎。耐特笼土工网各块之间采取压边搭接,搭接长度不小于 20 cm,采用束缚带绑扎,间距 50～60 cm。

6. 运行期监测

导流明渠完工后,经历了 2011 年汛期过流、运行,枢纽明渠最大过流量达 4060 m^3/s,尾水渠明渠最大过流量达 1970 m^3/s,其监测情况见表 2.15。

表 2.15　导流明渠监测结果统计

序号	项目	监测方法	监测值	备注
1	枢纽明渠流速	计算	2.85 m/s	在模型试验的最大流速点
2	枢纽明渠原级配面板混凝土外观	目测	无裂缝和滑移	
3	枢纽明渠渠堤沉降值	全站仪测量	累计沉降 3.3 cm	最大沉降值
4	尾水渠明渠流速	计算	3.58 m/s	在模型试验的最大流速点
5	尾水渠明渠耐特笼外观	目测	无塌空和冲损	
6	尾水渠明渠渠堤沉降值	全站仪测量	累计沉降 1.6 cm	最大沉降值

2011 年 12 月对安谷水电站施工导流明渠工程河段进行了水上水下地形图测量，根据测量资料，对比工程河段设计开挖地形，导流明渠经过 2011 年一年使用后，各断面冲淤演变特性如下。

进口 CS1(大明渠 0＋206)断面，原设计河床 378 m，右岸岸边河床冲刷 1 m 左右，其余河床少量淤积 0.5 m 左右。详见图 2.5。

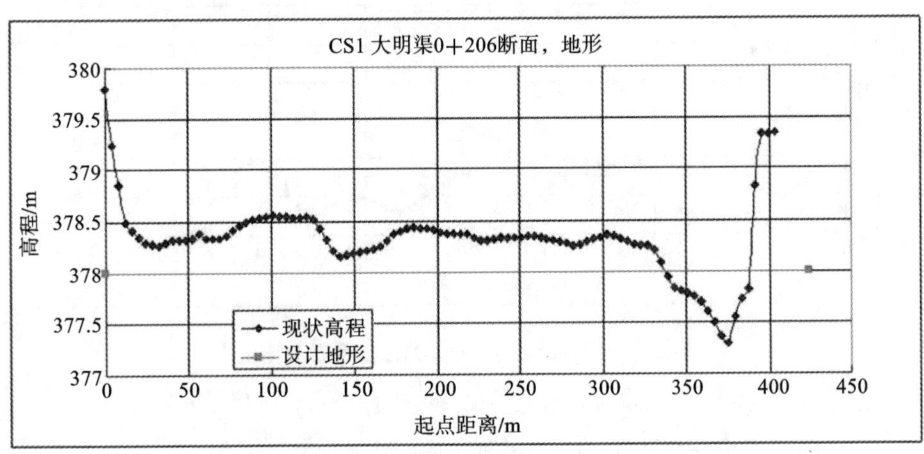

图 2.5　进口 CS1(大明渠 0＋206)断面冲淤演变图

CS2、CS3 断面河床基本不冲不淤。

CS4(大明渠 0＋618)断面，中槽冲刷深度 3 m，左岸河床几乎不冲不淤，右岸河床冲刷 1 m 左右。详见图 2.6。

CS5、CS6 和 CS7 断面，表现为河槽中部淤积 0.5 m，形成左右槽，深度 1～2 m。详见图 2.7。

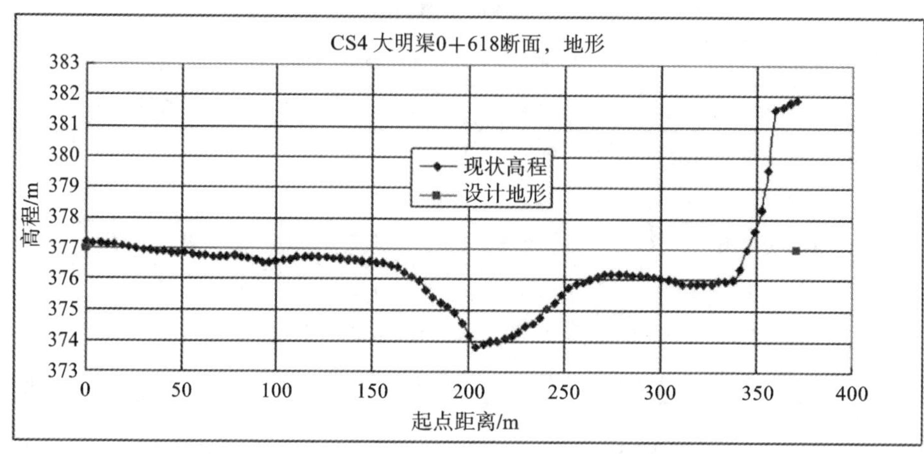

图 2.6　CS4(大明渠 0+618)断面冲淤演变图

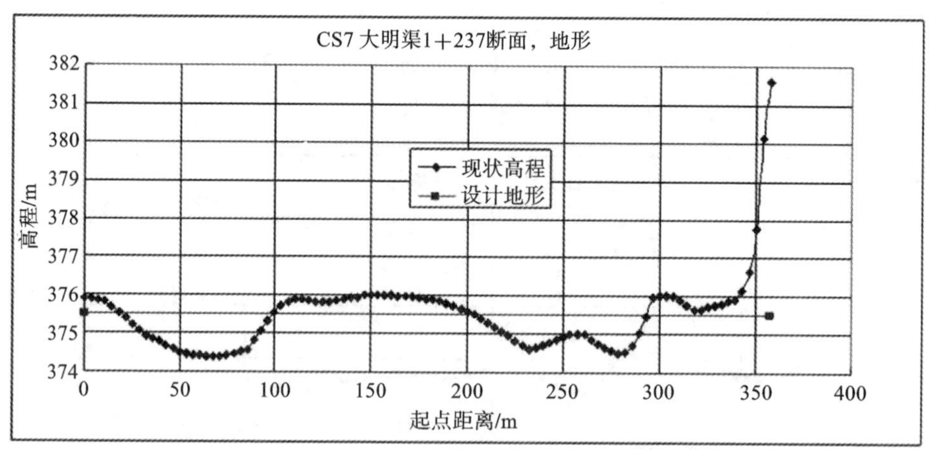

图 2.7　CS7(大明渠 1+237)断面冲淤演变图

CS8(大明渠 1+443)断面，右岸河床冲刷深度 1 m 左右。

CS9 断面形成深度 1 m 左右的中槽，左右岸河床微冲微淤。

CS10(大明渠 1+855)断面，左岸深槽冲刷深度 0.5 m，右岸淤积 1 m 左右。详见图 2.8。

CS11 断面，左岸深槽冲刷深度 1 m 左右，中部淤积 2 m 左右，右岸少量淤积。

2011 年监测表明：大渡河安谷水电站导流明渠经过 2011 年一年使用，枢纽导流明渠冲淤变化幅度在 3 m 以内，现有防护工程是稳定、安全的。

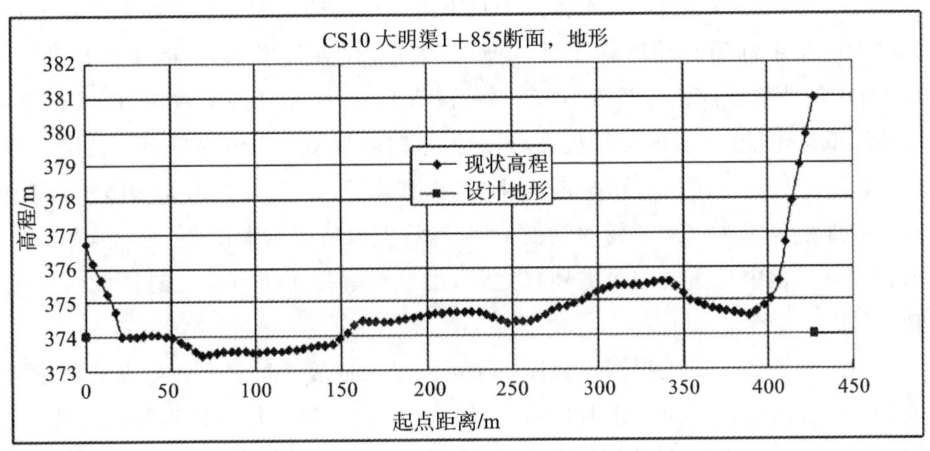

图2.8　CS10(大明渠1+855)断面冲淤演变图

7. 应用效果

(1) 经过砂卵石地层快速施工技术研究与应用，总结出了如何处理好在施工过程中开挖与支护的有效衔接的施工组织问题；在边坡大面积需要进行快速支护的条件下，灵活地将两种新型的施工工艺"原级配混凝土"与"耐特笼土工网"相结合，大大提高了施工效率，明显缩短了施工工期。

(2) 在不足1.5个月的时间内迅速高效地完成了2.09 km的枢纽明渠和近9.967 km的尾水渠明渠的支护施工，同时节约施工成本达280万元(其中：砂石拌和系统建安费107万，混凝土生产、水平运输等费用160万，其他费用13万)，取得了一定的经济效益。

(3) 以建设生态工程、绿色工程为理念，大量采用了生态支护方案，应用了耐特笼土工网的环保支护方式，既保证了导流明渠的安全运行，也保护了沿线河道的生态性。

2.2　截流施工技术

2.2.1　国内外截流施工经验

截流即在河道上修筑围堰，以截断原河道水流而迫使河水改道，从已建的导流泄水建筑物或预留通道宣泄至下游。截流不仅影响水利水电工程的施工安全、施工工期及工程造价，还常涉及坝址下游地区的防洪安全。例如湖南省西水凤滩水电站主河道截流因施工进度拖后，为抢回工期，于1971年8月8日—8月11日在汛期强行进行截流，遇洪水截流失败；9月5日再次截流，虽然合龙，但截流戗堤不能闭气，渗漏量很大，再遇洪水时戗堤顶部5 m高堆石体被洪水冲走；11月16日又进行截流，拦断河床后，因漏水严重，基坑积水无法施工，围堰防渗处理拖延了主体建筑物的施工工期，经济上也造成巨大损失。因此，截流在水利水电工程中是重要的关键项目之一，也是影响整个工程施工进度的一个控制项目。

国内外水利水电工程河道截流方法可归纳为戗堤法截流和无戗堤法截流两大类。戗堤法截流是向河床抛填石碴及块石料或混凝土块体修筑截流戗堤，将河床过水断面逐渐缩小至全部断流；无戗堤法截流包括定向爆破法截流、浮运格箱沉放法截流、水力冲填法截流、下闸法截流等。

河道截流应用最多的是戗堤法截流，戗堤法截流分为立堵截流和平堵截流两种方式。立堵截流是将截流材料从两岸或一岸向河床抛投进占，逐渐束窄到河道全部断流。平堵截流将截流材料自河床中预先架设的浮桥或栈桥上抛入水中，均匀地逐层抛填上升，直至抛出水面而使河道全部断流。立堵截流采用自卸汽车在戗堤头端部位直接卸料抛入水中，或用自卸汽车将料卸在戗堤头端部，再用推土机推入水中，立堵截流不需要架设浮桥或栈桥，截流准备工作较简单，投资较省，但立堵截流随着戗堤进占，河床逐渐束窄，龙口流速较大，且因流速分布不均匀，须采用重量较大的块体，戗堤头端部场地狭窄制约了自卸汽车抛投强度，影响进占速度。平堵截流由自卸汽车在浮桥或栈桥上全线抛投截流材料，可加大抛投强度并提高施工速度，但截流准备工作量大、费用高，且在通航河道上架设浮桥或修建栈桥对航运有影响。

20世纪40年代以前，国外水利水电工程截流大多采用平堵截流。栈桥多使用桥墩式。河道截流最大流量达2200.0 m^3/s，截流最大落差3.0 m左右，抛石强度2000.0 m^3/d。截流材料大都使用块石及石碴料，有的工程开始使用铁框块石四面体、块石石笼、混凝土六面体等。1948年，美国在科罗拉多河戴维斯水电站截流施工中采用26 t自卸汽车立堵进占，抛投大块石合龙成功。此后，立堵截流发展较快，苏联1950—1956年水利水电工程建设有11个项目进行截流，其中采用平堵截流为8项，立堵截流仅2项，另1项是水力冲填法截流；而1957—1969年，水利水电工程建设有36个项目进行截流，其中采用平堵截流为7项，立堵截流达28项，水力冲填法截流为1项。1969年，罗马尼亚与前南斯拉

夫两国合建的多瑙河铁门水电站于1969年截流，实测截流流量3390.0 m^3/d，最大落差3.72 m，龙口最大流速7.15 m/s，采用先立堵后栈桥平堵的方法截流。

进入20世纪70年代以来，随着大型土石方施工机械(大型自卸汽车、挖掘机、推土机等)的发展，大流量河道截流方法扩展很快，双戗堤截流、宽戗堤截流、三戗堤截流等截流方法的成功使用，使截流流量突破10000.0 m^3/s，落差超过8.0 m。1978年10月，巴西与巴拉圭两国合建的巴拉那河伊泰普水电站于1978年10月截流，是20世纪世界上最大的水电工程，经过充分的科学技术准备与施工组织，成功截流，实测截流流量8100.0 m^3/s，落差3.0 m，采用上下游围堰的两条戗堤同时进占的四戗堤立堵截流方案。

立堵截流是我国水利工程堵口的传统方法。我国修建的一些大型水利水电工程截流大多采用立堵截流方法。1958年黄河三门峡水利工程截流，实测截流流量2030.0 m^3/s，最大落差2.97 m，最大流速6.87 m/s，采用立堵截流方法。1980年广西壮族自治区红水河大化水电站截流，实测截流流量1390.0 m^3/s，最大落差2.33 m，采用上、下游戗堤同时进占的双戗堤立堵截流方式。1987年广西红水河岩滩水电站截流，实测截流流量1160.0 m^3/s，最大落差2.6 m，龙口流速3.5 m/s，采用立堵截流方法。1981年1月长江葛洲坝水利工程截流是我国首次在长江上截流，截流设计流量5200.0～7300.0 m^3/s，落差2.83～3.06 m，龙口宽度220.0 m，水深10.0～12.0 m，合龙抛投量22.8万 m^3/s。大江截流流量大，且二江分流导渠及泄水闸底板比龙口河床高7.0 m，截流难度较大，其截流规模和主要技术指标在当时国内江河截流中是前所未有的，在国外水利水电工程中亦属罕见。采用上游单戗堤立堵截流方法，下游围堰戗堤尾随进占，不分担落差。同时采取包括龙口护底在内的多项降低截流难度的技术措施，确保了大江截流的顺利实施。实际合龙时龙口宽度203.0 m，水深10.7 m，实测截流流量4400.0～4800.0 m^3/s，最大落差3.23 m，最大流速7.0 m/s。大江截流龙口合龙过程中，拦石坎护底发挥了重要作用。大江截流龙口范围内河床覆盖层较薄，护底的主要目的不是保护覆盖层而是增加河床糙度，提高龙口合龙进占抛投体的稳定性。黄河三门峡工程截流时，在龙口的下游侧设置钢管拦石栅，以阻拦龙口合龙过程中堤头进占抛投体的流失，取得较好的成果。鉴于葛洲坝工程大江截流龙口较宽，如采用拦石栅，工程量较大，施工困难，同时在两岸非龙口段戗堤进占前放拦石栅，对长江航运有影响。为此，设计通过分析计算和水工模型试验验证，选用重型(30.0 t)钢架石笼和混凝土块体(17.0 t重五面体)组成的加糙拦石坎护底，使用4.0 m^3 铲扬式挖石船挖斗改装吊车直接吊放和210.0 m^3 翻斗式抛石船抛投。实践证明，钢架石笼和混凝土块体拦石坎对提高抛投块体稳定性、减少流失量的效果显著，可供类似的大型截流工程借鉴。

葛洲坝工程大江截流成功，标志我国大江大河截流技术达到世界先进水平。1997年11月长江三峡工程大江截流是我国第二次在长江上截流。三峡工程坝址位于葛洲坝水库内，截流最大水深达60.0 m，居世界首位。截流设计流量14000.0～19400.0 m^3/s，落差0.80～1.24 m。截流施工与长江航运关系密切，截流合龙时必须顾及明渠通航水流条件，不允许造成长江航运中断。截流河床地形地质条件复杂，花岗岩质河床上部为全强风化层，其上覆盖有砂卵石、残积块球体、淤积层，葛洲坝水库新淤沙在深槽处厚5.0～10.0 m，深槽左侧呈陡峭岩壁，这些都对戗堤进占安全十分不利。设计上通过大量水工模型试验研究和多种方案的分析对比，采用上游戗堤立堵截流方案，龙口宽度130.0 m，预先对龙口河床平抛石碴块石料及砂砾石料垫底，减小龙口水深，有利于防止合龙过程中戗堤坍塌，减少合龙抛投工程量，降低合龙抛投强度。实测截流流量8480.0～11600.0 m^3/s，居世界截流工程之冠。

2002年11月6日，三峡工程明渠截流是我国第三次在长江上截流，明渠截流采用双向进占（上游戗堤以右岸为主，下游戗堤从右岸单向进占）上下游双戗立堵方案。江水由已修建的大坝泄洪坝段设置的22个导流底孔宣泄。明渠截流具有施工工期紧迫、合龙工程量大、抛投块体尺寸大、双戗进占配合要求高、进占抛投受水文条件影响显著、截流前准备工作（垫底加糙等）受通航条件限制等施工特性。与国内外同类截流工程相比，明渠截流各项水力学指标均较高，最大单宽功率高于一般截流工程，单堤头抛投强度高，制约因素复杂，存在许多关键技术及难题，是当今世界上截流综合难度最大的截流工程。为了降低截流难度而采取的主要技术措施有：截流龙口部位设置拦石坎；在特大块石串、混凝土四面体串及混凝土四面体中埋废铁块，以提高截流块体稳定性；积极采用新技术，加强信息跟踪，动态决策。实际截流流量为8600.0～10300.0 m^3/s，上戗承担最大落差1.73 m，下戗承担最大落差1.12 m。明渠截流施工的主要经验有：充分发挥双戗堤分担截流落差的作用，合理安排不同材料的抛投，严格堤头进占程序，根据实时水情测报及跟踪模型试验指导施工，上下游截流戗堤龙口段拦石坎及下游垫底平抛发挥了重要作用，上游左岸设截流基地创造了双向进占条件，有效降低了右堤头抛投强度，龙口段戗堤顶宽由25.0 m增加至30.0 m，有效地增加了抛投强度，二期上下游围堰水下拆除断面满足了导流底孔设计分流要求。明渠截流成功，表明我国水利水电工程在双戗堤截流试验研究、理论分析、截流

施工控制技术等方面具国际领先水平。国内外水利水电工程大流量截流参数见表2.16。

表2.16　国内外水利水电工程大流量截流参数

工程名称	河流名称	国家	实际截流流量/(m^3/s)	最大落差/m	最大流速/(m/s)	最大单宽功率/[(t·m)/(s·m)]	截流方式	最大块体质量	最大抛投强度
三峡工程大江截流	长江	中国	8480～11600	0.32～0.66	2.60～4.22	—	平抛垫底，单戗立堵	中石	19.4万m^3/d，1.71万m^3/h
三峡工程明渠截流	长江	中国	8600～10300	上戗1.73，下戗1.12	65.13	106.1，102.0	双戗双向立堵	中石	15.4万m^3/d，0.91万m^3/h
葛洲坝水电站	长江	中国	4400～4800	3.23	7.5	150	单戗立堵	25 t混凝土四面体	7.2万m^3/d，4026m^3/h
二滩水电站	雅砻江	中国	1110	平堵3.83，立堵2.77	8.14，7.14	—	三戗堤平立堵	1.5 m块石	590m^3/h
大化水电站	红水河	中国	1390	233	4.19	—	双戗立堵	0～15 t混凝土四面体	654m^3/h
岩滩水电站	红水河	中国	1160	2.6	3.5	—	单戗立堵	20～32 t块石	1300m^3/d
古比雪夫水电站	伏尔加河	俄罗斯	3800	1.93	55	—	浮桥平堵	10 t混凝土四面体	1900m^3/d

续表

工程名称	河流名称	国家	实际截流流量/(m^3/s)	最大落差/m	最大流速/(m/s)	最大单宽功率/[(t·m)/(s·m)]	截流方式	最大块体质量	最大抛投强度
图库鲁伊水电站	托坎廷斯河	巴西	4605	3	67	—	立堵	—	—
亚西雷塔水电站	巴拉那河	阿根廷-巴拉圭	8400	2.3	5.9	—	平、立堵	—	—
三门峡神门岛泄水道	黄河	中国	1720	4.37	6.5	—	单戗立堵,管柱拦石栅	9～12 t混凝土四面体	107 m^3/h
伊泰普水电站	巴拉那河	巴西-巴拉圭	8100	上戗1.98,下戗1.76	6.1	—	双戗立堵	1.2～1.5 m块石,个别10 t	11万m^3/d
茹皮亚水电站	巴拉那河	巴西	3900	23	6.5	—	单戗立堵	15 t块石	500 m^3/h
索尔泰拉岛水电站	巴拉那河	巴西	4250	1.86	4.5	—	双戗立堵	—	—
布拉茨克水电站	安加拉河	俄罗斯	立堵3600,平堵3200	3.51	立堵7.4,平堵5.0	立堵段100,平堵段12.2	先立堵,后栈桥平堵	25 t岩块	1.0万m^3/d
乌斯季伊利姆水电站	安加拉河	俄罗斯	2970	3.82	7.5～8.0	77	单戗立堵	15 t块石串体	650 m^3/h

续表

工程名称	河流名称	国家	实际截流流量 /(m^3/s)	最大落差 /m	最大流速 /(m/s)	最大单宽功率 /[(t·m)/(s·m)]	截流方式	最大块体质量	最大抛投强度
伏尔加格勒水电站	伏尔加河	俄罗斯	4500	2.07	5.8	3.65	浮桥平堵	10 t 混凝土四面体	6.3 万 m^3/d
博古昌水电站	安加拉河	俄罗斯	1730～3260	上戗 3.82，下戗 0.21	4.6，1.24	—	双戗立堵	3.5 t 块石串体	4200 m^3/h
契夫约瑟夫水电站	哥伦比亚河	美国	2830	下戗 1.8	6.1	—	双戗立堵	15～20 t 岩块	—
达勒斯水电站	哥伦比亚河	美国	3090	1.5～3.0	4.5～6.4	—	宽戗堤（顶宽 75 m）	1 t 块石立堵	0.9 万 m^3/d

目前，国内外大中型水利水电工程土石方开挖及填筑施工已普遍使用 4～9.6 m^3 挖掘机、5～9.6 m^3 装载机、310～575 kW 推土机、30～77 t 自卸汽车等大容量装载、运输机械，为截流戗堤高强度抛投进占和抛投重型块体创造了条件，使立堵截流具有施工简单、快速、经济和干扰小等明显的优势，大流量河道截流技术发展趋势是以立堵为主并逐渐取代平堵的。立堵进占前，可利用水上施工船舶，在龙口河床抛投护底材料或预平抛料垫底，提高立堵龙口合龙抛投料的稳定性，减小流失量，缩短合龙时间。鉴于土石方施工机械容量的不断增大，有的工程截流时尽量利用建筑物基础开挖的石碴及块石料，采用大容量施工机械提高戗堤进占抛投强度，加快合龙速度。气象预报及水文观测技术的发展，使截流期水文预报精度提高。在龙口合龙过程中，及时观测龙口口门和分流建筑物的水文要素（水文、流量、流速、流态等）及龙口水下断面形态等资料，为截流设计及施工提供可靠的依据，有利于准确地选定合龙时机，降低截流龙口合龙的风险。

2.2.2 截流方案选择

1. 国内外水利水电工程河道截流方式

由上一节的内容可知，国内外水利水电工程河道截流方式可归纳为立堵和平堵两大类。统计国内外截流工程资料可得，20 世纪 60 年代前立堵截流和平堵截流均有采用，两者采用率各国有所不同；70 年代以后，随着大型装载、运输机械的应用，以及立堵截流理论和截流技术的发展，趋向于立堵截流。现今，立堵截流的某些不利水力条件，可借助大比例尺模型试验加以研究，采用堤头挑角进占、调整截流块体形状、加大抛投强度等方式加以改善；应对高落差、大水深和河床冲刷等的措施，如双戗或多戗分担落差、宽戗，龙口河床预平抛护底或护底加糙等，已臻成熟，立堵截流的应用前景更为广阔。对于河床易冲刷的非通航河流，有条件使用简易的、快速拆装的浮桥（如利用工程兵舟桥设备）或栈桥，仍可研究采用平堵截流或平、立堵结合的截流方案。

我国葛洲坝工程大江截流前深入研究了上游单戗堤立堵截流，上、下游双戗堤立堵截流，浮桥平堵截流，栈桥平堵截流四个方案，最后选定上游单戗堤立堵截流方案。葛洲坝工程大江截流的成功经验说明，在我国主要通航河流上不宜采用浮桥平堵及栈桥平堵截流方案。由于大容量的挖掘机械、大吨位自卸汽车的迅速发展，单戗堤立堵截流方案具有施工简单、快速、经济和对河道航运干扰小等特点，应优先选用。

浮桥平堵截流是苏联在 20 世纪四五十年代采用较多的一种截流方式，根据葛洲坝工程大江截流设计的研究成果，认为对于水头较高（截流落差超过 3.0 m）、架桥流速较大（超过 4.0 m/s）、浮桥运行期水位变幅较大的截流工程，其浮桥架设和运行的技术安全性尚无把握，加之在浮桥上抛投重型块体的桥面结构及锚定设备复杂，费用昂贵，针对我国实际情况，浮桥方案不作为设计重点研究的截流方案。

栈桥平堵截流具有施工安全可靠、技术把握性较大等优点，适用于大流量、高落差（如大于 3.5 m）的河道截流。但按我国现在的建桥方式，往往施工工期长，投资大。特别是在通航河道上进行栈桥施工，与通航的矛盾不易解决，因此认为，如无特殊必要亦不宜作为研究的重点。

鉴于目前大容量装载、运输机械在国内大型水利工地比较普遍地使用，且立堵截流是我国水利工程堵口的传统方法，积累了较多的实践经验，故应优先研究

和采用立堵截流。随着施工设备、施工技术以及截流理论的进步，宜对立堵截流中的单戗堤截流进行重点研究。根据我国葛洲坝和三峡工程的截流设计和施工的成功经验，对于截流最终落差约 3.5 m、最大流速约 7.5 m/s 的截流工程，只要采取一些可靠的技术措施，如龙口护底和其他加糙措施，配备足够数量的大型机械，单戗堤立堵是有把握顺利截流的。

当截流落差较大(如超过 4.0 m)，龙口流速较大(如超过 8.0 m/s)时，宜重点研究双戗堤立堵截流。双戗堤立堵截流有其必要的控制水力条件，应通过水力计算和水工模型试验予以论证，结合工程具体条件，拟定落差分配与控制要求。在三峡工程明渠截流过程中，采用了上、下游土石围堰的双戗堤立堵方案。设计拟定了上、下游戗堤同步进占方式相应的进占程序及水力指标。实施中，根据水情预报和原型水力学观测成果，适时进行跟踪水工模型试验和计算分析，随机调整上、下戗堤进占程序，精心组织施工，成功地实现了双戗堤同步进占合龙。根据国内外双戗堤截流实践，也有采用上、下戗堤(或三戗堤)轮流进占的方式。轮流进占的程序和时机，主要受截流材料的抗冲稳定条件控制，一般合龙历时较长，用料较多。

2. 安谷水电站二期工程截流方案

(1) 二期工程概况。

安谷水电站厂坝枢纽分期施工，采用二期常规施工导流方式，一期围护船闸导墙、主厂房、泄洪冲沙闸等枢纽建筑，束窄左岸河床导、泄流；二期围护左岸副坝，一期已建成的泄洪冲沙闸分流、导泄流。一期主要施工任务为泄洪冲沙闸闸坝，电站主、副厂房，右储门槽，安装间，泊滩堰连接坝，尾水渠等土建及金属结构安装工程；二期工程主要施工任务为左岸副坝(左副 9＋570 以下游)、泄洪渠左堤(枢纽明渠段)。二期工程计划自 2014 年 1 月上旬实现合龙，至 2014 年 5 月 31 日全部施工完成。

(2) 截流方案。

二期工程上游围堰限于分流条件、施工场地及通道布置，龙口形成时，须保证尾水渠明渠泄流流量不大于 1870 m^3/s。此时，利用枯期围堰作为施工通道，形成双向进占，初步考虑龙口位置设置在靠近一期围堰段河床。非龙口段上游戗堤以左岸进占为主，下游戗堤以右岸进占为主。龙口形成前，完成龙口护底施工。龙口形成后，进行戗堤端部裹头防护及合龙施工准备工作，并通过水力计算选择合理截流方式及抛投材料，截流后立即进行合龙闭气、防渗墙施工、围堰加高培厚等。

下游围堰预进占与枯期围堰同步进行，在泄洪冲沙闸过流后，尾水渠明渠过流小于最大设计泄流能力时，枯期围堰合龙，随即实现下游围堰合龙。因下游围堰合龙顺水流方向进行，且不承担分流，易实现合龙，不再做截流设计。

①方案比较选取。

根据“二期导、截流施工组织设计”的审查意见，原截流设计流量 2200 m^3/s 调整为 1200 m^3/s，围堰截流时，原双戗堤截流改为上游围堰单戗堤双向立堵截流，并对截流方案进行了补充完善。

a. 原截流方案：双戗堤双向立堵截流。

戗堤按照投标阶段设计图纸样式及位置布置，将上游截流戗堤与上游土石围堰相结合，上游截流戗堤位于围堰下游侧，戗堤轴线与围堰轴线相平行。下游截流戗堤布置在回填造地区内，与上游截流戗堤的距离为 230 m。上游截流戗堤顶宽为 24 m，下游截流戗堤顶宽为 20 m。利用枯期围堰作为运输通道，实现双戗堤双向立堵的截流方式，龙口位置预留于由一期围堰向左岸预进占戗堤与左岸进占戗堤结合处，截流戗堤布置在上游围堰。具体施工程序如下：2013 年枯期填筑完成枯期分流围堰，连接下防与下游围堰通道，并设置导流缺口；2013 年 11 月利用小流量时段，设置临时围埂，进行龙口护底及梳齿槽施工；2013 年 10 月至 12 月填筑施工平台，进行河床内左副 9＋860～左副 10＋144 段主体防渗墙施工，同期完成上戗堤左岸(扬子坝侧)预进占 300 m，并进行围堰防渗墙施工。龙口护底施工完成后，上游戗堤继续向右岸进占 195 m 形成龙口，并进行裹头防护。主体工程具备挡水、泄流条件后，进行一期上游围堰拆除，利用开挖料进行围堰戗堤右段(一期围堰侧)进占 28 m，正式形成龙口。合龙时，主要进占方向为一期围堰向扬子坝方向，龙口截流最困难区段因受大落差及高流速影响，可能无法继续抛投特殊料物进占前行，此时立即采用双向同时高强度进占，进而雍高枢纽明渠内水位高程，使上游戗堤龙口轴线处流态呈淹没流，降低流速，然后高强度抛投特殊材料，使上游龙口截流困难区段一气呵成地截断水流，实现进占合龙。

优点：采用多戗堤分散落差、降低流速，双戗堤立堵截流，可以增加投料点，增加抛投强度，降低截流风险。

缺点：预进占工程量较大，施工机械投入量较大，道路布置较为困难，施工干扰较大；截流特殊材料备料量大，且装车、抛投等施工强度较高；理论计算复杂，流态变化复杂，分界点难以控制，上、下游戗堤具体分散落差值难以精确计算，仅

能预估。

b. 根据施工组织审查意见，截流方案如下。

二期上游围堰截流时，采用单戗堤双向立堵法进行截流施工。截流龙口戗堤顶宽为 24 m，与副坝防渗墙施工平台加高填筑形成。利用枯期围堰作为运输通道，龙口位置布置于围堰右岸近一期上游围堰一侧。2013 年枯期填筑完成枯期分流围堰，连接下防与下游围堰通道，并设置导流缺口。2013 年 11 月利用小流量时段，设置临时围埂，进行龙口护底及梳齿槽施工。2013 年 10 月至 12 月填筑施工平台，进行河床内左副 9＋860～左副 10＋144 段主体防渗墙施工，同期完成上戗堤左岸(扬子坝侧)预进占 300 m，并进行围堰防渗墙施工。龙口护底施工完成后，上游戗堤继续向右岸进占 195 m 形成龙口，并进行裹头防护。主体工程具备挡水、泄流条件后，进行一期上游围堰拆除，利用开挖料进行围堰戗堤右段(一期围堰侧)进占 20 m，正式形成龙口。龙口合龙时，由左、右岸双向进占，实现截流。

为改善上游围堰主合龙的水利条件，降低截流难度，在截流前，由其他标段利用尾水渠的开挖料，在上游围堰下游侧约 100 m 位置配合填筑下游挡水堤，堤口布置在靠左岸扬子坝一侧，以壅高龙口下游水位，利于上游围堰龙口合龙。

②理论数据。

按照单戗堤双向进占方式计算各水力学要素，先计算校核预进占过程中普通粒径的砂卵石($d<0.4$ m)能否站稳脚跟及具体预进占宽度 B 等数据，不同龙口口门宽度 B 的龙口轴线处落差 Z_0 及流速 V，通过落差 Z_0 与流速 V 数值对龙口段进行分区，并计算各区段抛投材料粒径及重量。

2.2.3　梳齿墩截流施工

安谷水电站二期截流河床砂卵石为强透水层，覆盖层深厚，可达 12 m，粒径大于 150 mm 的砾石仅占总量的 9.16%，起动流速为 0.7～0.8 m/s，而本工程截流龙口流速可达 6 m/s，护冲流速低，甚至在预进占过程中就会造成河床大量冲刷；截流河段位于原导流枢纽明渠进口，河床宽度达 350 m。截流过程中，泄洪冲沙闸作为分流通道，流道面高程为 385.0 m，河床高程约为 378.0 m，高于河床面约 5 m。若要实现泄洪冲沙闸分流条件，须将闸前水深壅高至 5 m 以上，截流过程中，落差可达 8 m。采用双戗堤单向立堵法施工时，围堰填筑抛投量大、强度高；截流备料场位于左岸下游，截流料物运距大、工作面狭窄，截流施工组织难度大。

在深厚覆盖层河床实施截流，因覆盖层抗冲刷能力较小，在截流流量、落差、龙口流速均较大时，如果保护措施不当，会在截流过程中形成冲刷性破坏、渗漏管涌性破坏、护底体系稳定性破坏等，造成戗堤多种形式的坍塌而危及施工人员和机械设备的安全；因坍塌和覆盖层上抛投料稳定性下降以及覆盖层流失增加的工程量而延长了截流困难段时间；在备料数量不足或备料粒径不满足抗冲要求时，甚至会导致截流失败。因此，无论从截流的安全性，还是从经济性方面都增大了截流难度，也对截流技术水平提出了更高的要求。

1. 龙口护底技术

截流束窄河床引起的覆盖层冲刷包括一般冲刷和局部冲刷两种。

一般河流覆盖层稳定问题涉及的水力因素主要为水深、流速及其垂线流速分布。对于截流龙口河床覆盖层的稳定问题，涉及的水力因素除上述因素外，还与床面束窄和堤头的绕流作用等有关。床面束窄使得单宽流量增大，龙口流速、水深及垂线流速分布均发生相应变化，水流冲刷能力增强。堤头的绕流作用则与进占方式及戗堤与水流流向的夹角有关。

局部冲刷的破坏性表现：一是在龙口不护底时，堤头的丁坝绕流作用会使龙口覆盖层产生较大冲刷变形，导致堤头坍塌，危及施工人员和机械的安全，尤其在高落差条件下截流，龙口覆盖层的冲刷会延长截流困难段时间，对后续施工强度及截流备料提出更高的要求，从而加大截流难度；二是在龙口护底时，护底两侧及尾部覆盖层淘刷对护底体系的安全影响问题。

在深厚覆盖层河床上实施护底或平抛垫底，不仅可提高河床的抗冲能力，减少河床冲刷及后续截流的工程量，而且可增大河床糙度，提高抛投料物稳定性，减少流失量。护底措施一般选择在汛末或汛后实施，为确保护底措施的有效性，需对护底材料粒径、护底范围及厚度进行合理选择，对护底的实施方式进行研究。

常见的护底材料有钢丝笼、四面体、杩槎体、混凝土六面体以及大石、特大石等。

在覆盖层护底时，单体抗冲能力强。但由于抛投料的不规则性，下部砂卵石在起动后形成淘刷，护底会逐渐沉陷破坏。图 2.9 所示为覆盖层护底变化机理。

在深厚覆盖层截流施工中，砂卵石覆盖层破坏严重，在护底采用单个块体易发生冲刷破坏，需采用柔性措施，增强块体整体性。对于大流量、高落差条件下的截流施工，护底沉陷会增加抛投水深，使料物流失量增大、堤头坍塌风险增加，

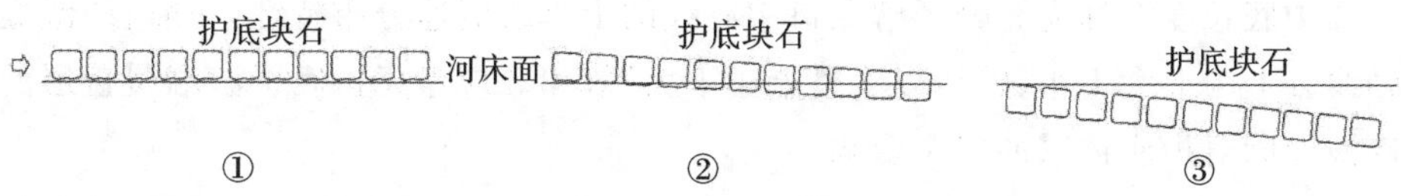

图 2.9　覆盖层护底变化机理

进而影响截流进程。

根据截流水力特性，安谷水电站二期截流采用刚性护底方式，即采用混凝土平板护底，四周防渗墙嵌护的方式，防渗墙外侧采用大块体防护并增加柔性连接措施。此方法优势表现为：一是增强护底的整体性及耐冲性；二是防止护底下游溯源冲刷及两侧淘刷对护底的破坏；三是利于截流料物稳定。刚性护底的混凝土平板在截流施工后续设计中因基础稳固，具备设计延展空间。

混凝土平面护底主要在围堰进占之前，靠近一期围堰一侧填筑防渗墙施工平台至 384.5 m 高程处，填筑长度 100 m。防渗墙分为二期围堰防渗墙（垂直水流方向）及龙口护底防渗墙（顺水流方向），龙口护底防渗墙连接二期围堰防渗墙及主体防渗墙，墙厚 80 cm，采用 C25 混凝土。防渗墙施工完成后，进行施工平台拆除，河床清理后进行混凝土浇筑，混凝土标号为 C20，浇筑至 380.5 m 高程处。底板混凝土浇筑完成后，进行龙口位置梳齿槽施工，梳齿槽采用 C20 混凝土进行浇筑，单个墩体厚度为 1 m，墩体间距为 2～4 m，墩体顶高程为 383.0 m。梳齿墩采用 28＃钢丝绳连接成网状，利于龙口过流与抛投料物稳定。护底施工同时，主体防渗墙下游侧平抛混凝土预制块进行挡坎防护，挡坎护底施工主要采用自卸汽车或装载机运至戗堤端部，然后用 25 t 汽车吊吊卸在河床中或用反铲 CAT330C 抛投，具体入水点位置以抛石冲距 L 确定，尽量保证其平铺整齐稳定、落点位置基本准确。

护底工程量见表 2.17。

表 2.17　护底工程量

序号	方案名称	护底长度/m	护底宽度/m	厚度（高度）/m	护底设计工程量/m^3	备注
1	混凝土平面护底	100	32	1.0	3200	C20 混凝土
2	混凝土预制挡坎	90	35	1.0	1080	龙口形成后施工
3	C25 混凝土防渗墙	34	—	0.6	340	龙口形成前完成

刚性护底形成后，河床条件可按基岩进行计算，其粒径按伊兹巴什公式进行计算，在同流速条件下，稳定系数可由 0.9 提高至 1.2，料物粒径减小 20％。

护底长度选择需充分了解龙口中心线的上垂线流速分布特性，一般有“戗堤轴线以上为上大下小，轴线以下呈上小下大”规律。应考虑护底下游端覆盖层的溯源冲刷对护底体系的安全影响。

护底宽度的选择可按戗堤束窄后覆盖层产生大幅起动时的口门宽，结合截流程序、进占各阶段的龙口水流条件以及覆盖层的抗冲能力计算确定。应考虑护底两侧覆盖层淘刷对护底体系的影响。

以安谷水电站护底为例，护底工作在围堰预进占之前完成，其块体尺寸应保证抛投施工期间稳定及截流期间不被冲刷，根据水力计算结果，单戗堤单向立堵截流最大流速高达 6.47 m/s，抛石块径按照式(2.1)计算。

$$d=\frac{1}{2g\dfrac{\gamma_s-\gamma}{\gamma}}\left(\frac{v}{K}\right)^2 \tag{2.1}$$

式中：d——石块化引为球体的当量直径，m；

g——重力加速度，m/s^2；

γ_s——石料容重，一般取 2.5 t/m^3；

γ——水容重，一般取 1.0 t/m^3；

v——束窄龙口轴线断面最大平均流速，m/s；

K——稳定系数，一般取 $K=0.90$。

计算可得 $d=1.23$ m，考虑护底采用整体浇筑，护底厚度取 1.0 m，采用 C20 混凝土平面护底。抛石冲距计算见式(2.2)。

$$L=0.92\frac{vH}{G^{\frac{1}{6}}} \tag{2.2}$$

式中：L——抛石冲距，m；

v——垂线平均流速，m/s；

H——平均水深，m；

G——块石重量，kg，计算见式(2.3)。

$$G=\frac{\pi\gamma d^3}{6} \tag{2.3}$$

计算可得：$L=9.51$ m，龙口轴线上游护底长度取 32 m；龙口轴线下游护底长度取 35.0 m；采用预制块进行防护，则上游龙口护底总长度为 35 m(计最大水深的 5～6 倍)。

2. 截流拦石技术

在立堵截流中，当截流流量、落差都很大时，一般采用双(多)戗堤立堵截流，

如三峡电站三期截流、伊泰普水电站等。

采用双戗堤立堵截流，必须保证截流全过程中，两个戗堤的截流难度都同时小于单戗堤截流。落差的分配与控制问题是运用双戗堤的关键，要做到按计划实现落差分配是不易的，这主要是因为影响落差分配的因素很多，如截流河段的比降、河床是否可冲、护底的条件及可靠性、两戗堤之间的距离及水下的复杂地形、两戗堤进占的速度配合、截流的总落差大小和两戗堤之间的岸坡条件及流态变化等。

截流河床过宽时，采用双戗堤截流，会大大增加戗堤填筑工程量、截流材料与截流设备投入。若戗堤无法避开永久建筑物，还必须承担起巨大的拆除费用，加之截流时效性强，因此，双戗堤截流无论是在施工组织还是经济上，难度都较大，其难度甚至不亚于工程建设本身。

截流龙口段施工中，通过抬高护底高程，如设置拦石坎，可以减小龙口段水深，达到降低龙口落差的目的。但拦石坎高程设置过高，会降低龙口泄流能力，加大预进占难度，使砂卵石覆盖层产生冲刷，增加预进占抛投料粒径。

为减少截流料物流失，在截流施工前，通过设置施工平台，在方案拟定龙口位置加打一排桩体，桩体直径根据覆盖层厚度及水力学条件进行计算。设置拦石桩后，当水流流经桩体之间时，束窄了河床，水流由于侧向收缩的影响在进口处形成水面降落，产生类似于宽顶堰流的水流现象，其情形可按无坎宽顶堰进行计算。

与拦石桩结构形式相近，安谷水电站二期截流采用梳齿墩结构形式，梳齿墩泄流情形可由宽顶堰公式计算，即式(2.4)。

$$Q = \varepsilon\sigma mnb' \sqrt{2g}H_0^{\frac{3}{2}} \tag{2.4}$$

式中：Q——过堰流量，m^3/s；

ε——侧向收缩系数；

σ——淹没系数；

m——流量系数，其与堰头形状有关，考虑到护底施工的简易性，可按锐角进行计算；

n——宽顶堰溢流孔数；

b'——单孔闸孔宽度，m；

g——重力加速度，m/s^2；

H_0——堰头水深，m。

侧向收缩系数 ε 反映闸墩及边墩对宽顶堰流的影响，其计算公式见式(2.5)。

$$\varepsilon = 1 - \frac{k}{\sqrt[3]{0.2 + \frac{P_1}{H}}} \sqrt[4]{\frac{b}{B}} \left(1 - \frac{b}{B}\right) \tag{2.5}$$

式中：k——考虑闸墩头部及堰顶入口形状的系数[当闸墩(或边墩)头部为矩形，堰顶为直角入口时 $k=0.19$；当闸墩(或边墩)头部为圆弧形，堰顶为直角或圆弧形入口时 $k=0.10$]；

P_1——上游堰高，m；

H——堰上水头，即堰前断面堰顶以上的水深，m；

b——溢流堰孔净宽，m；

B——溢流堰上游引渠的宽度，m。

式(2.5)的适用条件为：$b/B \geqslant 0.2$，$P_1/H < 3$。当 $b/B < 0.2$ 时，以 $b/B = 0.2$代之；当 $P_1/H > 3$ 时，以 $P_1/H = 3$ 代之。

对于多孔宽顶堰(有闸墩及边墩)，其侧向收缩系数应取中孔及边孔的加权平均值 $\bar{\varepsilon}$，见式(2.6)。

$$\bar{\varepsilon} = \frac{(n-1)\varepsilon' + \varepsilon''}{n} \tag{2.6}$$

式中：n——宽顶堰溢流孔数；

ε'——中孔侧收缩系数，计算时可取 $b=b'$(b'为单孔净宽，$B=b'+t$，t 为闸墩厚度)；

ε''——边孔侧收缩系数，计算时取 $b=b'$(b'为边孔净宽，$B=b'+2\Delta$，Δ 为边墩的计算厚度，取为边缘与堰上同侧水边线之间的距离)。

淹没系数 σ 与临界水深有关，自由出流时取值取大，一般取值 0.9。

图 2.10 为三种堰型泄流曲线图。

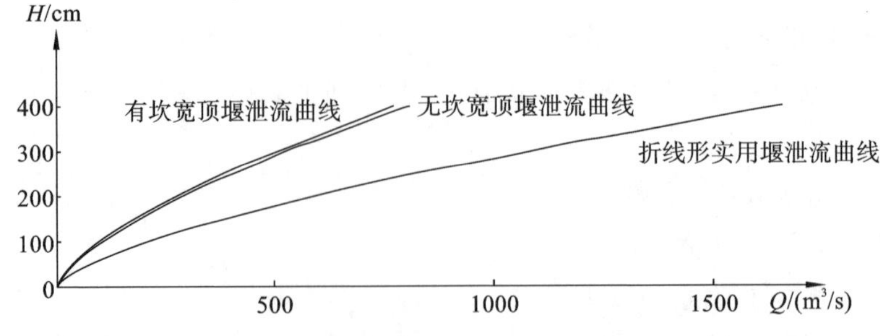

图 2.10　三种堰型泄流曲线图(过流宽度选取 60 m)

通过三种不同堰型的泄流量理论计算比较，可知流量的大小最终由其流量系数决定，在保证自由出流的情况下，拦石坎（折线形实用堰）流量系数最大，拦石桩（无坎宽顶堰）流量系数次之，梳齿墩（有坎宽顶堰）流量系数最小。

通过上述研究，在确定龙口护底宽度时，为减小预进占难度，拦石坎所需宽度最小，拦石桩及梳齿墩因其侧向收缩系数大，壅水效果明显，使得护底宽度增加。同时，根据图 2.10 中所示曲线，在同等流量条件下，在高落差截流中，根据建筑物自身结构特点，有坎宽顶堰壅水效果最好，可以有效利用截流建筑壅水，抬升堰前水位，达到良好的分流效果，无坎宽顶堰次之。

3. 龙口防渗技术

(1) 防渗墙概况。

二期上游围堰采用 80 cm 厚 C25 混凝土防渗墙，起止桩号为围 0＋060.00～围 0＋920.52，防渗墙轴线长约 860.52 m，施工平台高程 387.8 m，最低终孔高程 369.0 m，最大钻孔深度 18.8 m，防渗墙厚度为 80 cm，混凝土标号为 C25。

(2) 施工方案。

塑性混凝土防渗墙拟采用“两钻一劈、平行钻进法”成槽，“直升导管法”浇筑塑性混凝土，槽段连接采用“接头管法”。

(3) 施工顺序。

防渗墙紧随围堰预进占进行一系列准备工作，满足条件的槽段迅速布置钻机开钻，确保在截流前完成围堰两端预进占段的防渗墙施工；围堰截流后，以最快时间完成龙口段防渗墙施工，保证后期工程的顺利进行。

(4) 工期安排及主要设备投入。

按照围堰截流前完成预进占段防渗墙，在截流后以最快速度完成龙口段防渗墙进行施工的原则，采用按冲击钻机满铺工作面进行布置，则除去施工准备时间，预进占段应在截流前提前一个半月开展防渗墙施工，截流后龙口段也需安排一个半月时间施工，防渗墙施工高峰强度约为 8820 m^2/月，截流前满铺 63 台 CZ-6D 冲击钻机施工预进占段，二期截流后满铺 88 台冲击钻机施工龙口段。

围堰防渗墙施工计划如下：

围 0＋000.00～围 0＋060.00 计划于 2013 年 11 月 16 日至 2013 年 11 月 30 日完成；

围 0＋060.00～围 0＋310.00 计划于 2013 年 11 月 16 日至 2013 年 12 月 31 日完成；

围0+310.00～围0+610.00计划于2013年11月17日至2014年1月10日完成；

围0+610.00～围0+805.52计划于2014年1月10日至2014年2月25日完成；

围0+805.52～围0+920.52计划于2014年1月10日至2014年2月25日完成。

防渗墙应具备一定刚度，因防渗墙外侧砂卵石抗冲能力小，在起动后会迅速冲刷破坏，使得防渗墙成为挡土结构，因此外侧需增加块体柔性防护。

通过修建梳齿墩，利用梳齿过流流态快速形成闸前壅水，创造良好分流条件；梳齿间距根据龙口口门宽度设定，减小特殊料物料径、抛投强度及难度；梳齿及钢丝绳形成拦石栅，减少料物流失；后续采用矩形墩浇筑扶壁式挡水墙形成围堰龙口段防渗体系，节约施工成本及工期。

2.2.4 快速截流施工

1. 概述

在以往截流施工中，龙口段进占时常通过抛投混凝土四面体或六面体、钢筋石笼、杩槎体等特殊料物来保证抛投料物稳定，减少料物流失，保证顺利截流。截流过程中，特殊料物因块体大，主要通过吊装设备配合大型运输设备进行抛投，截流施工组织时，特殊料物与普通料物分区布置，通过调度人员的统一精心安排，才能实现有序抛投。因此，常规截流施工方法中，因特殊料物材料占据比重大，大型设备短期投入量大，施工成本极高，且施工组织难度大。通过安谷水电站导流工程及主体工程建设多次截流施工经验总结，提出原级配混凝土六面体截流施工工艺，以实现快速经济截流。

2. 原级配混凝土特殊料物制作、运输与抛投

1）特殊料物粒径选择

根据截流合龙过程中的水力条件变化情况，各区抛投料物块体粒径按该区段可能出现的最不利水力条件计算，参照国内类似工程实际经验，结合施工机械及抛投技术条件确定。

由伊兹巴什公式推导可得式(2.1)。

混凝土杩槎体重量计算见式(2.3)。

特殊料物块体粒径大小与龙口段流速大小成正比，随着块体料径的增大，抛投料物的稳定性随之提高，但也对特殊料物的运输与抛投设备提出更高要求。

2）原级配特殊料物制作

平原地带河道中没有满足截流条件的特殊料物，需要另加工制作，常采用的材料有混凝土块体、钢筋石笼、铅丝石笼等，占据较高的材料成本，而平原河道中丰富的砂卵石材料作为混凝土骨料可以极大地节约成本。

（1）配合比试验研究。

为了满足现场施工需要，混凝土六面体采用现场砂卵石进行配制，根据混凝土施工和易性及强度要求，在现场进行了砂卵石的级配试验及混凝土的试配检测，并对试配混凝土进行了 3 d、7 d、28 d 抗压强度检测，其抗压强度检测结果见表 2.18。

表 2.18　混凝土拌和物及力学性能检测结果

序号	水泥品种及强度等级	水泥包数	坍落度/mm	抗压强度/MPa			和易性描述
				3 d	7 d	28 d	
1	“嘉华”牌 P·O42.5	4	24	4.7	7.5	15	差
2	“嘉华”牌 P·O42.5	3	64	3.7	6.0	13.4	较差
3	“嘉华”牌 P·O42.5	5	32	12.2	18.9	22.1	一般
4	“山”牌 P·C32.5R	7	30	11.9	19.8	24.5	较好
5	“山”牌 P·C32.5R	6	35	10.2	18.5	23	好

注：表中水泥采用散装水泥，单包重量为 50 kg。

（2）混凝土推荐配合比参数。

为了保证现场高强度施工需要，使混凝土既能满足硬化性能要求，又具有较好的施工和易性，根据配合比试验成果，混凝土配合比参数如下。

①C20 混凝土配合比。

表 2.18 中序号 4 试验组合，即 1 m^3 砂石料＋350 kg“山”牌 P·C32.5R 水泥；或表 2.18 中序号 3 试验组合，即 1 m^3 砂石料＋300 kg“嘉华”牌 P·O42.5 水泥；坍落度均控制在 30～50 mm。

②C15 混凝土配合比。

表 2.18 中序号 5 试验组合，即 1 m^3 砂石料＋300 kg“山”牌 P·C32.5R 水泥；或表 2.18 中序号 3 试验组合，即 1 m^3 砂石料＋250 kg“嘉华”牌 P·O42.5

水泥;坍落度均控制在 30～50 mm。

(3) 预制混凝土施工。

根据施工要求,混凝土块采用 C15 混凝土预制,尺寸为 1.5 m×1.5 m×1.0 m 和 1.0 m×1.0 m×1.0 m 两种。混凝土由混凝土拌和池统一供料。模板采用 3015、2015 及 1015 组合小钢模拼装,ϕ50 架管加固,间距 50 cm,采用"十字"扣件连接,模板连接处采用 U 形扣,模板涂刷脱模剂或植物油,人工配合反铲入仓。混凝土块在浇筑工程中,必须振捣密实,在混凝土块面层均匀布置两根吊环,吊环采用 ϕ20 钢筋,埋深 0.8 m,外露半径为 5 cm 的半圆形吊环。混凝土块预制完成达到设计强度后,由吊车装入平板车运至施工点后安装摆放整齐。

3) 原级配混凝土特殊料物运输与抛投

采用原级配混凝土制作的特殊料物尺寸主要为 1.5 m×1.5 m×1.0 m,单块重量约 5.74 t,满足截流中龙口段占比较大的特殊料物粒径及重量要求。块体为六面体,运输时可采用 25 t 自卸汽车运输 4～6 块,且易卸车。吊装时,选用常规 8 t 或 16 t 汽车吊即可实现吊装。在施工过程中,采用 CAT330 型液压反铲也可实现装车。

抛投时,原级配混凝土六面体体型规则,在堤头防护或抛投时可准确定点抛投,抛投时采用 TY220 型推土机、3 m^3 轮胎式装载机或液压反铲即可实现。在龙口困难段,单块混凝土材料不能满足稳定要求时,可采用 ϕ16 钢丝绳将若干数量的六面体串起来,以卡环固定后进行抛投。截流施工中,上述设备均为常规开挖设备,资源配置条件低,减少了为满足大粒径特殊料物抛投需要临时进场的大型设备进出场费,降低了大型设备对截流戗堤堤头及施工场地的要求及施工组织难度,节约了施工成本。同时,原级配混凝土六面体材料在多次截流施工中可实现重复利用,在堰体及边坡防护中亦可综合利用,极大提高了混凝土料物的使用效率。

表 2.19 所示为特殊料物截流施工成本分析。

表 2.19　特殊料物截流施工成本分析

特殊料物类型	制作工艺	材料成本	选用设备型号	组织难度
混凝土	模板安装、混凝土拌和与运输、混凝土浇筑	较高	混凝土运输车、汽车吊	较易
钢筋石笼	钢筋笼焊接、块石筛分、填石、封盖	高	平板车、汽车吊	困难

续表

特殊料物类型	制作工艺	材料成本	选用设备型号	组织难度
原级配混凝土	模板安装、混凝土现场拌制、混凝土浇筑	较低	液压反铲	容易

3. 快速截流施工工艺

(1) 龙口段戗堤堤头抛投主要采用全断面推进和凸出上挑角进占两种方式,根据不同口门宽度下的水深、流速特点分为不同区段,选择不同的进占方式。对高流速的坍塌堤头,采取凸出上挑角进占方式。

(2) 原级配混凝土六面体等大体积截流材料的抛投,均采用堤头集料,推土机赶料方式,石碴以直接抛投为主。原级配混凝土串体采取在备料场吊装,在车上穿绳以加快进度,运到堤头卸料,用推土机赶料。

(3) 龙口段进占一般划分 3 个区段进行。

第一区段:口门尚宽,采用上游侧抛大石防冲,下游侧石碴、中石齐头并进,抛投方式视堤头的稳定、抛投强度和施工工期需要进行安排,部分采用自卸车全断面抛投,对易塌滑区全部采用堤头集料、推土机赶料抛投。

第二区段:为合龙最困难区段,采用凸出上游挑角进占,在堤头上游侧与戗堤成 45°角用特大石或大中石等抛填形成凸出 5～8 m 的防冲矶头,宽 8～12 m,在戗堤下游形成回流区,石碴尾随跟进。主要采用堤头集料、推土机赶料抛投。

第三区段:为流速最大区段,此时戗堤坡脚已开始逐渐合龙,水深变浅,戗堤已稳定,为减少抛投料被冲刷流失,仍应继续凸出上游挑角进占,挑角抛投材料采用混凝土六面体等,同时加宽防冲矶头宽度。抛投方式视堤头的稳定情况部分采用直接抛填,特大块料等采用堤头集料、推土机赶料。

预制原级配混凝土六面体适用于安谷水电站截流施工的整体施工环境,很好地保证了施工工期和施工质量,降低了施工成本。平原性河流快速截流施工方案是根据现场施工条件和资源配置等多种因素进行综合考虑确定的,并且对施工中涉及的施工安全和戗堤稳定进行了科学的水力验算,保证了施工的可靠性。

第3章 筑坝技术

3.1 坝体构造

大坝指截河拦水的堤堰，即水库、江河等的拦水大堤，是一种挡水建筑物。一般水电站的大坝主要由主坝、副坝、正常溢洪道、非常规溢洪道、新增非常规溢洪道、灵正渠涵管及电站组成。按筑坝材料的不同，大坝可分为混凝土坝和土石坝两大类，其中混凝土坝又可分为重力坝、拱坝和支墩坝 3 种类型，土石坝则包括土坝、堆石坝、土石混合坝等，又统称为当地材料坝。

3.1.1 坝顶构造

坝顶路面应具有 2%～3%的横向坡度，并设置混凝土排水沟(30 cm×30 cm)以排出坝顶雨水，坝顶上游的防浪墙(宽 0.5 m，高 1.2 m)要承受波浪和漂浮物的作用，因此墙身应有足够的刚度、强度和稳定性，宜采用与坝体连成整体的钢筋混凝土结构，而下游侧则可设防护栏，为满足运用要求和交通要求，在坝顶上布置照明设施，即在上游侧每隔 25 m 设一对照明灯，一只朝向坝顶路面方向，另一只朝向水库方向。根据大坝正常运行需要，在坝顶还要设置通向坝体内部各层廊道、电站的电梯井，便于观测和维修人员快速进出。

3.1.2 分缝止水

1. 坝体分缝

(1) 横缝：减小温度应力，适应地基不均匀变形和满足施工要求。

(2) 纵缝：适应混凝土的浇筑能力和减小施工期的温度应力，平行于坝轴线方向设置。

一般情况下横缝为永久缝，也有临时缝，垂直于坝轴线，用于将坝体分为若干独立的坝段；纵缝为临时缝，可分为铅直纵缝、斜缝和错缝三种，纵缝缝面应设

水平向键槽，键槽呈斜三角形，槽面大致沿主应力方向，在缝面上布置灌浆系统进行接缝灌浆，为了灌浆时不使浆液从缝内流出，必须在缝的四周设止浆片。

(3) 水平施工缝：上、下层浇筑块之间的接合面。浇筑块厚度一般为 1.5～4.0 m；在靠近基岩面附近用 0.75～1.0 m 的薄层浇筑，以利于散热，减少温升，防止开裂。

2. 止水设计

横缝内应设止水，止水材料有金属片、橡胶、塑料及沥青等，对于高坝应采用两道止水片，中间设沥青井，金属片止水一般采用 1.0～1.6 mm 厚的紫铜片，第一道止水至上游面的距离应有利于改善坝体头部应力，一般为 0.5～2.0 m，每侧埋入混凝土的长度为 20～25 cm，在止水片的安装时要注意保证施工质量，沥青井为方形或圆形，其一侧可用预制混凝土块，预制块长 1.0～1.5 m，厚 5～10 cm，沥青井尺寸为 15 cm×15 cm～25 cm×25 cm，井内灌注的填料由二号或三号石油沥青、水泥和石棉粒组成，井内设加热设备（通常采用电加热的方法），将钢筋埋入井中，并以绝缘体固定，从底部一直通到坝顶，在井底设置沥青排出管，以便排除老化的沥青，重填新料，管径可为 15～20 cm。

止水片及沥青井应伸入岩基一定深度，为 30～50 cm，井内填满沥青砂，止水片必须延伸到最高水位以上，沥青井应延伸到坝顶。

3. 河床式水电站厂房横缝止水布置形式

河床式水电站厂房流道内水流量较大，闸墩、蜗壳、尾水管等主要部位都处于高应力状态，合理的止水布置对缓解以上部位的应力状态非常有利。通过对国内已建或在建的部分河床式厂房横缝止水布置形式调研，总结出厂房坝段横缝止水一般都呈 U 形布置，但上、下游止水和水平止水的布置位置又不完全相同。

由沙湾水电站厂房坝段横缝止水布置形式可以看出：沙湾水电站厂房坝段横缝止水布置形式属于深止水布置，上、下游止水布置在上、下游挡水胸墙上，水平止水布置在流道顶部，这种布置形式由于在正常运行工况下，流道内外水压力平衡，能有效缓解进水口闸墩、蜗壳、尾水管及尾水出口闸墩的应力状态，减少配筋量。

4. 分缝与止水的施工要求

(1) 填料的施工。

沉降缝的填充材料,常用的有沥青油毛毡、沥青杉木板及泡沫板等多种。安装方法有先装法和后装法两种。

(2) 止水的施工。

凡是位于防渗范围内的缝,都有止水设施。

①水平止水:大都采用塑料(或橡胶)止水带,其安装与填料的安装方法一样。

②垂直止水:止水部分金属片,重要部分用紫铜片,一般用铝片、镀锌铁皮或镀铜铁皮等。

(3) 浇筑止水缝部位混凝土的注意事项。

①水平止水片应在浇筑层的中间,在止水片高程处,不得设置施工缝。

②浇筑混凝土时,不得冲撞止水片,当混凝土将要淹没止水片时,应再次清除其表面污垢。

③振捣器不得触及止水片。

④嵌固止水片的模板应适当推迟拆模时间。

(4) 混凝土面板堆石坝面板混凝土分缝及止水施工。

面板纵缝间距决定了面板宽度,由于面板通常采用滑模连续浇筑,因此,面板的宽度决定了混凝土浇筑能力。

垂直缝砂浆条一般宽 50 cm,是控制面板体形的关键。

施工内容包括面板分块、垂直缝砂浆条铺设、铺设止水,架立侧模、钢筋架立、面板混凝土浇筑、面板养护等。

3.1.3 混凝土标号与分区

1. 混凝土标号

大坝混凝土应满足以下性能要求。

(1) 强度要求。

首先得出在基本荷载工况下的压应力和最大拉应力,然后根据相关设计规范得出该工况下的抗压强度安全系数,便可得出混凝土的最高标号。

(2) 抗渗、抗冻要求。

抗渗、抗冻性能是混凝土耐久性最重要的指标。对于拱坝混凝土,在满足强

度要求的条件下，一般均能满足抗渗、抗冻要求。在选择混凝土标号时，抗渗、抗冻不起控制作用。

(3) 抗冲刷、抗侵蚀等要求。

拱坝中孔设置了钢衬，不存在混凝土抗冲刷问题；表孔水流流速不大，设计表孔混凝土时，标号在满足强度要求的条件下再提高一个等级；水库水质不存在对混凝土的侵蚀问题。

(4) 混凝土低热要求。

混凝土早期容易开裂，所以标号不宜过低，可根据相关设计规范的建议选择混凝土标号。

2. 混凝土分区

混凝土大坝坝体各部分的工作条件及受力条件不同，对混凝土材料性能指标的要求也不同，为了满足坝体各部分的不同要求，节省水泥用量及工程费用，把安全与经济统一起来，通常将坝体混凝土按不同工作条件进行分区，选用不同的强度等级和性能指标，一般分为6个区，具体如下。

Ⅰ区：上、下游水位以上坝体表层混凝土，其特点是受大气影响。

Ⅱ区：上、下游水位变化区坝体表层混凝土，既受水位的作用，也受大气影响。

Ⅲ区：上、下游最低水位以下坝体表层混凝土。

Ⅳ区：坝体基础混凝土。

Ⅴ区：坝体内部混凝土。

Ⅵ区：抗冲刷部分的混凝土。

为了便于施工，选定各区域混凝土等级时，各类别应尽量少，相邻区的强度等级不得超过两级，分区的厚度一般不得小于5 m，以便浇筑施工，分区对混凝土性能的要求见表3.1。

表3.1 坝体各区对混凝土性能的要求

分区	强度	抗渗	抗冻	抗冲刷	抗侵蚀	低热	最大水灰比		选择各区厚度的主要因素
							严寒、寒冷地区	温和地区	
Ⅰ	+	−	++	−	−	+	0.55	0.60	抗冻
Ⅱ	+	+	++	−	+	+	0.45	0.50	抗冻、抗裂

续表

分区	强度	抗渗	抗冻	抗冲刷	抗侵蚀	低热	最大水灰比		选择各区厚度的主要因素
							严寒、寒冷地区	温和地区	
Ⅲ	++	++	+	−	+	+	0.50	0.55	抗渗、抗裂
Ⅳ	++	+	+	−	+	++	0.50	0.55	抗裂
Ⅴ	++	+	+	−	−	++	0.65	0.65	—
Ⅵ	++	−	++	++	++	+	0.45	0.45	抗冲刷、耐磨

注："++"表示选择各区同等级的主要控制因素；"+"表示需要提出要求；"−"表示不需要提出要求。

3.1.4 廊道系统与排水

1. 廊道系统

为了满足施工运用要求，如灌浆、排水、观测、检查和交通的需要，在坝体内设置各种廊道，这些廊道互相连通，构成廊道系统。

(1) 坝基灌浆廊道。

帷幕灌浆需要在坝体浇筑到一定高度后进行，以便利用混凝土压重提高灌浆压力，保证灌浆质量。本次设计基础灌浆廊道断面取 3.0 m×3.5 m，形状采用城门洞形。廊道的上游壁离上游侧面的距离应满足防渗要求，在坝踵附近距上游坝面 5%～10%作用水头且不小于 5 m 处设置，为满足压力灌浆，基础灌浆廊道距基岩面不宜小于 1.5 倍廊道宽度。

灌浆廊道兼有排水作用，并在其上游侧设排水沟，下游侧设坝基排水孔幕，在靠近廊道最低处设置集水井，汇集从坝基和坝体的渗水，然后经由水泵抽水排至下游坝外。

(2) 检查和排水廊道。

为了检查巡视和排除渗水，常在靠近坝体上游面适当高度方向每隔 15～30 m 设置检查和排水廊道，断面形式多采用城门洞形，最小宽度为 1.2 m，最小高度为 2.2 m，距上游面的距离应不少于 7%作用水头，且不小于 3 m，该重力坝选取 7 m，上游侧设排水沟。

各层廊道在左右两岸应各有一个出口，并用铅直的井连通各层廊道。排水

廊道断面尺寸统一拟定为 2 m×2.5 m，城门洞形。

2. 坝体排水

为了减小渗水对坝体的不利影响，在靠近坝体上游面需要设置排水管幕，排水管应通至纵向排水管道，其上部应通至上层廊道或坝顶（溢流面以下），以便于检修；管距可采用 3 m，排水管幕距上游坝面的距离，一段要求不小于坝前水深的 1/12，且不小于 2 m。

根据规定排水管设置在距上游面 9 m 处，以使渗透坡降控制在允许范围内。排水管采用预制多孔混凝土管，内径可为 15～25 cm，随着坝体混凝土的浇筑而加高。渗入排水管的水可汇集到下层纵向廊道，沿积水沟或集水管经横向廊道的排水沟汇入集水井，再用水泵或自流排水排向下游，排水沟断面常用 30 cm×30 cm，低坡 3%，排水管施工时必须防止被混凝土的杂物等堵塞。排水管与廊道的连通采用直通式。

3.2　软弱坝基处理技术

砂卵石地层具有地层结构松散、透水性高、黏聚力小、自稳能力差等特点，因此在这种软基上施工面临着孔压过高、变形过大、抗力过小的难题。在堤坝施工期间，如果上坝速度过快，软基内的水无法及时排出，会使地基孔隙水压力升高，有效应力降低，进而导致坝体产生开裂、滑坡或者地基失稳等事故。技术人员一直在寻找有效的工程措施，通过对软基进行处理来保证大坝的安全，主要方法有设置砂井加快排水、控制上坝速度、分期施工提高软土的固结度和振冲碎石桩处理地基等。本书主要研究坝基掺 5%水泥填筑施工和振冲桩试验性施工两种软弱坝基处理技术。

3.2.1　坝基掺 5%水泥填筑施工

本书以安谷水电站为例，阐述如何通过坝基掺 5%水泥填筑施工来进行软弱坝基的处理。

(1) 试验概述。

根据设计蓝图要求，在大渡河安谷水电站建设中，厂坝枢纽Ⅰ标工程掺水泥填筑部位主要为泄洪冲沙闸 1＃、2＃闸室底板，储门槽坝段，厂房尾水反坡段左墙、右岸护坡等。水泥掺量为5%，右岸护坡为垫层料加水泥填筑，总计填筑工程量约3.75万m^3。

砂卵石掺水泥填筑施工主要流程为：场地平整、基础验收、填料准备、摊铺整平、分层碾压及检测合格等。

为了确保掺水泥填筑工程的施工质量，根据有关技术规范要求，在主体工程的填筑施工前首先进行填筑碾压试验，通过试验取得相应的技术参数和最优的施工方案、措施，为以后的施工提供技术支持和指导。

(2) 试验目的。

①通过本次试验施工，摸索出一套适用于本工程的施工方案和机械设备的配置方式，总结出一套经济实用的控制方法。

②通过试验，获取在不同碾压遍数下碾压的不同结果，以求得砂卵石掺水泥填筑的最佳碾压遍数，最终确定适合安谷水电站厂坝枢纽标掺水泥砂卵石料碾压参数。

③在试验过程中总结出一系列如何依据设计文件的技术要求、质量标准以及相应的规范，确保现场施工质量的控制手段，同时也是实施阶段对设计指标的进一步印证。

④依据本试验的实际操作，收集相关数据，指导整体碾压填筑工程施工，并取得相应的技术质量标准。

(3) 试验依据。

本试验施工技术要求适用于安谷水电站厂坝枢纽填筑施工与质量检查。引用标准与规范(但不局限于)主要有：

①《碾压式土石坝施工规范》(DL/T 5129—2013)；

②《混凝土面板堆石坝施工规范》(DL/T 5128—2021)；

③《混凝土面板堆石坝设计规范》(NB/T 10871—2021)；

④《水利水电基本建设工程单元工程质量等级评定标准(七)》；

⑤《水电水利工程土工试验规程》(DL/T 5355—2006)；

⑥“四川大渡河安谷水电站厂坝枢纽土建与金属结构安装工程施工招标文件”中的技术条款。

(4) 试验地点。

安谷水电站掺水泥砂卵石料填筑碾压试验场地征得监理工程师同意，试验段选定在船闸外导墙连接段，试验场地尺寸为10 m×5 m。

(5) 试验时间。

①2012年7月24日进行场地的清理、平整和碾压工作及场地测量放样、基

础面验收。

②2012年7月25日进行砂卵石料倒运。

③2012年7月26日进行掺水泥填筑碾压前的颗粒级配筛分和含水率检测。

④2012年7月27日上午进行水泥倒运，并进行水泥与砂卵石的掺和、铺填、整平、振动碾压，安排专人联合监理工程师对碾压遍数进行控制。

⑤2012年7月27日下午进行掺水泥砂卵石填筑料碾压试验，统计实际试验数据。

⑥后期进行试验数据的整理和计算。

(6) 现场需要确定的碾压参数。

①碾压试验结合生产性试验进行，填筑区应平整、干燥无积水。

②砂卵石料取基坑内天然级配砂卵石运至填筑区附近，为满足填筑料称量要求，对碴料车进行指定，并进行体积测算；水泥采用PC32.5袋装水泥，方便称重。

③砂卵石料及水泥测重后，采用液压反铲进行拌和，现场专人负责。

④按试验规范进行铺料、碾压，并进行取样试验及资料分析。

⑤取代表性样品进行室内试验，然后根据室内试验结果进行现场碾压试验，最终选出的最佳碾压技术参数。

⑥编制碾压试验报告，提出满足设计施工要求的各项指标、参数及相关图表、曲线。

(7) 填筑料的技术要求。

砂卵石料采用天然级配，最大粒径300 mm，粒径小于5 mm的砂卵石含量为14%～28%，粒径小于0.075 mm的砂卵石含量小于5.0%。加入砂卵石重量5%的水泥，搅拌均匀后分层碾压密实；碾压后砂卵石设计干容量不小于2.30 t/m^3，相对密度≥0.8。

(8) 碾压试验的施工机具。

碾压试验的主要施工机具为CAT330液压反铲1台、CAT18 t振动碾1台，摊铺采用ZL-50型装载机1台，边角狭窄地带采用BW70蛙式夯机1台、25 t自卸汽车3台。

(9) 碾压试验前的工作。

①场地平整与压实。

试验场地按要求进行平整处理。首先清除松散的砂卵石层，采用装载机填平补齐后，用自行式振动碾静压 6 遍，再铺筑 20 cm 厚的砂卵石料，振动碾强振 12 遍，经现场检测试验场地基础干容重为 2.31 t/m^3。形成碾压试验场地后，布设测量方格网。测量其表面高程平整度在±5 cm 内，符合设计技术要求，进行分条、分块，场地平面布置完成后进行填筑铺料。

②填筑料选择及铺筑。

填筑料料源选取厂坝基坑开挖级配较好的料物，对粒径大于 300 mm 的料物进行筛分。将筛分好的料物运至事先准备好的拌和场地，按照设计要求掺入砂卵石重量 5%的水泥，同时结合已完成的试验大纲技术要求，每 1 m^3 砂卵石需掺入 122 kg 水泥搅拌均匀，方可满足质量要求。随后根据料物的天然含水情况，选择是否需要加水，确保填筑料碾压密实。

填筑料拌和均匀后，由 25 t 自卸汽车运至需要填筑的施工区域。填筑前，务必将填筑部位的松散碴料清理干净。自卸汽车将填筑料卸下后，由 ZL-50 装载机摊铺找平(如填筑区域较大，可采用推土机)，现场质检员随时用钢卷尺测量，每层控制厚度不超过 80 cm。

(10) 现场碾压试验。

①现场碾压试验的碾压方法。

根据已完成的砂卵石的碾压试验的最优参数，拟定碾压试验组合参数如下。

铺料厚度:80 cm。

碾压遍数:2+6 遍、2+8 遍、2+10 遍(其中先静力碾压 2 遍，其余为振动碾压)。

试验时采用逐渐收敛法，预计进行 3 个参数试验，每次变动一个参数，固定其他参数，通过试验可求出该参数的最佳值。再固定此最佳参数和其他几个参数，同样变动另一个参数(每次只能变动一个参数)，再试验求得第二个最佳参数。依次类推，可使每一个参数通过试验求得最佳值。例如:首先选定铺料为 0.8 m、碾压遍数为(2+6)遍的组合进行碾压试验，即采用振动碾先静力碾压 2 遍，再振动碾压 6 遍，共 8 遍。碾压完成后在规定部位进行取样，每种参数组合取样 6～8 个。然后再选铺料为 0.8 m、碾压遍数为(2+8)遍的组合继续进行试验，以此类推，直至进行完 3 个组合参数的试验。最后利用全部最佳参数(即施工将要取用的参数)再进行一次综合碾压试验，即复核试验。当碾压试验压实标准的合格率稍高于设计标准(一般为 5%左右)时，即可定为最佳施工碾压参数。

对于碾压区边缘及转角部位等大型碾压机械难以施工的死角，采用 HW70 蛙式打夯机进行施工。在本次试验中，碾压边角区域试验采用铺层厚度为 40

cm、60 cm 两种参数组合，其余参数组合保持不变。测定其相应的碾压效果，选定碾压施工中的最佳参数组合。

a. 填筑：填筑料搅拌均匀确认合格后进行填筑。根据每个试验组合区域的铺层厚度要求，确定每个试验组合区域应卸料的方量，要求具体到自卸车的吨位和卸车数量并保证现场试验的控制实施。

b. 铺料采用装载机平铺入仓，现场由质检员随时用钢卷尺测量控制厚度。

c. 碾压采用进退错距法，工作速度控制在 2～3 km/h，错距带宽度 b 按式(3.1)计算。

$$b = B/n \tag{3.1}$$

式中：B——碾滚净宽；

n——设计碾压遍数。

碾压遍数由现场试验人员计数。

d. 碾压试验工作完成后，试验员在预定位置挖坑取样，检测干密度、孔隙率等指标；试验采用挖坑灌水法检测。反滤料试坑直径应不小于最大粒径的 3 倍，试坑深度为碾压层厚；一般砂卵石填筑料试坑直径为坝料最大粒径的 2～3 倍，试坑深度为碾压层厚。

e. 沉降变形试验：铺筑碾压过程中的沉降变形采用全站仪分条、分块、定点进行测量，分别求出不同碾压遍数下的沉降变形量。

②碾压试验的测试手段。

a. 颗粒级配分为碾压试验前的天然级配和不同碾压遍数压实后的级配。试验过程中，以大、小筛分法联合测试，分别求出天然级配和碾压级配，并将两种级配分别整理，分别求出上限、平均值、下限级配关系曲线。

b. 干密度含水量试验。干密度试验采用“灌水法”或“灌砂法”，分别测出不同铺筑厚度、不同碾压遍数作用下的湿密度。

c. 沉降变形试验。壤土土料和砂卵石料在铺筑碾压过程中的沉降变形采用水准仪分条、分块、定点进行测量，分别求出沉降变形量与不同碾压遍数、不同铺筑厚度的关系曲线。

③试验成果记录及整理。

a. 填筑料碾压试验检测结果统计表。

b. 以铺料厚度 H_i 为参数，绘制压实沉降值 h 与碾压遍数 N_i 的关系曲线。

c. 以铺料厚度 H_i 为参数，绘制干密度 r_{di} 与碾压遍数 N_i 的关系曲线。

d. 根据填筑前后高程差计算压实厚度，推算松铺系数。

e. 经过计算，绘制空隙率 n_i 与碾压遍数 N_i 的关系曲线。

f. 选定最优碾压参数，制定填筑施工中的实施细则和质量控制方法。

试验过程中，试验人员要如实记录试验结果及与其有影响关系的各种环境因素状况，保证数据的准确、可靠和完整。

(11) 主要试验机械及器具配置。

根据施工填筑要求，结合建筑物的结构形式以及现场的资源配置情况，本次碾压试验主要施工机械及人员配置详见表 3.2。

表 3.2　碾压试验主要施工机械及人员配置

序号	名称	单位	数量
1	18 t 自行式振动碾	台	1
2	HW70 蛙式打夯机	台	1
3	ZL50C 装载机	台	1
4	CAT330 液压反铲	台	1
5	自卸汽车(25 t)	辆	3
6	洒水车(12 m^3)	辆	1
7	施工人员	人	20
8	管理人员	人	5
9	试验人员	人	8

本工程拟投入的现场试验设备详见表 3.3。

表 3.3　现场试验设备

设备名称	单位	数量	设备名称	单位	数量
环刀	个	9	烘箱	台	1
电子天平	架	3	干燥器	台	1
切土刀	把	1	称量盒	个	20
加热电炉	个	2	温度控制仪	套	1
温度计	只	1	喷雾头	个	4
土工布	m^2	据实使用	灌砂筒	个	2
钢丝锯	把	1	砂、石标准筛	套	1
石子标准筛	台	1	砂料筛	套	1

(12) 质量保证措施。

①施工时，严格按照图纸和施工技术规范进行施工。

②填筑时，严格控制填料质量及填料的含水量、水泥掺量，并选择合适的压实时间。

③做好试验场地周边和场内排水工作，确保参数准确。

④现场试验时，认真、及时地填写试验过程中的各类数据，以保证填方试验段成果的真实性、可靠性。

(13) 试验结果。

填筑料干密度检测结果汇总见表 3.4。

表 3.4　填筑料干密度检测结果汇总

填筑料源	掺水泥砂卵石填筑料								
铺料厚度/cm	80								
碾压遍数	2+8								
检测项目	湿密度/(g/cm^3)			含水率/(%)			干密度/(g/cm^3)		
试坑编号	1	2	3	1	2	3	1	2	3
单值	2.4	2.4	2.4	3.7	4.7	4.3	2.3	2.3	2.3
平均值	2.4			4.2			2.3		

(14) 施工碾压参数。

根据掺水泥砂卵石碾压试验成果，掺水泥砂卵石填筑碾压试验确定参数如下：

①掺水泥砂卵石填筑采用厚度 80 cm 进行铺筑，碾压 10 遍(静碾 2 遍，振动碾压 8 遍)；

②采用 18 t 自行式振动碾，碾压行车速度控制在 2～3 km/h。

3.2.2　振冲桩试验性施工

过去一般认为振冲碎石桩不适宜加固软弱黏土，被加固的软土需要具有 20 kPa 以上的天然不排水抗剪强度。刘复明等通过试验和研究发现，如果加大置换率，加速桩间土的排水固结，碎石桩仍可在淤泥地基中使用，可提高地基承载力 20%～25%。近年来，利用高置换率振冲碎石桩处理软弱黏土地基的工程实例逐渐增多，但是在大坝坝基处理中却仍然少有应用。本书以沙湾水电站为例，阐述如何利用振冲桩试验性施工来进行软弱坝基的处理。

1. 施工特性

大渡河沙湾水电站根据设计图纸，厂房及冲沙闸基坑开挖工程在坝 0+53.900～坝 0+619.00 范围内在 384 m 高程处遭遇厚度近 10 m 的 Q_3^{al+pl} 纯砂层，根据开挖施工需要，设计采用振冲碎石桩对该地层进行处理，要求当纯砂层厚度小于 10 m 时，桩底深入纯砂层底面以下 1 m 以上，遇基岩时至基岩面为止。本工程设计振冲碎石桩直径 1.0 m，要求采用 75 kW 及以上振冲器振冲，填料为含泥量不大于 5%且最大粒径小于 80 mm 的连续级配砂卵石料。

根据设计图纸要求，本振冲桩工程在正式施工前需进行现场试验以确定最终的设计参数及施工参数。根据《水电水利工程振冲法地基处理技术规范》(DL/T 5214—2016)要求，本工程选定 3 根桩进行现场试验。本工程拟定在坝 0+569.00，384 m 高程处下游三孔(呈三角形布置)为现场试验桩，以取得振冲施工的工艺参数和振冲加固处理后的效果。

2. 施工依据

①设计图纸《沙〔施〕10-1-S-H-4》《沙〔施〕10-1-S-H-6》。

②《水电水利工程振冲法地基处理技术规范》(DL/T 5214—2016)。

3. 施工布置

(1) 施工道路。

振冲碎石桩施工使用基坑开挖施工道路，将工程施工用设备、材料运送至试验工作面。

(2) 施工用水、电。

①供水。

本工程施工用水采用在振冲桩孔 10 m 处基坑内开挖集水坑设置浮船式抽水泵站一座，安装潜水泵供水，供水主管采用 ϕ40 胶管。在泥浆泵附近设置水箱一个，主管供水进入水箱，22 kW 水泵直接从水箱取水。

②供电。

本工程施工用电分别从设置在上下游围堰裹头的变压器直接接取，用 90 mm^2 电缆线引至基坑工作面的配电盘，再分配到各用电设备。

(3) 回填料。

本工程回填料由业主提供，要求填料为含泥量不大于 5%，且最大粒径小于

80 mm 的连续级配砂卵石料。

(4) 施工辅助设施。

①起吊机械:本工程计划采用一台 25 t 汽车起重机起吊振冲器。

②填料机械:为保证施工时及时供料,提高振冲施工效率,本工程计划配置一台 ZL-50 装载机进行填料。

③电气控制设备:本工程电气控制设备布置在施工工作面 384 m 高程泥浆泵站附近,以利施工时的操作控制。

④供水设备:本工程施工供水设备为 22 kW 水泵、水箱、分水盘、压力表等。

4. 振冲试验施工

振冲法加固地基的工艺流程如下:孔位定点→吊车和振冲器就位→打开水阀门和启动振冲器→振冲器振冲贯入地层直达设计深度→清孔→下入填充料并自下而上分段振密→全孔加固结束形成一根桩即转移孔位。

(1) 造孔。

本工程采用一台 ZCQ75 型振冲器造孔。

①振冲桩的桩位按施工图纸要求测定,其孔位偏差符合下列规定:

a. 施工时振冲器喷水中心与孔径中心偏差不大于 5 cm;

b. 振冲造成孔后,成孔中心与施工图纸定位中心偏差不大于 10 cm;

c. 造孔完成后的桩顶中心与定位中心不大于桩孔直径的 20%。

②振冲器贯入地层造孔时,水压保持在 0.5～0.7 MPa,水量为 200～400 L/min,电机的工作电流不能超过额定电流,贯入速度一般为 1.5～2 m/min。

③造孔时注意事项:

a. 振冲施工前对振冲施工机具进行试运行,以保证施工桩体时的连续性;

b. 振冲器贯入地层时要保持垂直,其偏斜不大于桩长的 3%;

c. 振冲器每贯入 1.5～2 m 孔段时,要详细记录每一次造孔电流、水压和时间,直到贯入施工图纸规定的终孔孔深;

d. 当接近设计深度时,振冲器射水压力减小,并在孔底适当停留;

e. 造孔完毕后清孔 1～2 遍。

(2) 填料。

清孔完毕后开始填料,采用自下而上边振边填的方法,根据成孔情况,可采用强制填料法、连续填料法和间歇填料法填料。填料时要注意:

①保持小水量补给,使填料处于饱和状态即可,并从孔口四周均匀下料;

②不能使用单级配填料；

③孔底以上 1～1.5 m 处填料量为施工图纸规定值的 2 倍；全孔填料充盈系数应大于 1.05。

(3) 振密。

振冲桩的密实程度由振冲器电机工作时的电流来进行控制，以保证各个深度上的桩体都达到规定的加密电流值。填料时的加密要符合下列要求：

①加密电流、留振时间、加密段长及填料数量，应符合试桩选定的参数；

②应用电气自动控制系统加密电流和留振时间；

③加密必须从孔底开始，逐段向上，中间不得漏振，加密位置应达到基础高程以上 1.0～1.5 m。桩头部位加密效果不稳定段应铺设一层 20～50 mm 厚的碎石层，以保证桩顶密实度；

④加密电流和方式应采用自升式或冲击式。

本试验拟定的振冲施工参数如表 3.5 所示。

表 3.5　振冲施工参数

振密电流 /A	留振时间 /s	水压/MPa		加密段长 /cm	理论填料量 /m^3
		造孔	加密		
80～85	5～20	0.5～0.7	0.3～0.5	50	0.57

5. 成桩检验

振冲施工结束后，在完工后 7 天进行成桩检验。

成桩合格标准为：桩体动探击数不小于 10 击，桩间土动探击数不小于 7 击，振后桩间土干密度不小于 2.1 g/cm^3。

6. 质量检查和验收

(1) 振冲施工开始前，会同监理工程师复核振冲孔位的现场放样成果，经监理工程师签认后，再进行振冲孔的造孔施工。

(2) 振冲造孔和清孔后，经监理工程师对振冲孔的孔位、孔深、孔斜及清孔进行验收合格后，方可进行下一步施工。

(3) 在振冲填料和加密施工过程中，会同监理工程师按选定的施工加密段长、加密电流、留振时间、填料的级配和质量等进行检查和验收。

7. 主要资源配置计划

(1) 施工人员。

本工程拟投入施工人员 15 人，其中管理及技术工人 5 人，普通工人 10 人。

(2) 施工机械设备。

投入主要施工机械设备见表 3.6。

表 3.6　主要施工机械设备

序号	名称	规格型号	单位	数量
1	装载机	ZL-50	台	1
2	汽车起重机	25 t	辆	1
3	水泵	22 kW	台	1
4	水泵	IS100-65-200	台	1
5	振冲器	ZCQ75	台	1
6	电控箱	75 kW	套	1

8. 施工进度计划

本工程由于设计施工高程为 384 m，施工将随基坑开挖至该设计高程后进行，预计施工工期 30 d(包括动探试验及试验资料整理、试验报告编写)。

3.3　长副坝施工

1. 工程概况

根据安谷水电站工程设计总体布置，工程枢纽区主要由非溢流坝、泄洪冲沙闸、左岸副坝、右岸太平副坝、电站主厂房、尾水渠、船闸等建筑物组成。

右岸副坝轴线总长 4706.00 m，设计洪水标准 100 年一遇，校核洪水标准 2000 年一遇。副坝采用混凝土面板砂卵石坝，坝顶高程 400.70～403.10 m，坝身采用碾压砂卵石填筑，临水面采用钢筋混凝土面板防渗，基础采用混凝土防渗墙防渗。

混凝土面板坝趾板大部分建基于Ⅱ-②层的砂卵石上，趾板下设 60 cm 和 80 cm厚的 C25 混凝土防渗墙，贯穿砂卵石覆盖层，嵌入基岩 1 m。考虑到副坝上下游端需要可靠的防渗封闭，上游端防渗墙向上游延伸 50 m，墙顶高程 400.0 m，下游端顺副坝轴线方向向山体内设 20 m 长帷幕灌浆，并与趾板下防渗墙相接。

2. 长副坝混凝土防渗墙施工工艺

大渡河安谷水电站长副坝沿线地表普遍存在松散的人工堆积结构，其下中密-密实砂卵砾石层强度较高，但砂卵砾石层存在透水性问题。为此，采取了表层人工堆积结构清除，砂卵石层防渗处理，并在长副坝背坡脚设置排水沟的综合处理措施。

该项目地质条件复杂，漂石、孤石含量高，当采用"纯抓法"时易出现塌孔漏浆，平台坍塌及孔内事故。

该地层最常见的施工方法为"钻劈法"，但施工工效低，需要配置的设备多且无法满足进度要求，同时冲击钻施工噪声大，因为邻近城镇及村庄，夜间无法施工。

为了便于施工，满足施工质量进度要求，最终决定采用"钻抓法"，即使用冲击钻机钻进主孔，并用重锤配合抓斗成槽及入岩施工。这种工艺能够充分发挥两种机械的优势：冲击钻机的凿岩能力强，可钻进不同地层，先钻主孔为抓斗开路；抓斗抓取副孔效率高，形成的孔壁平整。抓斗在副孔施工中遇到坚硬的地层时，随时可换上重锤克服。此法比冲击钻机成槽提高工效 1～3 倍，地层适应性比较广。主孔的导向作用能有效地防止抓斗造孔时发生偏斜。重锤配合抓斗成槽的施工工艺流程详见图 3.1。

3. 长副坝混凝土防渗墙施工方法

(1) 槽段划分与护壁泥浆。

本工程施工一期槽长为 7.6 m，二期槽长为 7.8 m，采用膨润土泥浆护壁。

(2) 造孔成槽。

成槽质量不低于如下要求：孔位偏差不大于 3 cm；孔斜率不大于 4‰，遇有含孤石、漂石的地层及基岩面倾斜度较大等特殊情况时，孔斜率应控制在 6‰以内，孔深应符合设计要求。

结合地层、施工强度、设备能力等综合考虑，本工程防渗墙成槽采用"三钻两抓"与重锤配合成槽相结合的方式。上部覆盖层采用重型抓斗成槽；底部基岩采用抓斗或强夯机重凿入岩。

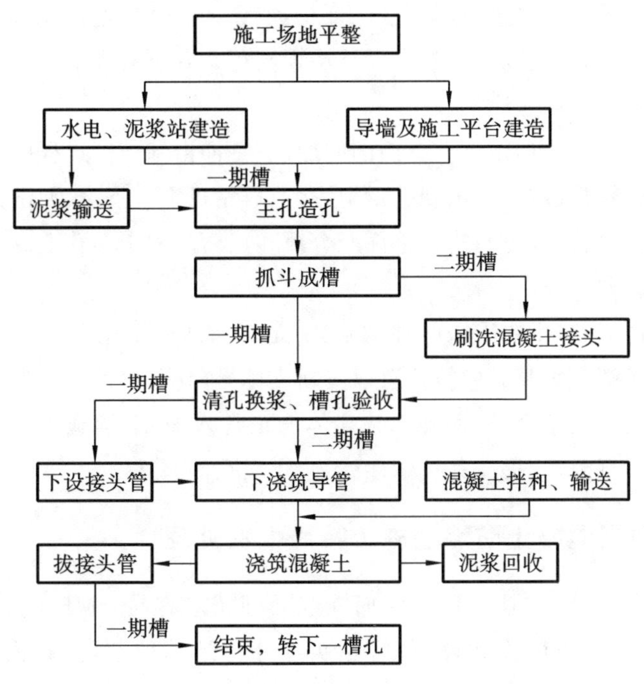

图 3.1 重锤配合抓斗成槽的施工工艺流程

一期槽孔的端孔混凝土拔管后形成二期槽孔的端孔，待相邻的一期槽孔施工完后再回头施工二期槽孔。

(3) 终孔验收及清孔换浆。

槽段清孔换浆结束后 1 h 应达到下列标准。

①槽底淤积厚度不大于 10 cm。

②槽内泥浆密度不大于 1.15 g/cm^3，946/1500 mL 漏斗黏度 32～50 s，含砂量不大于 4%。

③二期槽清孔换浆结束前，分段刷洗槽段接头混凝土孔壁的泥皮，刷洗标准为刷子钻头不再带有泥屑、槽底淤积厚度不再增加。清孔换浆结束后 4 h 内浇筑混凝土，否则重新清孔换浆。二期槽在清孔时，用刷子钻头刷洗接头孔至满足规范要求。

(4) 混凝土浇筑。

采用泥浆下直升式导管法进行混凝土浇筑，混凝土浇筑时在混凝土墙中预埋钢管，用于墙下帷幕灌浆。浇筑时导管埋入混凝土深度保持为 1.0～6.0 m，以免泥浆进入导管内；保持槽内混凝土面均匀上升，上升速度不小于 2 m/h，每 30 min 测定一次混凝土面的深度，保证槽内混凝土面高差控制在 0.5 m 范围内；混凝土防渗墙终浇高程按超过设计墙顶高程 0.5 m 控制。

(5) 施工中的问题及应对。

施工过程中主要出现 3 个方面的问题：一是冲击钻施工过程中，回填平台的砂卵石地层比较松散，多次出现孔口坍塌，造成钻机平台下陷，冲击钻无法施工；二是抓斗施工时孔口坍塌；三是重锤配合抓斗成槽过程中塌孔造成平台下陷、导向槽断裂及合龙。

针对上述问题，主要采取两种措施：一是对二期槽采用双套管支撑方案，即在靠近二期槽端孔垂直导向槽位置以隔断支撑导向槽，使其在出现塌孔空间、平台塌陷时导墙不至于合龙，保证抓斗斗体能正常入槽、继续施工；二是对 MMH 正电胶泥浆进行改进，提高其护壁性能，减少塌孔漏浆。

4. 长副坝混凝土防渗墙施工特殊情况处理

孔底漏浆、基岩与覆盖层接触面漏浆处理相对容易，施工中经过反复的实践，一旦发现浆面下降立即停钻，将钻头或斗体迅速拉起，向孔内加入比例为 1∶1的砂石料与黏土的混合料，效果较好，并且节约了施工成本，避免了因完全回填黏土导致的材料浪费。

孔壁漏浆和孤石、爆破孤石漏浆的处理较为复杂，由于漏浆位置大多处在槽孔中部，靠填入大密度混合堵漏材料直至堵塞渗漏通道的方法，无论是材料用量还是堵漏时间上均不允许。故在堵漏时采取了小密度混合料堵漏的办法，施工中经过反复实践，采取废弃的钻碴混合锯末、膨润土粉和黏土，掺和均匀后投入槽内。掺和时膨润土粉和黏土的掺量要比较大，以不含结块的颗粒状黏土为宜。

针对施工中较严重的个别漏浆塌孔的特殊槽段，应联合采取多种堵漏措施，首先正电胶浆液采取较高黏度的配合比，并且掺加 2%的单向压力封堵剂，存在大的渗漏通道时加入较大粒径的片石与黏土的混合料，效果不明显的情况下回填固化灰浆进行堵漏。

室内配合比试验完成后，在右防-323 号槽段进行了现场施工试验。试验结果证实，槽孔内的固化灰浆凝固、成型效果良好，尤其是在施工相邻的右防-322 号和右防-324 号 2 个二期槽段的过程中未再发生明显的塌孔现象，由此可见，右防-323 号槽段内浇筑的固化灰浆对相邻的 2 个二期槽的孔壁稳定起到了相当重要的作用，同时也证明了，在一期槽内的空孔部分浇筑固化灰浆来支撑和稳定二

期槽孔壁，避免二期槽施工过程中因临空面过大而发生塌孔的方法是可行的。因此，后续施工中继续沿用了此方法，收到了良好效果。

5. 长副坝填筑施工特点

(1) 坝体总填筑量约153.5万 m^3，填筑量大，填筑料源为坝基开挖料，不足部分从料场回采。

(2) 坝体施工在挡枯期围堰保护下进行，受水情影响大，为满足排涝和供水要求，坝体分期分区进行施工。

(3) 坝体填筑战线较长，施工组织难度大，主要在枯期施工，施工强度高，必须加强现场协调。

(4) 坝体填筑道路运输强度较大。

6. 长副坝填筑施工进度及施工分段

本标工程于2011年1月28日开工，2015年5月31日完工。

坝体填筑时，第一段围右岸副坝0＋000～3＋000段。第二段围右岸副坝3＋000～4＋600段。第三段主要进行缺口副坝的施工。

7. 坝体填筑前的施工准备

在副坝填筑施工以前，将基础表面的草皮、树木、杂物、垃圾、淤泥、腐殖土及其他有机质等予以彻底的清除处理，彻底排除副坝填筑基础部位的积水，同时坝基最终开挖线以下的所有勘探坑槽和平洞，均按施工图纸的要求回填密实。最终经监理工程师检查验收合格并签证后方可进行填筑施工。完成上述工作后，采用18 t振动平碾碾压6～8遍，进行坝基承载力测试后，方可进行副坝填筑。

8. 筑坝施工方法

(1) 砂卵石施工面分块。

为实现副坝堆石区填筑流水作业，沿纵轴线方向分为1～4个填筑工作面进行施工，每个条带控制宽度为80～110 m。在施工过程中，严格根据块石区分块进行填筑碾压施工，以实现块石料施工的流水作业，保证工作面通畅。

(2) 砂卵石填筑。

①施工放线。

根据施工图纸逐层放出各区的分界线，为保证边缘压实度，在上下游面预留超填量，以保证下游边线碾压密实。整个砂卵石在上下游坡面法线方向超填60～80 cm。

②铺料平仓。

自卸汽车运料至现场在填筑工作面的前沿（离端点2～3 m处）卸料，采用进占法铺料，TY320（235 kW）型推土机推料摊铺平仓，使仓面基本平整，起伏差不超过10 cm，层厚不超过设计要求，层厚采用标尺控制，标尺放在离卸料端前2～4 m。根据实际施工情况及碾压机械的性能，坝体主砂卵石铺筑分层厚度为80 cm，其水平宽度向外超填60～80 cm，以便填筑完成后进行削坡。坝体主砂卵石与垫层料相接时，相邻层次间应做到材料界限分明，并做好接缝处的连接，防止层间产生过大的错动或混杂现象，在斜面上的横向接缝收成1∶2的锯齿状斜坡。

填料之间的接头连接平整，非接头处注意收坡。块间的虚坡采取台阶式接坡方式或将接坡处未压实的虚坡石料挖除，块间接触部位采用骑缝碾压的方法碾压密实。

③洒水。

坝体砂卵石填筑碾压时根据碾压试验得出的加水量充分洒水，加水应在碾压开始前进行一次，然后边加水边压实，加水必须均匀、连续、不间断。

④碾压。

大面采用YZ16E（16 t）型振动平碾碾压，接头处、岸坡地形突变或坡度过陡的地方适当修整边坡并使用振动平碾尽量碾到位，其他局部狭小的边角部位采用BW75S型手扶式振动碾碾压密实。严禁无振碾压、欠碾和漏碾，每单元碾和终碾处，用进退不错距加碾6遍，工作面之间交接处进行搭接碾压，搭接宽度为0.5 m。振动碾平行副坝轴线方向行走，采用进退错距法碾压，且在进退方向上依次延伸至每个单元，不宜错开，每次错距30 cm，振动碾压6～8遍，行走速度采用1挡，控制在2～3 km/h。

坝体的坡面修整以机械为主、人工为辅。削坡分层为坝体主砂卵石填筑每3 m一层。配以激光导向仪、经纬仪在坡面上放出控制点并标出高程（高于设计10 cm）。

机械修坡时指派专人指挥CAT330C型液压反铲进行削坡施工，严格控制超挖和欠挖；对局部边角部位及其他机械无法运行的部位采用人工配铁锹、锄头等进行修坡，对超、欠挖部分进行回填或挖除。修整后的边坡预留10 cm厚的保护层，使碾压后的边坡基本达到设计轮廓尺寸。碾压后的坡面在垂直方向上不

超出设计边线5 cm,深度超过15 cm的凹坑,面积较小的采用垫层料回填压实,对于面积较大的采用砂浆回填密实。经削坡处理后的边坡应力求平整顺直,无陡坎、无凹凸、无孔洞、无松散块体及其他杂物堆积。

⑤块间及岸坡接坡处理。

由于堆石区填筑面较大,在施工过程中,采用分块分区进行填筑。在进行块间结合部位填筑时,由于压实机械无法对其碾压密实,因此,在施工中必须对其进行处理:在已填筑区边缘接缝处预留1.5～2 m条带,在进行相邻块填筑时,先进行块间结合部位填筑,在填筑完成后,对预留块及结合部位实行跨缝碾压,以保证结合部位碾压密实,达到设计要求。在进行块石料填筑时,与岸坡结合部位可采用顺岸坡方向碾压,以保证结合部位碾压密实。边角凸出部位可采用BW75S手扶式振动碾碾压,碾压参数必须经过监理工程师确认,同时,须保证接坡部位碾压达到设计要求。

⑥坝坡超填碾压。

永久坝坡不采用斜坡碾,在施工中比设计边坡超填50～80 cm,用26 t振动平碾碾压合格,保证坝坡边缘的压实效果,然后再放设计边线,超填部分采用CAT330反铲回采。

⑦坝内"之"字形临时施工道路的处理。

坝体填筑料受料源及填筑区技术要求限制,上坝料通过坝体上、下游坡面布置的"之"字形临时施工道路进入施工填筑作业面。"之"字形临时施工道路宽10～12 m,在完成道路使命后,从下到上按设计要求填筑,与先填的堆石区要预留台阶或开磴,保证结合面的碾压质量。

9. 反滤料填筑

反滤料来自砂石加工系统。坝体反滤料主要采用ZL50C装载机装车,20 t和15 t自卸汽车运输直接上坝。

(1) 铺料平仓。

自卸汽车运料至反滤料边缘的过渡料区上侧方进行卸料,TY220型推土机推料摊铺,使仓面基本平整,起伏差不超过10 cm,层厚不超过设计要求,层厚采用标尺控制,标尺设放在反滤料区边缘的前层基础上。采用推土机对反滤料摊铺完成后,采用CAT330型液压反铲对反滤料两侧的反滤料超填部分进行收坡施工,以保证反滤料的水平宽度。左右岸坡接头处、局部坡度较陡或狭小的边角部位采用人工辅助施工。根据实际施工情况及碾压机械的性能,反滤料铺筑分层厚度由试验确定，其水平宽度向外超填 20～30 cm。反滤料与过渡料、砂卵石相接时，相邻层次间应做到材料界限分明，并做好接缝处的连接，防止层间产生过大的错动或混杂现象，避免污染和浪费，在斜面上的横向接缝收成 1∶1 的锯齿状斜坡。

（2）碾压。

大面采用 YZ16E(16 t)型振动平碾碾压，左右端与岸坡接头处等局部边角部位采用 BW75S 型手扶式振动平碾碾压密实。严禁无振碾压、欠碾和漏碾，每单元碾和终碾处，进退不错距加碾 6 遍，工作面之间交接处进行搭接碾压，搭接宽度为 0.3 m。振动平碾的行驶方向以及铺料方向平行于副坝轴线，以进退错距法碾压，且在进退方向上依次延伸至每个单元，保证连续施工，每次错距 30 cm，振动碾压 4～6 遍，行走速度采用 1 挡，控制在 2～3 km/h。振动碾的工作质量、频率、振幅应及时标定，确保其始终保持良好的性能和状态投入运行。

10. 特殊垫层料填筑

趾板混凝土强度达到 70%和固结灌浆结束后，进行该区料的填筑。

特殊垫层区料由砂石加工系统加工。因断面小，铺筑层薄，故采用 15 t 自卸汽车运输，按设计断面和铺筑层厚人工铺料。

该区域铺料顺序：先填筑第一层小区料，压实；再铺筑第二层小区料；然后铺筑垫层料和过渡层料，再一起压实。重复以上过程，累计层厚达设计要求后，铺筑一层主堆石，再一起进行压实，直到填筑完成。

特殊垫层料铺平后，采用安装有水表的胶皮水管人工均匀洒水，加水量由现场试验确定。特殊垫层料采用 CM80 型液压振动平板分层压实。

11. 雨季坝体填筑施工方法

（1）日降雨量大于 5 mm 时应停止黏土等料物的填筑施工。

（2）在临时堆料场、填筑区的四周及其上部边坡的顶部设置排水沟，有效防止雨水流入填筑工作面，并采取覆盖防雨措施。

（3）坝体上下游填筑面应分别向上下游倾斜一定的坡度(倾斜坡度可取 1%～2%)，以利排除坝面积水。

（4）在防渗体填筑面上的大型施工机械，雨前应开出填筑面，并停放在坝区。

（5）下雨或雨后严禁践踏坝面，严禁车辆通行。

(6) 雨前以振动平碾等快速压实表层松土，并注意保持填筑面平整，以防积水和雨水下渗，并妥善铺设防雨层(采用双面涂塑帆布遮盖)，布置截水沟、排水沟等，雨后填筑面应晾晒或处理，经检查合格后方可复工。

12. 低温季节坝体填筑施工方法

(1) 冬季填筑施工采取快速连续作业，尽量缩短铺料、洒水、碾压等工序之间的间歇时间。在负温下，填筑料不得洒水，通过调整爆破参数及混装炸药等技术，通过改变装药结构改善开采填料的级配、适当降低分层填筑厚度、增加碾压遍数等措施，保证填筑质量。

(2) 负温下施工，应做好压实土层的防冻保温工作，主要采用双面涂塑帆布加柔性泡沫板保温覆盖，避免土层冻结，增加有效填筑时间。

(3) 在冬季施工中，加强天气预报，若出现雨雪天气，及时在雨雪来临前采用双面涂塑帆布加柔性泡沫卷材对基础黏土等料物进行覆盖保温，防止土料冻结，在雨雪停止后，及时清理帆布上的雨雪，尽快恢复施工。

①在备冬季填筑料时，选择在设计允许范围内，砾石含量偏大的土料。

②采用双面涂塑的双层帆布加 1.5 cm 厚的柔性泡沫卷材覆盖土料，做好保温防冻结措施，并测试当地土料在上述材料覆盖下的冰点，作为夜间停止土料施工的控制温度。根据项目部在硗碛副坝填筑的经验，采取上述措施，覆盖下的土料比外部温度高 2～4 ℃，能有效地防止土料冻结，在－10 ℃时，填土表面 2～3 cm 仅局部出现冰晶现象。

③为了能及时上坝，充分利用当地昼夜温差大的特点，在白天气温回升时，视天气情况处理坝面出现结冰现象的土料。天气晴好时，将结冰土料用推土机集中到心墙的一施工分区进行晾晒，全面解冻后重新填筑；天气阴沉无法晾晒时，将该部分土料用推土机集中，再装车至堆场处理，后期解冻后上坝。

13. 坝体填筑质量保证措施

(1) 在坝体填筑施工中，积极推行全面质量管理，建立健全施工质量保证体系和各级责任制。严格按照设计图纸、修改通知、监理工程师指示及有关施工技术规范进行施工。对工程质量严格实行“初检、复检、终检”的三检制。

(2) 采用先进的 SCB 激光测量仪测放点线，严格控制填筑边线和坝体的轮廓尺寸。

(3) 填筑施工前要精心进行填筑施工组织设计的编制和填筑碾压参数的设

计，以确定合理的含水率、铺料厚度和碾压遍数等参数并报经监理工程师审查批准，具体的实施过程中再通过现场碾压试验不断优化调整，使其尽量达到最优。

(4) 建立现场中心试验室，配备足够的专业人员和先进的设备，严格控制各种坝体填料的级配并检测分层铺料厚度、含水率、碾压遍数及干容重等碾压参数，保证在填筑过程中严格按照制定的碾压参数和施工程序进行施工。

(5) 对副坝建基面，在进行填筑施工前，必须根据基础地面的具体情况，将基础表面的浮碴、碎屑、松动岩石、草皮、树木、杂物、残碴、垃圾、腐殖土及其他有机质等予以彻底的清除处理，最后清除仓面积水，经监理工程师检查验收合格并签证后方可进行填筑施工。

(6) 碾压施工过程中要严格按照规范规定或监理工程师的指示进行分组取样试验分析，做到不合格材料不上坝，下面一层施工未达到技术质量要求不得进行上面一层料物的施工。

(7) 设置足够的排水设施，有效排除工作面的积水并防止场外水流进填筑施工工作面以内，确保干地施工；雨季施工还要做好防雨措施，确保填筑施工质量。

(8) 施工后的坝体边坡应平整、顺直、洁净、均匀、美观，不得有反坡、倒悬坡、陡坎尖角等，坡面的杂物及松动石块等必须清除或处理。

(9) 填筑料的质量必须满足设计和相关规范规定要求，施工过程中应重点检查各填筑部位的坝料质量、填筑厚度和碾压参数、碾压机械规格、重量(施工期间对碾重应每季度检查一次)；检查碾压情况，以判断含水量、碾重等是否适当；检查层间光面、剪切破坏、弹簧土、漏压或欠压层、裂缝等；检查与坝基、岩坡、刚性建筑物等的结合以及纵横向接缝的处理与结合。

(10) 坝体压实检查项目和取样试验次数应参照《碾压式土石坝施工规范》(DL/T 5129—2013)，质量检查的仪器和操作方法应按《水电水利工程土工试验规程》(DL/T 5355—2006)进行，取样试坑必须按坝体填筑要求回填。

3.4 变体型闸墩滑模

1. 工程概况

安谷水电站进口闸墩标准段设计为 4 孔，每孔闸墩包括 2 个边墩和 2 个中墩，中墩宽 2.8 m，底板高程为 346.556 m，顶部高程为 400.7 m，墩高为 54.144

m,在高程 364.556 m 处设计有胸墙底梁及门楣,下游侧与厂房压力墙连为一个整体。主厂房结构布置图见图 3.2,闸墩的平面布置图见图 3.3。

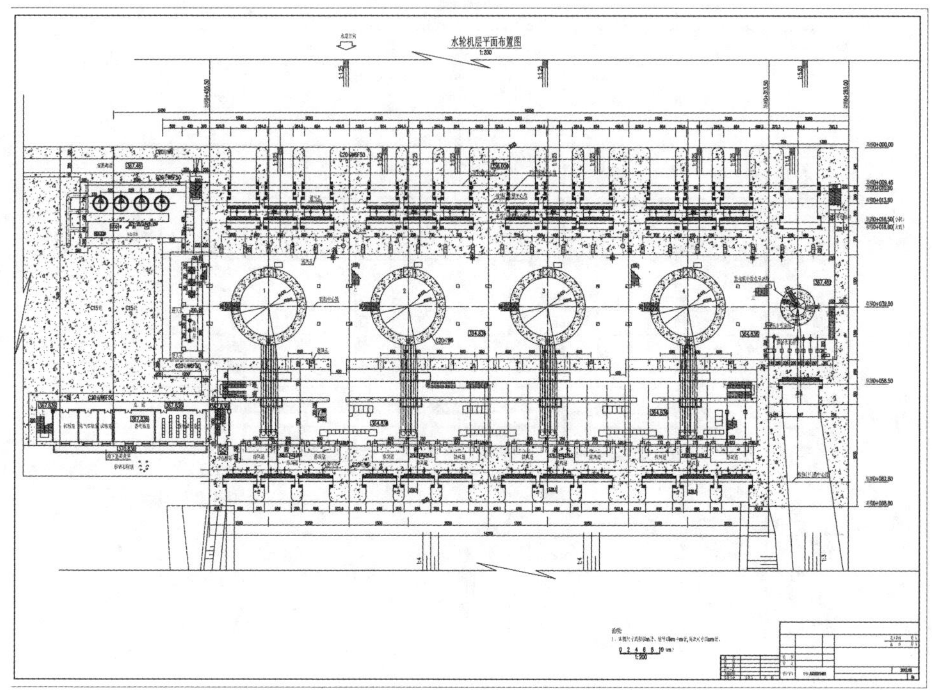

图 3.2 主厂房结构布置图

2. 施工重点与难点

(1) 施工重点。

①滑模单元划分按一台机组 2 个中墩和 3 道胸墙为一个施工单元,单米最大混凝土量为 130 m^3,采用泵送混凝土,重点要做好混凝土坍落度、初凝时间的控制,建议混凝土的初凝时间不小于 8 h。

②受天气、混凝土性能的制约,对混凝土的坍落度、初凝时间要求比较高,重点要做好现场试验并及时调整、控制。

③明确入仓混凝土的下料顺序和铺料厚度,保证混凝土铺料均匀。

④做好铜止水的安装精度和焊接质量,确保铜止水的可靠性。

(2) 施工难点。

①滑模施工中门槽比较多,插筋预埋量大,如插筋在模板上开槽,模体设计与插筋施工难度非常大,建议门槽插筋变更为钢板埋件。

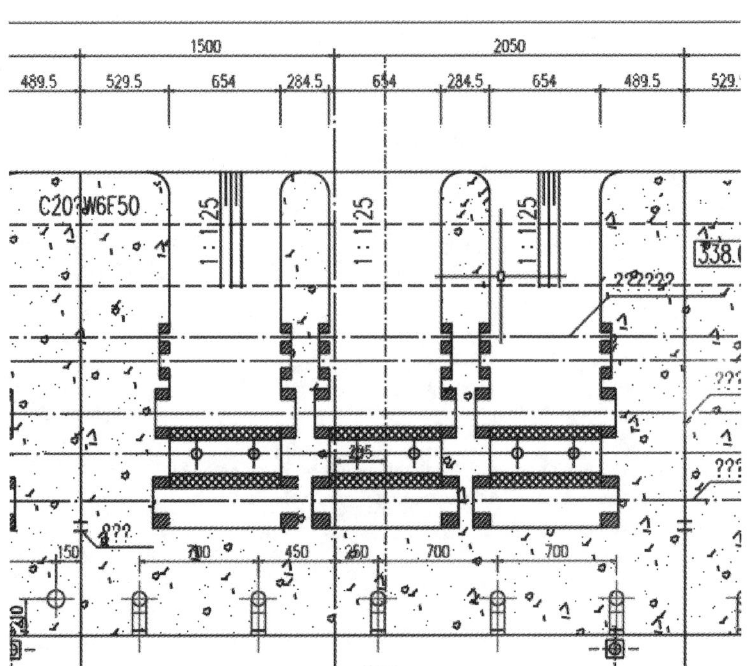

图 3.3 闸墩的平面布置图

②在高程 364.556 m 处设计有门楣底梁,底梁施工与滑模施工干扰大。

③滑模系统复杂,设计制作与运行控制难度大。

(3) 须设计、监理批准事项。

①建议门槽插筋变更为钢板埋件。

②根据强度代换原则,建议以爬杆代替相应位置的设计钢筋。

③调整竖向钢筋和横向钢筋施工位置,竖向钢筋位于靠模板侧。

④中墩顶部的悬挑牛腿采用预留台施工。

⑤门楣及底梁滑模时预留槽,二期施工。

3. 滑模施工

1) 滑模组装

闸墩滑模模体按照设计图纸在综合加工厂加工,模体加工完成后在进口挡砂池平台进行组装。滑模设计的平面图见图 3.4。

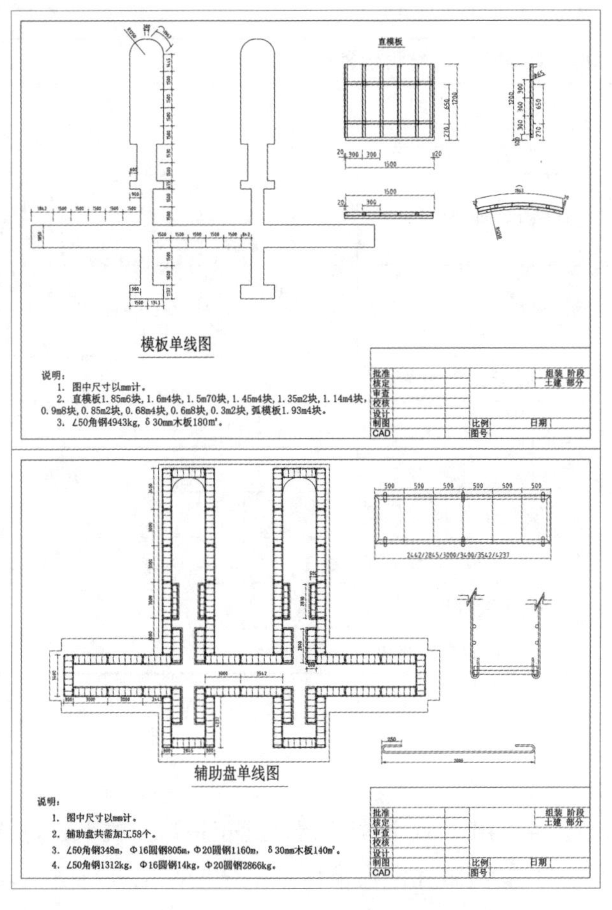

图 3.4　滑模设计的平面图

待进口中墩混凝土浇筑到 352.516 m 高程处且具备滑模组装条件后，先进行测量放线，把控制线放到已浇筑完成的混凝土面上，找出各墩的设计边线。以已浇筑混凝土边线最高点为基准点，找出一水平面，用[12 槽钢与预留钢筋焊接形成模体安装平台。滑模桁架梁吊装到平台上找正并固定，滑模组装的顺序为桁架梁→提升机→液压系统→模板→铺盘。安装千斤顶爬杆形成支撑后，将[12 槽钢平台拆除并进行模板封堵。第一次起滑时爬杆的根部与预留的苗子筋焊接连接。以上准备工作完成后，进行一次联合验收，合格后进行钢筋的绑扎，做滑模开盘准备工作。滑模系统安装的允许偏差要满足表 3.7 的要求。

表 3.7　滑模系统安装的允许偏差

内容		允许偏差/mm
模板装置中线与结构物轴线		3
主梁中线		2
连接梁、横梁中线		5
模板边线与结构物轴线	外露	5
	隐蔽	10
围圈位置	垂直方向	5
	水平方向	3
提升架的垂直度		≤2
模板倾斜度	上口	+0,−1
	下口	+2
安装千斤顶的位置		5
圆模直径、方模边长		≤2
相邻模板的平整度		≤2
操作盘的平整度		10

2）混凝土施工

(1) 概述。

混凝土水平运输采用 6 m^3 混凝土罐车运至进口门机平台，垂直运输采用混凝土输送泵为主，门机为辅，在滑模模体上搭设混凝土分料系统，经分料槽分区分层浇筑。

(2) 施工准备。

采用门机作为滑模准备期间材料的提升设施。

①施工准备。

根据现场实际情况，先完成水、电线路的布设，再完成滑模组装施工平台。

②基础面凿毛、冲洗。

在滑模组装前，对已浇筑的混凝土面进行凿毛并保证符合技术要求。

③滑模制作组装。

对滑模进行组装。

④千斤顶试验编组。

首先对千斤顶进行耐压试验，加压 120 kg/cm^2，5 分钟不渗不漏；其次进行

空载爬升试验，调整行程 40 mm；最后进行负荷爬升试验，加荷 5 t，记录支撑杆压痕和行程大小，将行程相近的编为一组。因施工用千斤顶，按一般要求备用一部分，且经常检修，还应备用如上卡头、排油弹簧、楔块、楔块保持架、密封圈、卡环、下卡头等零部件。

⑤滑模调试。

滑模组装检查合格后，安装千斤顶液压系统，插入爬杆并进行加固，然后进行试滑升 1～2 个行程，对提升系统、液压控制系统、盘面及模板变形情况进行全面检查，发现问题及时解决，确保施工顺利进行。

⑥测量放线。

待混凝土表面冲洗干净，达到组装条件后，进行测量放线工作，由测量队给出设计轮廓线和十字中心线。

(3) 滑模施工的特点和过程。

滑模施工的特点是钢筋绑扎、混凝土浇筑、滑模滑升平行作业，各工序连续进行互相适应。混凝土现场入仓坍落度控制在 11～13 cm，混凝土强度达到 0.2～0.4 MPa，所需时间为 8～10 h。

①钢筋绑扎、爬杆延长。

模体就位后，按设计进行钢筋绑扎、焊接，爬杆的保护层与结构竖向钢筋的保护层设计一致，爬杆接头对齐焊接内置 ϕ38 钢管套管芯，不平处用角磨机找平，接头露出千斤顶后加帮条焊接，搭接及焊接要符合设计规范要求。滑升施工中，混凝土浇筑后必须露出最上面一层横筋，钢筋绑扎间距符合要求，每层水平钢筋基本上呈一水平面，上下层之间接头要错开。竖筋间距按设计布置均匀，接头按 3 层错开，正常立筋全部为 4.5 m。

爬杆在同一水平内接头不超过 1/4，因此第一套爬杆要有 4 种以上长度规格(3 m、4 m、5 m、6 m)，错开布置，正常滑升时，每根爬杆长 3.0 m，要求平整无锈皮，当千斤顶滑升距爬杆顶端小于 350 mm 时，应接长爬杆，爬杆同环筋相连并焊接加固。

②混凝土运输。

滑模施工用混凝土由中心场拌和系统提供，搅拌车运到现场，由混凝土泵或门机把混凝土罐提供至滑模盘上的分料槽，然后通过分料槽、竹节筒缓冲后入仓。

③钢筋垂直运输。

加工好的钢筋采用门机进行垂直运输，吊放到滑模盘指定的位置。

④混凝土浇筑。

滑模施工按以下顺序进行：下料→平仓振捣→滑升→钢筋绑扎→下料。混凝土的浇筑顺序为从上游侧循序向下游施工，滑模滑升要求对称均匀下料，正常施工分层厚度为 30 cm，采用插入式振捣器振捣，经常变换振捣方向，并避免直接振动爬杆及模板，振捣器插入深度不得超过下层混凝土内 50 mm，模板滑升时停止振捣。滑模施工时根据施工现场混凝土初凝时间、混凝土供料、施工配合等具体情况确定合理的滑升速度，分层浇筑间隔时间一般最大不超过 3 h。正常滑升每次间隔时间为 1 h，控制滑升高度 15 cm，日滑升高度控制在 3 m 左右。

混凝土初次浇筑和模板初次滑升时，第一次浇筑 30 mm 砂浆，接着按分层 300 mm 浇筑两层，厚度达到 630 mm 时，开始滑升 30～60 mm，检查脱模的混凝土凝固是否合适，第四层浇筑后滑升 150 mm，继续浇筑第五层，滑升 150～200 mm，第六层浇筑后滑升 200 mm，若无异常情况，便可进行正常浇筑和滑升。

模板初次滑升要缓慢进行，并在此过程中对提升系统、液压控制系统、盘面及模板变形情况进行全面检查，发现问题及时处理，待一切正常后方可进行正常浇筑和滑升。

⑤模板滑升。

施工进入正常浇筑和滑升时，应尽量保持连续施工，并设专人观察和分析混凝土表面情况，根据现场条件确定合理的滑升速度和分层浇筑厚度，脱模强度控制在 0.2～0.4 MPa。依据下列情况进行鉴别：滑升过程中能听到“沙沙”的声音，出模的混凝土无流淌和拉裂现象，手按有硬的感觉，并留有 1 mm 左右的指印，能用抹子抹平。滑升过程中有专人检查千斤顶的情况，观察爬杆上的压痕和受力状态是否正常，检查滑模中心线及操作盘的水平度。

⑥表面修整、凿毛及养护。

混凝土表面修整是关系到结构外表和保护层质量的工序，当混凝土脱模后，须立即进行此项工作。一般采用抹子在混凝土表面作原浆压平或修补，如表面平整亦可不做修整；中墩设计的门槽较多，门槽二期混凝土相应位置在滑模施工时进行混凝土面的凿毛处理；为使已浇筑的混凝土具有适宜的硬化条件，减少裂缝，在辅助盘上设洒水管对混凝土进行养护。表面修整及养护均采用滑模的辅助盘作为施工平台。

⑦滑模施工中常见问题及处理。

滑模施工中常见问题有滑模操作盘倾斜、滑模盘平移、扭转、模板变形、混凝土表面缺陷、爬杆弯曲等，其产生的根本原因在于千斤顶工作不同步、荷载不均

匀、浇筑不对称、纠偏过急等。因此，在施工中首先把好质量关，加强观测检查工作，确保良好运行状态，发现问题及时解决。

在滑模滑升的过程中，为了确保将滑模运行时的偏差控制在规范允许的范围内，施工中要做好以下几个方面的工作。

a. 保证滑模模体的制作安装精度、组装精度在规范的允许范围内。特别是模板锥度必须一致，防止锥度误差造成滑模提升时产生模板偏斜或旋转。

b. 滑模施工应加强观测，及时发现偏差，在允许范围内将偏差及时纠正，避免纠偏过急。当滑模的偏差在 1 cm 以内时，加强测量，若超过 1 cm 则分析偏差产生的原因，及时采取纠偏措施。当滑模的偏差超过 1.5 cm 时，要采取强制纠偏措施。

c. 滑模正常施工应加强模板水平控制，确保滑模体垂直上升，在每根爬杆上间隔 30 cm 设专人严格操作出一个水平面，把滑模千斤顶的爬升限位器固定在水平面上，保证滑模千斤顶在一个 30 cm 的爬升高度内自动找平，保证了滑模的垂直上升。严格控制滑模千斤顶的爬升行程，在滑升中及时观察测量，发现偏差通过千斤顶上端的行程调节套进行调整，确保每个行程所有的千斤顶的上升高度一样，出现问题的千斤顶应及时更换。

d. 严格控制混凝土的入仓分层厚度，确保每次混凝土的分层厚度为 30 cm 左右，保证模体上口的混凝土强度一致，摩擦力均匀分布。

⑧测量控制。

a. 重锤法。此方法是滑模施工测量中最常见的方法，即在滑模的 4 个角布置 4 根钢丝垂线，钢丝上端缠绕在线车上，线车固定在滑模盘上，钢丝下端通过固定的测量框内，通过比较钢丝到边框的相对位置，掌握滑模的位移状况。设专人每 2 h 对测量钢丝校核一次，做好记录，及时掌握滑模的运行状况，发现问题及时处理。

b. 全站仪测量法。通过用全站仪对滑模特殊部位的观测，与设计位置进行比较，以校核滑模的运行状况。

⑨滑模拆除。

滑模滑升至指定位置时，将滑模滑空后，利用门机进行拆除。根据现场门机的最大起重能力及滑模结构要求，滑模模体设计成可拆卸的 5 大部分，最大部分的重量为 15 t，各部分之间采用钢板连接，滑模模体拆除时应注意以下事项。

a. 编制滑模模体拆除专项安全措施，并要求所有模体拆除人员贯彻执行。

b. 成立模体拆除小组，必须在拆除小组组长的统一指挥下进行。

c. 模体拆除操作人员必须佩戴安全帽及系好安全带。

d. 模体拆除前先采用[12 槽钢及 ϕ25 钢筋进行加固，在墩墙转角部位用[12 槽钢垫在模体的下面，形成对模体的直接支撑。

e. 模体拆除前把模体上剩余的材料、设备利用门机吊下，尽量降低被拆除模体的单块重量，被拆卸的滑模部件起吊前要严格检查，捆绑牢固后吊移至指定位置。

f. 起吊用的钢丝绳与模体构件接触部位要采用木方、胶皮等保护材料隔离，以防损伤钢丝绳。

g. 模体起吊作业范围内严禁有人通过或走动。

3）与滑模施工相关结构的处理

（1）铜止水施工。

铜止水的施工质量非常关键，直接关系到厂房的止水问题。为确保铜止水的安装精度和施工质量，滑模设计时重点给予了考虑。按照铜止水的设计尺寸在滑模模板的相应位置上开槽，铜止水的鼻子靠模板侧用∠50 角钢设计一个卡槽，角钢上铆一层橡胶条，靠钢筋侧用 ϕ12 钢筋焊丁字撑固定。

（2）门楣梁窝施工。

中墩胸墙在高程 367.656 m、373.556 m 处设计有门楣。滑模施工时在胸墙上的门楣采用预留梁窝的形式，模板材料采用免凿毛快易收口网。根据门楣牛腿钢筋的锚固长度来预留门楣窝的深度，门楣的八字筋全部预留到二期施工。板槽模板支立时，利用 ϕ25 的钢筋做骨架，快易收口网固定在钢筋骨架上。

（3）悬挑牛腿施工。

闸墩上游侧在高程 398.2 m 处设计有一悬挑牛腿，滑模施工时做预留槽处理，待滑模结束后二期浇筑。

（4）门槽插筋（锚板）施工。

为了方便滑模施工，门槽预埋插筋采用一级钢或锚板施工，滑模时随滑模的上升，按设计要求埋设。一级钢插筋埋设时紧贴滑模的模板，与钢筋焊接固定，待插筋从滑模模板内脱出后，在辅助盘对其进行回直；预埋钢板与预埋插筋类似，待其从模板脱出后把锚板上黏结的混凝土处理干净。

4. 技术要求

(1) 滑模施工各工种必须密切配合,各工序必须衔接,以保证连续均衡施工。施工前,对混凝土的配合比、外加剂进行试验,确定混凝土的坍落度、初凝时间,为滑模做好技术准备。

(2) 安装完毕的滑模,应经总体检查验收后,才允许投入生产。从滑模组装到混凝土浇筑施工,严格按照闸墩设计边线进行控制,确保其垂直度、偏差符合施工质量技术要求。

(3) 严格按照分层、平齐、对称、均匀的原则浇筑混凝土,各层浇筑的间隔时间不得超过允许间隔时间。每次浇筑高度控制在300 mm。振捣混凝土时,不得将振捣器触及支撑杆、预埋件、钢筋、模板,振捣器插入下层混凝土的深度,宜为50 mm左右,模板滑动时严禁振捣混凝土。在浇筑混凝土过程中,应及时把黏在模板、支撑杆上的砂浆,钢筋上的油渍和被油污的混凝土清除干净。

(4) 对脱模后的混凝土表面,必须及时修整,及时洒水养护,养护期一般不少于14 d,重要部位不应少于28 d。

(5) 每次浇筑后必须露出最上面一层横筋,钢筋绑扎间距符合要求,每层钢筋基本上呈一水平面,上下层之间接头要错开,竖筋间距按设计布置均匀,相邻钢筋的接头要错开,在同一水平面的钢筋接头数应小于总数的1/3。

(6) 混凝土施工期间的预埋件应精心施工,预埋件不得超出混凝土浇筑表面,其位置偏差应小于20 mm,必须安装牢固,出模后应及时使其外露。

(7) 在滑升的过程中,每2 h要进行一次测量工作,发现问题及时处理。每次滑升前应严格检查并排除妨碍滑升的障碍物。

(8) 交接班应在工作面进行,了解上班滑升情况和发现问题,制定本班的滑升方式,并滑升2～3个行程进行测定。

(9) 加强设备的使用和维护工作,控制箱在每次滑升前油泵空转1～2 min,给油终了时间20 s,回油时间不少于30 s,在滑升过程中应了解设备运行状态,有无漏油和其他异常现象,工作不正常的千斤顶要及时更换,拆开检修备用。

(10) 因故停止浇筑混凝土超过2 h,应采取“紧急停滑措施”并对停工造成的施工缝认真处理;严寒季节进行滑模施工,应根据具体情况和气候条件,制定相应的保温措施。

(11) 滑模施工中采取防雨措施。在滑模上备用彩条布,在下雨时对仓号混凝土进行覆盖,仓号积水及时清除。

3.5 连接坝段施工

1. 连接坝段上部结构施工概况

根据施工蓝图——船闸上引航道外导墙至右岸护坡连接坝心墙坝结构布置图,围堰上部(384.8～400.7 m 高程)采用塑性混凝土心墙防渗,墙体厚 80 cm,墙体两侧为 1.5 m 厚砂卵石垫层。坝体迎水面为 50 cm 厚 C25 混凝土面板,面板高程为 376.00～400.7 m。坝体上游与泊滩堰取水闸相接,接头处设有一道铜片止水;下游与船闸一期外导墙相接,采用嵌入式结构形成整体防渗体系。

塑性防渗墙具有弹性模量小、变形性能好的特点,但因其强度低,在现浇塑性混凝土防渗墙施工中,其一次性成墙高度受壁厚影响大,且伴随填筑体施工,考虑到填筑时振动碾压对塑性混凝土防渗墙的不利影响,防渗墙一次浇筑高度控制在 1.2～1.5 m,其强度要求满足进行填筑体的碾压施工,因此施工进度受到极大限制。为保证整体施工进度,通过防渗形势调整降低进度控制与防渗墙质量控制风险。现提出如下方案。

2. 方案一:坝体上部通过连接板调整为混凝土面板防渗

此方案在 384.8 m 高程处利用 1.2 m 厚 C25 混凝土连接板将防渗体由防渗墙引至面板侧,面板间结构缝增加铜片止水和橡胶止水,形成整体防渗体系。表 3.8 所示为方案一工程量统计。方案一结构形式如图 3.5 所示。

表 3.8 方案一工程量统计

项目名称	单位	工程量	单价/元	合价/元	备注
塑性防渗墙	m^2	－3990.9	480.19	－1916390	
过滤料填筑	m^3	－11596.2	53.32	－618309	
现浇 C25 混凝土防渗墙	m^3	200.8	431.71	86687	
C25 混凝土连接板	m^3	8300	308.27	2558641	
铜片止水	m	1803	764.89	1379097	
C15 混凝土挡墙	m^3	2000	257.72	515440	暂估
钢筋制安	t	60	6300	378000	
合计				2383166	

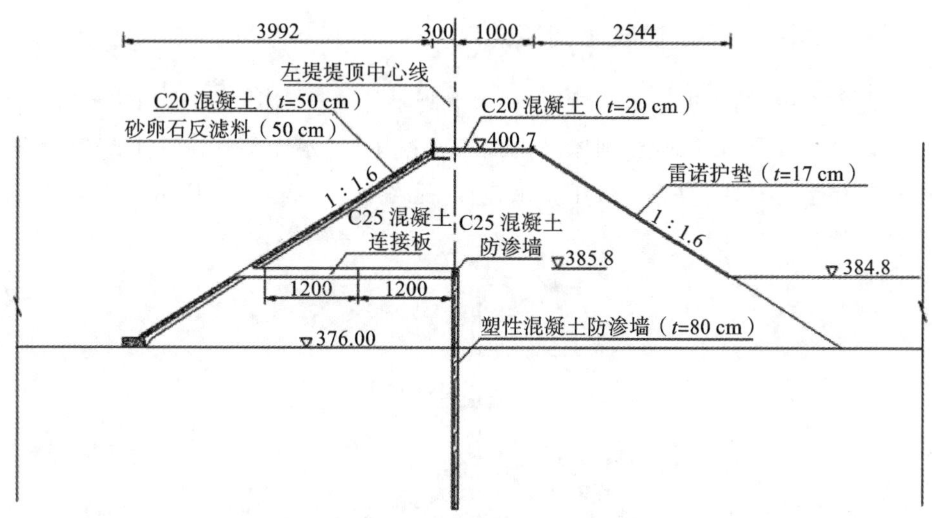

图3.5 方案一结构形式(尺寸单位:cm,标高单位:m)

此方案中,因采用面板防渗,在与船闸导墙接头位置处,为保证防渗体系严密,且水流平顺,无法按照原设计方案中裹头方案实施,须采用异型混凝土挡墙相接。

3. 方案二:采用黏土心墙防渗

此方案中,外侧混凝土面板结构形式不变,采用C25混凝土防渗墙将现塑性防渗墙向上续接2 m至386.8 m高程处,并在上游与泊滩堰闸室段、下游与船闸外导墙连接段为保证与原有止水形式相接,采用现浇刚性防渗墙延轴线方向续接5 m。其余部位塑性防渗墙采用2 m黏土心墙代替,心墙两侧仍然采用1.5 m厚过滤料,形成防渗体系。方案二工程量统计见表3.9。

表3.9 方案二工程量统计

项目名称	单位	工程量	单价/元	合价/元	备注
塑性防渗墙	m^2	−3349.9	480.19	−1608588	
现浇C25混凝土防渗墙	m^3	641	431.71	276726	
铜片止水	m	267	764.89	204226	
黏土填筑	m^3	7981	90	718290	暂估
合计				−409346	

注:因黏土取料场选择、运距、购买成本的不确定因素影响,暂估单价按90元考虑。

4. 方案三:采用混凝土挡墙防渗

此方案中,缩小坝体体型结构,利用混凝土挡墙自重进行挡水和防渗,混凝土挡墙位于砂卵石基础上,坝体采用 C15 混凝土,迎水面基础设置 1 m 厚铺盖与面板相接,挡墙结构缝间采用止水连接,见图 3.6。表 3.10 所示为方案三工程量统计。

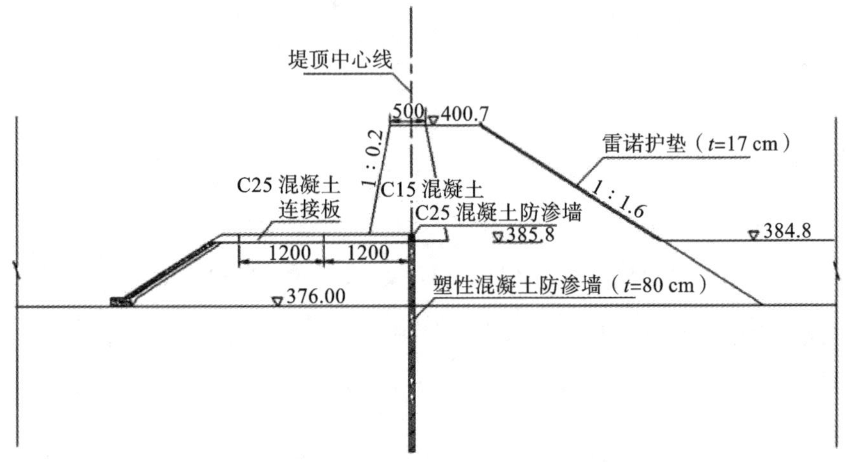

图 3.6 方案三结构形式(尺寸单位:cm,标高单位:m)

表 3.10 方案三工程量统计

项目名称	单位	工程量	单价/元	合价/元	备注
塑性防渗墙	m^3	−3990.9	480.19	−1916390	
C25 混凝土连接板	m^3	8330	308.27	2567889	
现浇 C25 混凝土防渗墙	m^3	641	200.8	128713	
铜片止水	m	195	764.89	149154	
砂卵石填筑	m^3	−68907	3.58	−246687	
反滤料填筑	m^3	−11596	53.32	−618299	
C15 混凝土挡墙	m^3	31019	280	8685320	
合计				8749700	

3.6 坝顶交通梁施工

坝顶交通梁的建设可以沟通河流两岸,依据交通桥梁的跨度、荷载、宽度等条件的不同,可选择整体式钢筋混凝土板桥、装配式钢筋混凝土板桥、整体式钢筋混凝土梁桥、装配式钢筋混凝土梁桥等构造,其中梁桥又有简支、连续、双悬臂梁等构造型式。比如安谷水电站坝顶交通梁的实际结构就是T形梁和矩形梁,没有预应力,也没有芯模,其特点是安装高度大、门机大梁(矩形梁)重量大。

下文以安谷水电站为例,介绍坝顶交通梁的施工工艺。

1. 工程概况

泄洪冲沙闸工程闸坝段长234.0 m(含右端16.0 m长的储门槽段),其中泄洪冲沙闸段长218.0 m,共13孔,其中有左边墩、右边墩各一个,中墩6个,缝墩12个。闸顶为预制非预应力T形梁,分坝顶交通梁、门机轨道梁、油管槽梁和电缆沟梁共计208榀。跨度为13.16 m,梁高最大1.6 m,其中交通梁重约20 t,门机轨道梁重约45 t。

2. 施工特点

泄洪冲沙闸闸顶梁工程施工有如下特点。

(1) 泄洪冲沙闸闸顶结构复杂,特别是每榀梁均不一样,施工难度大。

(2) 门机轨道梁体积较大,单根梁重约45 t,跨度13.16 m,吊装高度大,施工难度高。

(3) 每榀梁结构均不一样,模板使用套数多,模板循环使用周期长,模板工程量大。

(4) 预制梁工期要求紧,精度要求高,施工资源投入大,组织难度高。

针对以上特点,闸顶T形梁预制及安装工程施工应做到布置合理、精心组织、合理协调,才能保证按期完成。

3. 主要工程量

经统计后T形梁结构工程量如表3.11所示。

表 3.11　预制 T 形梁主要工程量统计

序号	项目	型号	单位	工程量	备注
1	预制 T 形梁	13.16×1.247×1.2	根	13	预埋 PVC 排水管
2	预制 T 形梁	13.16×1×1.2	根	91	13 榀预埋 PVC 排水管
3	预制 T 形梁	13.16×1.65×1.2	根	26	
4	预制 T 形梁	13.16×0.76×1.2	根	52	
5	预制沟槽梁	13.16×1×0.95	根	26	
6	混凝土	C30	m^3	1743.5	
7	钢筋制安	Ⅱ级、Ⅲ级	t	292.57	
8	钢板	$\delta=10$	m^2	95	预埋钢板
9	钢板	$\delta=20$	m^2	26	

4. 进度计划

(1) 预制进度计划。

根据工程进度计划需求，计划 2012 年 12 月中旬开始进行预制施工准备，月末完成 1 榀样板梁浇筑施工。2012 年 1 月开始预制，2013 年 4 月末预制完成，因考虑等强及堆放场地等因素，要求达到平均预制强度 52 根/月。表 3.12 所示为 T 形梁预制施工进度。

表 3.12　T 形梁预制施工进度

序号	项目	单位	工程量	12 月	1 月	2 月	3 月	4 月
1	施工准备	项	1	1				
2	1#T 形梁预制	根	13			4	2	7
3	2#T 形梁预制	根	91		24	20	22	25
4	3#T 形梁预制	根	26		8	8	8	2
5	4#T 形梁预制	根	52		12	12	12	16
6	5#T 形梁预制	根	26		8	8	8	2
7	总计	根	208		52	52	52	52

(2) 预制强度分析。

根据预制进度计划，需达到平均预制强度 52 根/月，综合考虑预制模板、预制场地、堆放场地等因素如下。

①底模平台:按照设计要求,预制梁混凝土浇筑 28 d 后方可吊装,按每套底模 28 d 周转一次,满足 52 根/月强度需 52 套预浇混凝土底模平台,侧模 7 d 周转一次,需要 13 套侧模(组合钢模板)。

②预制场地:因预制场地与台位要求,在预制梁达到设计强度 100%以上时,应及时搬运移位,腾出预制台位继续预制。按预制梁混凝土浇筑后 28 天后搬运移位,共需 T 形梁预制位 52 个。

5. 预制梁施工方法

(1) 施工工序。

图 3.7 所示为 T 形梁预制施工工序流程图。

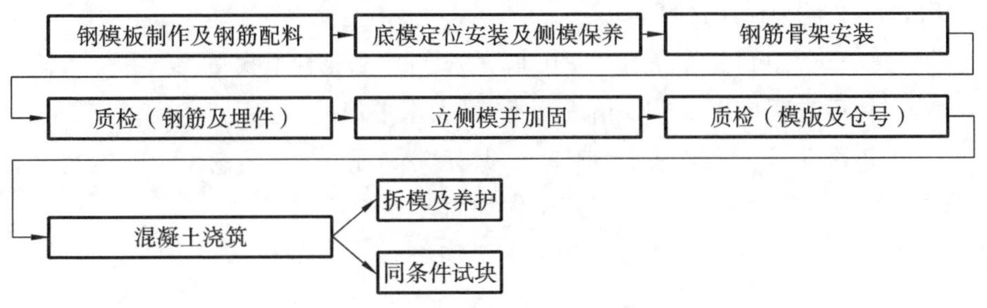

图 3.7 T 形梁预制施工工序流程图

(2) 门机轨道梁混凝土浇筑方法。

闸坝坝顶交通梁、门机轨道梁和墩尾油管槽梁在现场预制,采用汽车吊和圆筒门机安装方案施工。其中门机轨道梁可达 43 t,综合考虑其体形大、吨位重,加之起吊幅度大,对起吊机械和吊装方案的制定要求高、难度大等因素,采用半预制半现浇的施工方案,即在预制厂进行钢筋制安,但其混凝土只浇筑至梁肋下部 110 cm 处,上部预留 20 cm 梁肋与翼板在吊装后现场浇筑,以降低吊装难度。预制梁现场制作时,应严格控制其尺寸,浇筑时采用长臂反铲入仓。预制厂预制梁采用平板拖车运至吊装作业面,吊装时采用预埋吊环进行两点绑扎,吊装机械采用 100 t 汽车吊。

6. 施工布置

(1) 场地布置。

T 形梁预制厂布置于泄洪冲沙闸上游,场地占地面积约 4000 m^2,场内布置有现场值班室等,交通便利。前期主要用于施工机械存放,应对场地进行平整压实，以满足 T 形梁预制要求。

(2) 风、水、电布置。

预制厂内系统风、水、电利用泄洪冲沙闸坝前已建成使用的系统，用水、供电系统较方便。

7. 预制场地

为满足 T 形梁预制要求，需对场地进行平整压实并改造，以满足 T 形梁预制、混凝土运输、搬运移位等需求，具体如下。

(1) 为满足 T 形梁预制强度需要，预制厂设置(56.2 m×29.6 m)T 形梁预制平台，两侧各 15 m 为预制位，中间 3 m 为运输通道。预制平台上下游两侧各预留 22 m 平板车回车区域。

(2) T 形梁预制台位浇筑 20 cm 厚 C20 一级配混凝土找平。

(3) 抹面过程中用水平仪精确测量，最大水平偏差不大于 3 mm。

(4) 每个 T 形梁预制位长 13.5 m，共计 52 个预制位，预制位中间侧预留有 3 m 宽人、车通道，便于材料转运及梁体加固。

(5) 预制厂 T 形梁施工平面布置图见图 3.8。

8. 钢筋工程

(1) 钢筋制作。

T 形梁钢筋用量大，每根梁配筋 1.4 t，钢筋总量达 292.57 t，且主筋长度均大于 9 m，须分割连接。纵向受力钢筋采用机械连接，同一断面接头面积不大于 50%，其接头位置宜设置在梁的受力较小处，上层可在靠近跨中处，下层可在靠近支座处。

T 形梁所需钢筋在钢筋厂加工，平板车运至预制厂，加工制作遵照规范执行，使之切割、弯曲的钢筋损耗降至最小，钢筋成品标牌清晰，按不同部位、不同型号分类捆扎堆放，利于钢筋安装，并避免在领用、运输过程中混淆、错用钢筋。

(2) 钢筋安装。

在钢筋现场安装过程中，纵向受力钢筋采用套筒机械连接，为保证混凝土保护层厚度满足设计要求，在钢筋与底模或边模之间用绑扎短筋或点焊方式来支撑，以保证位置的准确。纵向受力钢筋以外的分布筋采用电弧焊，在焊接前将施焊范围的浮锈、漆污、油渍等清除干净，同时把接头用双面焊缝焊接，其焊接长度Ⅰ级钢筋不小于钢筋直径 4 倍，Ⅱ、Ⅲ级钢筋不小于钢筋直径 5 倍。

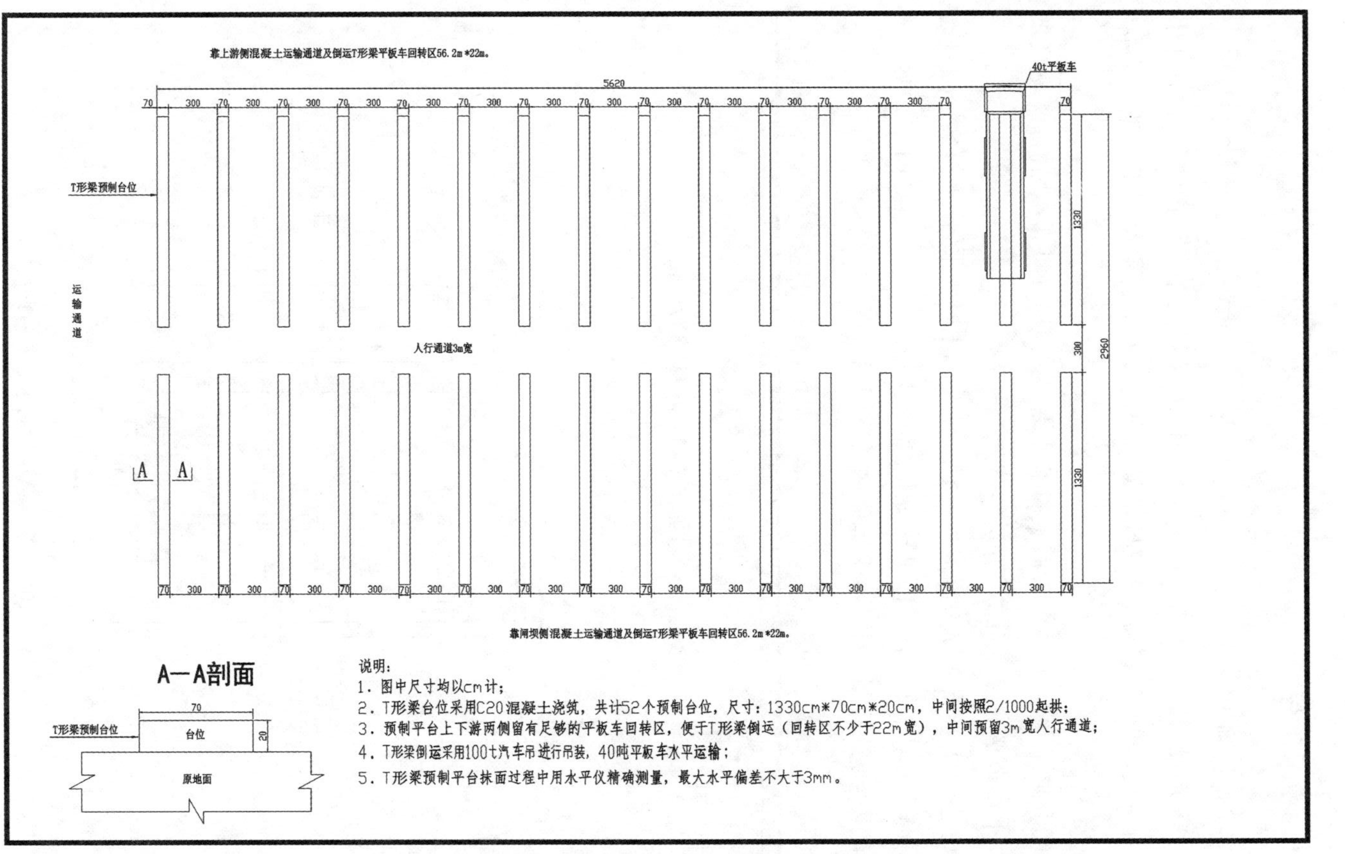

图 3.8　预制厂 T 形梁施工平面布置图(尺寸单位:cm)

9. 模板工程

(1) 底模施工。

①T形梁预制采用20 cm厚C20一级配混凝土作底模拼装平台，在平台上铺组合钢模作为T形梁底部模板。(注：预制底模平台须考虑T形梁拱度要求，按照2‰起拱。)

②T形梁预制平台作为底板拼装平台使用，根据T形梁底部平整度的要求，其平台平整度应控制在3 mm以内。

③鉴于T形梁底部为流道过流面的特殊光洁度要求，该平台表面应进行多次抹面、压光，底模与平台之间采用10 cm×10 cm方木支垫。图3.9所示为T形梁底模示意图，图3.10为T形梁侧模加固示意图。

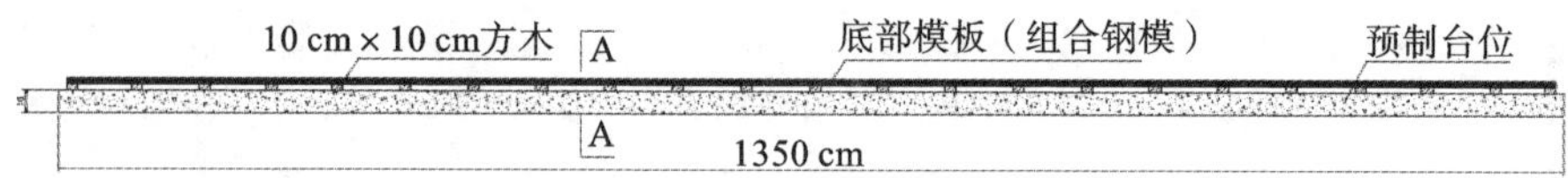

图3.9 T形梁底模示意图(单位:cm)

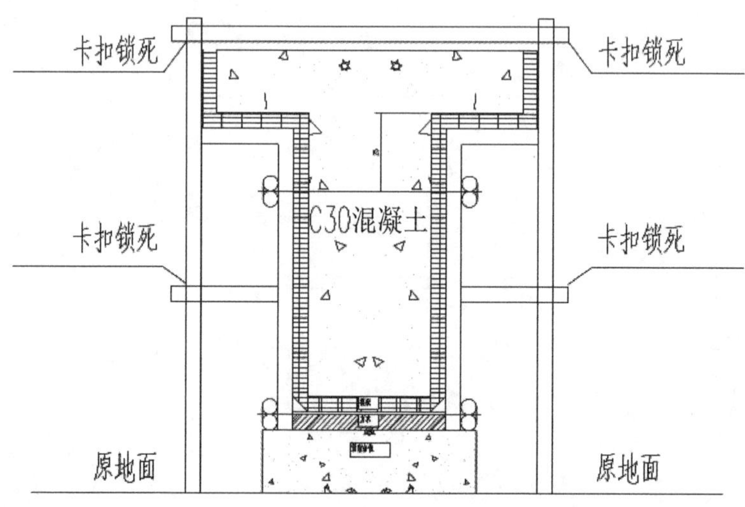

图3.10 T形梁侧模加固示意图(单位:cm)

(2) 模板安装。

①侧模安装前先对钢模板理论结构尺寸进行校核，对模板的光洁平整度、接

缝是否严密进行检查，对存留凹坑、皱褶和其他表面缺陷的模板进行调整。

②为了尽量减少因模板变形而导致T形梁变形过大，立模时在梁翼板下侧与底模方木之间设置对称拉杆。

③模板外侧用长架管把同一侧的钢模板连接成一个整体，同时利用短架管对顶口进行锁定，内侧采用对拉丝杆加固。

10. 埋件安装

埋件安装包括：T形梁支座预埋钢板、PVC排水管、预埋角钢、人行道预埋插筋吊钩等。吊装至闸顶安装后，通过埋设在梁两端头的钢板与墩墙顶部的钢板连接，因此，要求在预制梁时，梁两端底部的钢板及墩墙上的钢板必须埋设平整，不能发生偏移现象。吊环、锚筋容易在预制过程中被忽略，因此要求安装及验收人员随时注意此项工作内容。所有埋件埋设时，应先用钢筋加固，并在混凝土浇筑过程中注意保护。表3.13所示为T形梁预埋件及土建预埋件统计。

表3.13　T形梁预埋件及土建预埋件统计

序号	名称	型号	单位	工程量	备注
1	预埋钢板	δ=10 mm，36 mm×30 mm	块	312	1＃、2＃、5＃T形梁
3	预埋钢板	δ=10 mm，35 mm×30 mm	块	104	4＃T形梁
4	预埋钢板	δ=20 mm，60 mm×40 mm	块	52	3＃T形梁
5	PVC排水管	ϕ75	m	42	1＃、2＃T形梁
6	预埋吊环	ϕ32	根	468	

11. 混凝土施工

(1) 仓面验收。

①在混凝土浇筑前，对钢筋安装、模板加固和预埋件安装严格按照“三检”制验收合格，检查生产系统是否具备一条龙生产施工条件后由监理工程师签字同意后才能进行混凝土浇筑。

②在浇筑过程中，每班坚持有一名质检员和一名技术员值班。质检员专负责T形梁的质量监督与检查，对不合格的混凝土严禁进仓浇筑，当发现有不合格混凝土进仓时要立即清除干净；技术员仔细观察模板、钢筋和埋件的变位情

况，一旦发现变位，立即停止浇筑，进行调整加固。

(2) 混凝土浇筑工艺。

①浇筑混凝土前，将模型内杂物和模板内侧清刷干净，对模型进行加固，适当洒水湿润，预制梁混凝土采用人工配合长臂反铲入仓。

②混凝土浇筑过程中使用 ϕ50 软轴振捣器捣实，振捣器不易插入的部位可适当振捣外模，每一位置都振捣至混凝土不再显著下沉，不出现气泡，开始泛浆时为准，严禁过振。

③为避免振捣过度，振捣器与模板的距离尽量不小于振捣器有效半径的一半，并控制不触动钢筋和预埋件，对不能使用振捣器的部位，辅以人工捣固使其密实。

(3) 养护工艺。

混凝土浇筑完成后 12～18 h，即开始洒水养护，使混凝土表面经常保持湿润状态，遇到干燥天气，应覆盖保持水饱和覆盖物，如遇极端低温天气，将翼板表面用保温被覆盖，保证养护质量。T 形梁混凝土养护时间不应小于 28 d，在混凝土达到设计强度 100%后方可停止。

(4) 拆模工艺。

当混凝土养护到 72 h 以后，使用专用拆模工具拆除侧面模板。拆模后，立即对混凝土表面进行检查，并详细记录任何蜂窝、凸起或凹陷、变形或其他损坏或缺陷混凝土，立即上报监理工程师，取得监理工程师同意后，在拆模后 24 h 内将缺陷修补完毕。修补时应彻底清除缺陷部位混凝土，冲洗干净，用高于原混凝土标号的砂浆或混凝土抹填、整体修饰并及时对填补部分养护。

12. T 形梁吊装方案

(1) 准备工作。

①在预制梁安装前，必须完成预制梁下支座打磨工作及橡胶支座的安装。

②在预制梁安装前，必须测量闸墩预留坑、闸孔及预制梁尺寸，以上尺寸必须符合安装要求，若不能满足安装要求，则必须进行处理至满足要求。安装前完成预制梁的消缺处理。

③为保证预制梁吊装强度，预制梁吊装前，应认真核对浇筑日期，计算该根梁的养护龄期，预制完成 28 d 后可进行预制梁的吊装工作。

④根据吊装顺序，按照梁预制施工时编号找出单孔须安装的 2 根门机轨道梁、12 根交通梁在预制场内的位置，通过吊车和平板车倒运至待吊场地。

⑤闸坝下游预制梁为油管槽梁和电缆沟梁，这两种梁重量约 19 t，倒运至下游利用圆筒门机吊装，吊装前的准备工作相对简单。

(2) 吊装工作。

根据汽车吊性能，并结合吊装施工进度，拟定对闸孔预制梁主要采用 100 t 汽车吊在坝前 383.00 m 处进行安装，油管槽梁和电缆沟梁采用圆筒门机进行安装。吊装采用 2 根直径 36 mm 的钢丝绳，两根钢丝绳之间的夹角为 60°。图 3.11所示为闸坝预制梁吊装示意图。

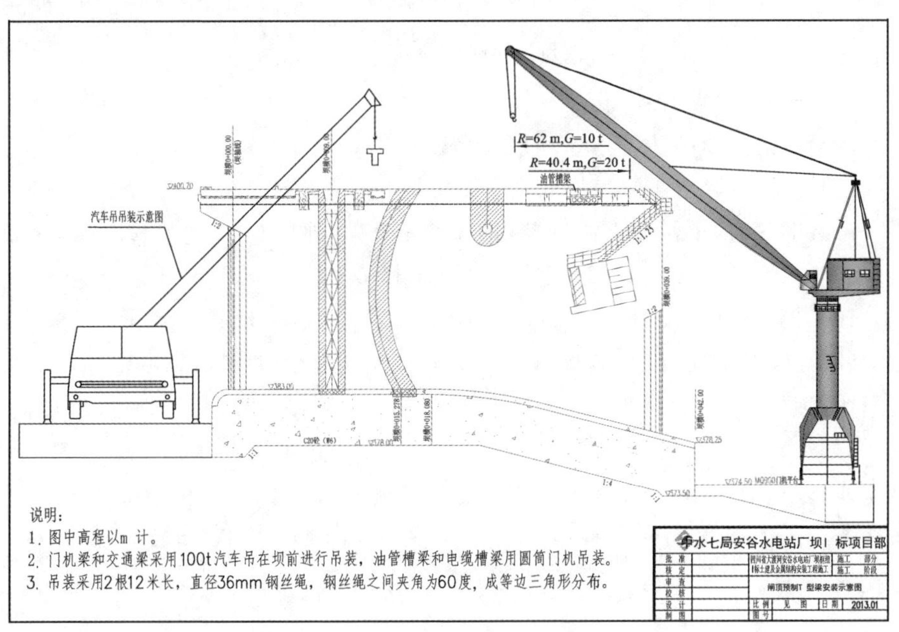

图 3.11 闸坝预制梁吊装示意图

钢丝绳受力分析如下。

根据式(3.2)可得 1 m^3 混凝土的重量。

$$G = mg = 2400 \times 9.8 = 23.52(\mathrm{kN}) \tag{3.2}$$

取数值 24 kN。

单根梁的重量 Q 计算见式(3.3)。

$$Q = 7.5 \times 24 = 180(\mathrm{kN}) \tag{3.3}$$

采用两根钢丝绳起吊，单根钢丝绳与铅垂线的夹角为 30°。

单根钢丝绳受力 S 计算见式(3.4)。

$$S = KQ/n = 1.15 \times 180 \times 1000/2 = 103500(\mathrm{N}) \tag{3.4}$$

式中：K——钢丝绳与铅垂线的夹角为30°时的破断拉力系数，取1.15；

Q——预制梁的重量；

n——钢丝绳的根数，采用2根吊装。

单根钢丝绳的破断拉力SP计算见式(3.5)。

$$SP = 103500 \times 3 = 310500(N) \tag{3.5}$$

式中：K——安全系数，取3。

选用公称抗拉强度为1550 MPa的钢丝绳，由式(3.6)得式(3.7)。

$$SP = 474 \times d^2 \tag{3.6}$$

$$d = \sqrt{310500/474} \approx 25.6(mm) \tag{3.7}$$

式中：d——钢丝绳直径，mm。

故至少选用直径为26 mm的钢丝绳。

(3) 闸坝上游交通梁和门机轨道梁吊装。

吊装顺序：从下游向上游安装，即4＃交通梁(坝横0＋013.922)→4＃交通梁(坝横0＋013.152)→门机轨道3＃梁(坝横0＋011.937)→4＃交通梁(坝横0＋010.722)→4＃交通梁(坝横0＋007.152)→门机轨道3＃梁(坝横0＋005.937)→2＃交通梁(坝横0＋004.602)→2＃交通梁(坝横0＋003.592)→2＃交通梁(坝横0＋002.582)→2＃交通梁(坝横0＋001.572)→2＃交通梁(坝横0＋000.562)→2＃交通梁(坝横0－000.448)→2＃交通梁(坝横0－001.458)→1＃交通梁(坝横0＋002.488)。即从下游至上游顺序为：2根4＃交通梁→1根门机轨道3＃梁→2根4＃交通梁→1根门机轨道3＃梁→7根2＃交通梁→1根1＃交通梁。

13. 资源配置

(1) 人力资源配置。

主要人力资源配置见表3.14。

表3.14 主要人力资源配置

序号	工种	单位	数量	备注
1	管理人员	人	2	
2	技术人员	人	2	
3	安全员	人	1	
4	技术工人	人	45	
5	杂工	人	5	

(2) 机械设备配置。

主要机械设备配置见表3.15。

表3.15　主要机械设备配置

序号	名称	型号	单位	数量	备注
1	长臂反铲	—	台	1	混凝土浇筑共用
2	混凝土运输车	3 m^3	台	4	
3	圆筒门机	MQ900B	台	1	
4	汽车吊	100 t	台	1	T形梁吊装
5	平板车	40 t	台	1	T形梁倒运
6	软轴振捣器	ϕ50	台	5	
7	电焊机	BX1-500	台	2	

14. 质量保证措施

(1) 试验室对混凝土的原材料进行检测,确保混凝土质量。

(2) 预制的模板加工完成后,测量并检校,不合格产品不得进行安装。

(3) 混凝土入仓时,拱两侧混凝土保证均匀上升,混凝土下料高度不得大于1.5 m,不得触碰模板,振捣以混凝土表面泛浆、混凝土不发生明显下沉、无气泡冒出为宜。

(4) 成形梁吊装时,严禁碰撞,损坏边角。

(5) 施工过程中,所有机械操作人员均需持证上岗。

(6) 预制件吊装须有专人负责指挥,操作人员不得疲劳驾驶。

15. 安全保障措施

(1) 预制件水平运输过程中,严禁人货混装。

(2) 现场施工的工作人员必须正确使用劳动保护用品,如口罩、安全帽、水鞋、手套等。

(3) 施工作业区、施工道路、临时设施必须配置足够的照明。

(4) 在预制场地施工,要防止灰尘飞扬,及时洒水,保障施工人员的健康安全。

(5) 严格按照操作规程进行机械设备运行,保证设备完好率,保证机械设备运行安全。

(6) 严格按照施工用电的相关规范进行使用。施工现场设置专职电气技术管理人员，负责施工用电管理业务工作，明确职责、权限做到对外用电调度业务联系专人管理，对施工用电总体规划布置、安排和统一管理。

16. 环境保护及文明施工

(1) 在预制施工区设置醒目、整洁的施工标牌。

(2) 施工场地清理要做到“工完料尽场地净”，保证施工现场道路畅通，场地平整，无大面积积水。

(3) 材料堆放有专人管理，材料堆放有序、稳固、美观、有标识且规范，保持场内整洁。

(4) 工程弃碴、施工中的废料、废物运输到碴场进行堆存并及时进行平整。

(5) 预防机械工作时产生漏油，发现时必须及时做好清理工作，保持施工场地的清洁。

第4章　枢纽建筑施工关键技术

4.1　枢纽布置方案

4.1.1　安谷水电站枢纽总布置方案

1. 枢纽总布置方案拟定

该河段河势复杂，汊壕纵横，心滩、漫滩极为发育，且滩地上人口、耕地集中，农业发达，右岸为冰水堆积组成的Ⅲ级基座阶地，岸坡较为陡峻。若厂房布置于左端，尾水渠轴线大部分通过河床漫滩、心滩，工程占地较大，涉及搬迁人口较多；渠道两侧均位于河床中，造成堤身设计较为复杂；而原主河床位于右岸，岸坡较为陡峻，适宜布置尾水渠，且尾水渠布置在右岸，其出口不易受到青衣江下泄的推移质影响，并有利于船只进出航道。因此，本阶段考虑厂房布置于右岸，船闸作左右岸布置比较。

(1) 右船闸、右厂房方案(方案一)。

该方案以船闸、厂房同岸进行枢纽布置，具体如下。

该坝址以右船闸、右厂房同岸布置为代表性方案，从左至右依次布置非溢流面板堆石坝、泄洪冲沙闸、厂房坝段、通航建筑物、右岸混凝土接头坝等拦河枢纽建筑物，主坝上游左岸布置混凝土面板堆石坝副坝，右岸设置太平镇防护副坝，下游设置长泄洪渠、长尾水渠等工程。

枢纽右岸通过混凝土重力坝与岸坡相接，左岸通过非溢流面板坝与库区副坝(混凝土面板坝)相接。枢纽从左至右依次布置非溢流面板坝、泄洪冲沙闸(含储门槽段)、厂房坝段、船闸坝段、右岸接头坝等，坝线全长673.50 m。坝顶高程400.70 m，水库正常蓄水位398.00 m，校核洪水位397.55 m，设计洪水位395.35 m，下游校核洪水位381.65 m，设计洪水位380.84 m。

为保护左岸Ⅰ级阶地上的罗汉、嘉农两镇的大片建筑和耕地，在大渡河左岸原河床中修建挡水副坝。副坝为混凝土面板坝，轴线长 10640.78 m，堤距(副坝与右岸岸坡之间的距离)平均约 550 m。为满足坝后阶地的生产生活及生态环境用水、内涝排泄等需求，在库尾副坝末端设置放水闸从库内取水，并利用原左岸的分壕沟宣泄内涝洪水。

尾水渠全长约 9460 m，尾水渠线路根据河床地形地质条件，以尽量少占用河道行洪断面、工程量较少且尽量顺直而满足通航要求为原则，确定沿右岸岸边走向为其主要线路，尾水渠出口拟在鹰咀岩上游约 700 m 河段，距青衣江汇口上游约 800 m，以避免青衣江推移质进入尾水渠。在尾 0＋000.0 m～尾 0＋150.0 m 范围内，尾水渠与船闸下引航道之间采用混凝土衡重式挡墙相隔，下引航道长 450.00 m，其后航道与尾水渠结合。

(2) 左船闸、右厂房方案(方案二)。

该方案船闸布置于左岸，厂房布置于右岸，其他布置均与方案一基本相同。

枢纽右岸通过重力坝与岸坡相接，左岸通过非溢流面板坝与库区副坝(混凝土面板坝)相接。枢纽沿坝轴线从左至右依次布置非溢流面板坝、船闸、泄洪冲沙闸(含右端储门槽段)、厂房坝段、右岸接头坝段等，坝轴线全长 675.50 m。

左岸面板堆石坝长 58.00 m，与库区左岸副坝(混凝土面板坝)相接，右侧紧靠船闸段。坝体结构设计与方案一相同，趾板同样置于Ⅱ-②层的砂卵石上，最大坝高 28.70 m。

船闸段长 42 m，紧靠面板坝右侧布置。船闸主要由上游引航道、闸首、闸室及下游引航道等组成，上闸首长 40 m，下闸首长 40 m，闸室长 110 m，结合河势和枢纽总体布置，上、下游引航道呈不对称布置，全闸总长约 1000 m。船闸轴线与坝轴线正交。船闸段结构布置与同岸布置方案相同。

由于本电站为长尾水渠混合式开发，下游航道充分利用原河道分壕顺泄洪渠左堤外侧布置，并进行河道开挖疏浚，使其与尾水渠出口水位衔接。为减少航道由于洪水翻堤而带来的淤积清理，航道右堤防洪标准(即泄洪渠左堤)及左堤防洪标准采用 20 年一遇洪水，堤顶高程为 381.4～365.8 m，堤顶宽度 5.0 m。航道轴线长约 8.64 km，最大挖深约 22.0 m，航道底宽 40 m，为利于行船，底坡水平开挖，航道底坡及左右堤内坡均设置 C30 混凝土板，厚度 30 cm，堤内坡坡度 1∶1.6，航道内底板高程 357.85 m，通航最高水位 364.33 m，最低通航水位 360.35 m。

闸坝段长 234.00 m(含 16.0 m 的右储门槽段)，其中泄洪冲沙闸段长 218.0 m，共 13 孔。该段覆盖层厚度 14～16 m，下伏基岩为 $K_{1j}^{②}$ 中厚层夹薄层状砂岩

和薄层泥岩。闸基全置于中密～密实砂卵石层基础上，底板基础高程为 376.5 m，最大闸高 24.20 m，底板以下为砂卵石基础，基础处理方式与同岸布置方案相同。

该闸室结构、消力设施的布置均与方案一相同。

厂房坝段紧靠左侧泄洪冲沙闸，布置在右岸的主河道，闸(坝)顶高程均为 400.70 m。厂房坝段由主机间段和安装间段(储门槽段)组成，沿坝轴线方向总长 212.30 m。主机间段沿坝轴线长 151.3 m，顺水流方向长 88.0 m，底板基础置于 $K_{1j}^{①}$ 薄层状砂岩夹中厚层砂岩上，基础高程 324.321 m；安装间坝段沿坝轴线长 61.0 m，顺水流方向长 59.10 m，底板基础置于 $K_{1j}^{②}$ 中厚层夹薄层状砂岩上，基础高程 362.293 m，但检修集水井底板高程为 324.162 m。

进水室、主机间、安装间、右岸接头坝及其右岸护岸高程、库区副坝、尾水渠以及下游河道疏浚、泊滩堰进口改造等建筑物的结构布置均与方案一相同。

2. 枢纽总布置方案比较与选定

本阶段根据推荐坝址的地质地形条件，选择右船闸右厂房(方案一)、左船闸右厂房(方案二)两个枢纽总布置方案进行比较，见表 4.1。

表 4.1　枢纽总布置方案比较

项目	方案一	方案二	备注
地形地貌	河段顺直，汊壕众多，两岸地形不对称，左岸为河心漫滩，地面高程 375～377 m；右岸地形较为陡峻，地面高程 411～414 m，坡体内冲沟发育		相同
地质条件	覆盖层主要为砾卵石夹砂，厚 10.1～24.0 m；下伏基岩为 $K_{1j}^{②}$ 弱风化中厚层夹薄层状砂岩及泥岩薄层，K_{1j} 层岩体中分布有不连续的软弱夹层 19 条，其软弱带产状受岩层产状控制，一般顺层发育	基本与方案一相同	基本相同

续表

<table>
<tr><th colspan="2">项目</th><th colspan="2">方案一</th><th>方案二</th><th>备注</th></tr>
<tr><td colspan="2">工程布置条件</td><td colspan="2">船闸下航道与尾水渠结合,无需开挖下游航道;泄洪冲沙闸位于原分壕河段,下游河道疏浚量较小;航道与尾水渠结合,对通航的运行有一定影响,但尾水渠末端进出航条件较好</td><td>船闸下航道需对原分壕进行开挖疏浚,最大挖深达 20 m,工程量较大;航道与尾水渠分岸布置,通航条件较好,但航道末端以下尾水渠及青衣江水流汇合使进出航条件较差</td><td>方案一优</td></tr>
<tr><td colspan="2">施工布置条件</td><td colspan="2">闸坝枢纽采用分期导流方式。一期采用全年围堰,进行左右岸接头坝、泄洪冲沙闸段、厂房和船闸施工;二期采用枯期围堰,进行近坝副坝及下游泄洪渠施工。总工期 54 个月</td><td>采用分期导流方式。一期采用全年围堰,进行闸坝段、厂房施工;二期也采用全年围堰,进行船闸及左岸非溢流坝施工。总工期 66 个月</td><td>方案一
略优</td></tr>
<tr><td rowspan="8">主体工程量</td><td>砂卵石开挖</td><td>万元/m³</td><td>4810.17</td><td>5794.78</td><td></td></tr>
<tr><td>石方开挖</td><td>万元/m³</td><td>347.75</td><td>349.83</td><td></td></tr>
<tr><td>土石方填筑</td><td>万元/m³</td><td>1161.41</td><td>1332.16</td><td></td></tr>
<tr><td>混凝土及
钢筋混凝土</td><td>万元/m³</td><td>355.40</td><td>413.86</td><td></td></tr>
<tr><td>防渗墙造孔</td><td>万元/m²</td><td>46.38</td><td>24.13</td><td></td></tr>
<tr><td>钢筋及钢材</td><td>万元/t</td><td>8.07</td><td>11.02</td><td></td></tr>
<tr><td>帷幕灌浆</td><td>万元/m</td><td>0.97</td><td>1.02</td><td></td></tr>
<tr><td>固结灌浆</td><td>万元/m</td><td>2.69</td><td>2.69</td><td></td></tr>
<tr><td colspan="2">土建相对投资</td><td>万元</td><td>336009</td><td>381182</td><td></td></tr>
<tr><td colspan="2">土建相对投资差值</td><td>万元</td><td colspan="2">45173</td><td></td></tr>
</table>

从地质条件看，两布置方案无明显变化；从工程枢纽布置看，方案二下游须单独开挖长约 8.94 km 的航道，方能满足通航条件要求，工程量增加很大，并造成闸坝下游河势复杂（整个河段形成四条河道）；从施工布置条件看，方案二船闸须全年围堰施工，导致施工临时工程量大幅增加，且工期相应增加 12 个月；从工程相对投资看，方案一比方案二省 45173 万元；从通航条件来看，对方案二而言，在航道末端到及尾水渠末端之间，峨眉河、青衣江等河道及尾水渠水流的汇合使得该段河道水流紊乱、推移质淤积，所以方案二在航道出口下游约 1.4 km 范围内通航条件很差，方案一由于航道处于大渡河右岸主河道，避开此段河道，所以通航条件更为优越。因此，经综合比较分析，方案一优势比较明显，本阶段选定方案一，即厂房、船闸右岸同岸布置。

4.1.2　厂区建筑物布置方案

1. 厂区建筑物布置方案比选

安谷水电站为河床式径流电站，厂房布置受电站型式及地形条件限制，可比选方案较少。但就开关设备而言，在厂房右岸山坡有布置 220 kV 级开关站的地形条件，在厂房下游侧可布置户内式 GIS 室，因此本书仅就户内、外 220 kV 级开关设备布置进行比选，即 GIS 室与敞开式开关站 2 个方案。

(1) 敞开式开关站布置方案。

敞开式开关站布置方案占地面积约 95 m×100 m，只能布置在距主厂房大约 200 m 的右岸船闸外，须开辟高山，地坪高程 403.0 m。主变布置在紧靠主厂房下游侧，主变至开关站进线只能采用 220 kV 交联电缆连接，主变与开关站之间连接距离超过 550 m。采用敞开式布置方式电缆耗费资金多，布置困难，占地面积大，运行维护工作量大。

(2) GIS 室布置方案。

本方案主变室布置在主机间下游侧，平面宽度 12.0 m，总长度 144 m，地面高程 369.00 m，一机一变，共安装 5 台主变压器。主变室上面布置 GIS 室，平面尺寸和主变室相同，其上布设出线架。整个主变室及 GIS 室高度 25.9 m，其中主变室高度 10.3 m，GIS 室高度 10.5 m。

本方案 GIS 室布置紧凑，只占空间不占面积，可节约用地减少开挖，缩短主变与开关设备之间的连接距离。

(3) 综合经济比较。

两个方案综合经济比较见表 4.2。

表 4.2　220 kV 电压级开关站综合经济比较

方案		220 kV 敞开式开关站布置方案	220 kV GIS 室布置方案
经济比较	土建工程/万元	858.70	229.6
	设备综合费用/万元	1020.3	2310.0
	合计/万元	1879.00	2539.6
	差值/万元	660.6	

从表 4.2 中可以看出，GIS 室布置方案比敞开式开关站布置方案工程直接投资多 660.6 万元，敞开式开关站布置方案在投资方面更优。

(4) 技术角度比较。

从技术角度看，如选 SF6 全封闭组合电器(GIS)虽相对一次设备本体投资加大，但 GIS 运行安全性和可靠性比敞开式高，而且 GIS 还具有安装工期短，维护工作量小，占地面积小，抗震性能好，便于实现自动化、远动化等特点。

综合投资及技术特点，虽然敞开式开关站布置方案在投资方面更省，但是考虑本工程的特点以及 GIS 室布置方案的技术优势，本阶段推荐选用 GIS 室布置方案，即六氟化硫封闭式组合电器(GIS)开关设备。

2. 厂区建筑物具体布置方案

(1) 进水池。

进水池位于厂房进水闸上游库内，由拦沙坎、右边导墙将河道分隔而成。拦沙坎基础置于砂卵石覆盖层上，建基高程 376.00 m，顶高程从左至右为 386.0～389.0 m，顶宽 2.5 m，坎前设 20.0 m 长的混凝土铺盖。拦沙坎在进水池上游以 45°线左接船闸上引航道右边墙，右延至进水池右边导墙，右导墙顶高程 398.00 m，顶宽 3.0 m。进水池底由 378.00 m 以 1∶2.5 的坡度降至 369.80 m 高程，其后采用厚 1.0 m 坡度 1∶1.25 混凝土斜坡段与厂房进水室连接。

(2) 主机间段。

主机间段左端紧靠泄洪冲沙闸，右端接安装间坝段。主机间段沿坝轴线长 160.5 m，采用一机一缝布置，分为 5 个机组段，从左至右各段长度分别为 20.5 m、35.0 m、35.0 m、35.0 m、35.0 m，收缩缝宽 0.02 m。机组段顺水流方向由进水室段、主厂房段、尾水段组成，顺水流方向总长 87.80 m。

①进水室段。

四台大机组：进水室流道底由 352.515 m 以 1∶1.25 的斜坡降至 346.556

m 高程，后接 25 m 的平段。进水室设置清污机导向槽、拦污栅、检修门和事故门。每台机组流道总净宽 19.62 m，设厚 2.845 m 的中墩，将一台机组分隔为三个进水流道，相应清污机导向槽、拦污栅槽、事故门槽和检修门槽各为三个。墩顶布置有交通桥、门机、清污机等。拦污栅底槛高程 346.556 m，为开敞式，孔宽 6.54 m，清污机导向槽布置于拦污栅上游侧，拦污栅槽下游分别为检修门槽和事故门槽，其顶部均设胸墙。检修门底槛高程 346.556 m，孔口尺寸 6.54 m×23.80 m，事故门底槛高程 346.556 m，孔口尺寸 6.54 m×18.00 m。清污机、拦污栅和检修门、事故门启闭设备共用 3200 kN 双向门机，门机轨距 15.0 m。

一台小机组：进水室流道底由 375.669 m 以 1∶1.5 的斜坡降至 360.345 m 高程。进水室设置清污机导向槽、拦污栅、检修门和事故门。机组流道净宽 8.0 m，相应清污机导向槽、拦污栅槽、事故门槽和检修门槽各为 1 个。墩顶布置有交通桥、门机、清污机等。拦污栅底槛高程 368.469 m，为开敞式，孔宽 8.0 m，清污机导向槽布置于拦污栅上游侧，拦污栅槽下游分别为检修门槽和事故门槽，其顶部设胸墙。检修门底槛高程 366.469 m，孔口尺寸 8.0 m×12.467 m，事故门底槛高程 363.136 m，孔口尺寸 8.0 m×10.00 m。清污机、拦污栅和检修门、事故门启闭设备与大机组共用 3200 kN 双向门机。

②主厂房段。

大机组段：该段建基面高程 325.321 m。厂房最大净跨度 26.00 m，最大高度 75.015 m（到厂房顶梁底面）。主机间内安装 4 台轴流转桨式水轮发电机组，单机容量 190 MW，总装机容量 760 MW。水轮机型号 ZZ(491)-LH-880，安装高程 352.38 m。机组间距为 35.00 m，一机一缝，缝内设一道橡胶止水带和一道止水铜片。蜗壳上游侧接厂房进水口流道，底高程 346.556 m。蜗壳上部为水轮机层，高程 364.836 m，母线出线方向下游。

小机组段：该段建基面高程 343.654 m。厂房最大净跨度 26.00 m，最大高度 56.682 m（到厂房顶梁底面）。1 台轴流转桨式水轮发电机组，单机容量 12 MW。水轮机型号 ZZ(464)-LH-310，安装高程 363.382 m，与大机组段分缝内设一道橡胶止水带和一道止水铜片。

主机间发电机层地面高程 372.836 m，布置调速器、油压装置、机旁屏等设备，吊物孔设于厂房下游侧。桥机轨顶高程为 392.836 m，安装一台 2×450 t/100 t 双小车桥式起重机。大小机组共用。

厂房段大体积混凝土和防洪墙为 C20 钢筋混凝土，机墩及流道周边为 C25 钢筋混凝土，此部分 C25 钢筋混凝土体积较大，结构复杂，要求采用低热微膨胀

混凝土以达到防止混凝土开裂的目的，发电机层板梁、吊车梁柱等为 C30 钢筋混凝土。厂房屋面采用钢网架彩钢板屋盖。

③尾水段。

大机组段：尾水管流道底板高程 331.321～334.75 m，建基面高程 325.321 m，长为 33.944 m。尾水管上部布置有水机操作室、油处理室、油库、供水设备室等。每台机组尾水管出口流道总净宽 18.58 m，设厚 2.80 m 的中墩两个，分隔为三个流道。尾水管出口设检修闸门，底槛高程 334.75 m，孔口尺寸 6.86 m×11.228 m，单机三扇检修门，四台机组共用。尾水墩顶高程 382.65 m，启闭平台宽 12.35 m，布置一台 2×800 kN 单向门机作为启闭设备。尾水闸室后以 1∶4 的反坡至高程 355.20 m，与尾水渠相接，反坡段长 82.80 m，混凝土底板厚 0.60 m，底板上布置排水孔，直径 8 mm，间排距 2.50 m，梅花形布置。

尾水反坡段两侧为混凝土重力式挡墙，建基于岩基上。右挡墙是厂区防洪墙的一部分，墙顶高程 382.65 m，顶宽 3.0 m，最低建基高程 331.75 m，最大墙高 50.90 m，底宽 4.0 m。墙体分为两个部分，高程 362.0(始)～354.20 m(末)为重力式挡墙，其下为贴坡式挡墙，墙后布置 ϕ32 锚杆，长度 9 m，间排距 3 m。左挡墙结合小机组布置，墙顶按照泄洪渠 100 年一遇洪水加 1 m 超高确定，高程 381.84 m，最大顶宽 5.771 m，最小顶宽 4.0 m，最低建基高程 331.75 m，最大墙高 50.09 m，底宽 4.0 m。墙体分为两个部分，高程 357.0(始)～354.20 m(末)为重力式挡墙(含小机组尾水段)，其下为贴坡式挡墙，墙后布置 ϕ32 锚杆，长度 9 m，间排距 3 m。

小机组段：尾水管流道底板高程 355.277 m，建基面高程 351.277 m，长为 18.493 m。尾水管出口流道净宽 7.5 m。尾水管出口设检修闸门，底槛高程 355.277 m，孔口尺寸 7.5 m×4.154 m。尾水墩顶高程 382.65 m，启闭设备共用。尾水闸室后以 1∶3 的反坡至高程 370.0 m，尾水汇入泄洪冲沙闸消力池内作为泄洪渠生态水流。

(3) 安装间坝段。

安装间坝段位于主机间右侧，和主机间呈“一”字形布置。由上游储门槽段、安装间、下游主变室及 GIS 室组成。

安装间坝段沿坝轴线长度为 61.0 m，顺水流方向长 59.10 m。上游利用混凝土重力坝挡水，基础置于弱风化岩体上，基础高程 363.836 m，最大坝高 36.864 m，坝顶宽度共计 29.5 m。沿坝轴线方向设三孔储门槽，放置主厂房进口检修门。安装间布置于下游，与重力坝连为一体，净跨度 26.0 m，最大高度为

77.174 m(含集水井),主要为机组、主变压器等设备的安装和检修场地。安装间室内地面高程 372.836 m,底层布置辅机室、水泵室、检修、渗漏集水井,底板基础置于 $K_{1j}^{②}$ 中厚层夹薄层状砂岩上,基础高程 363.836 m,但检修集水井底板底高程为 322.162 m。进厂大门设在安装间下游右侧,下游公路通过船闸下引航道进厂。

(4) 副厂房。

副厂房布置于安装间的下游侧,平面宽度 12.0 m,为二层框架剪力墙结构。按功能布置:一层为电气实验室、蓄电池室、办公室;二层为中控室、计算机室、通讯室、继保室、办公室。在副厂房两端各设有一座楼梯满足垂直交通及消防疏散要求。

(5) 主变室及 GIS 室。

主变室布置在主机间下游侧,平面宽度 12.0 m,总长度 137.49 m,地面高程 372.836 m,一机一变,共安装 5 台主变压器。主变室上面布置 GIS 室,其上布设出线架。整个主变室及 GIS 室高度为 26.4 m。

(6) 厂区防洪。

为保证厂房防洪要求,在主机间下游侧设置防洪墙,墙顶高程为校核洪水位(P=0.05%)加安全超高,取为 382.65 m。为封闭厂区防洪体系,尾水渠反坡段右边墙高程与防洪墙齐平,并延伸至船闸下闸首,与闸墩相接。

(7) 进厂交通。

设备通过汽车直接进厂。进厂公路从左岸省道 103 公路经厂房下游跨泄洪渠及尾水渠的罗安大桥到船闸下引航道,跨过船闸下引航道,顺尾水渠右边墙的回填区,降低高程后从安装间右端头进厂大门进厂。跨船闸须修建简支单跨桥梁一座,桥跨 25.0 m,置于下引航道两侧边墙,公路及桥等级为公路-Ⅰ级,公路宽度 8.0 m,桥宽 8.0 m。最大运输单件为主变压器,重量约 160 t,最大运输外形尺寸小于 6 m。

(8) 基础处理。

厂房坝段基础以薄层砂岩为主,强度较低,完整性较差,因此考虑对基础进行固结灌浆,孔排距 3 m,孔深 5 m。该段基础已经开挖至 5Lu 线以下约 25 m,所以厂房段不再设防渗灌浆帷幕,但须设一监测廊道,廊道内布置监测设备及仪器,廊道尺寸 3.0 m×3.5 m(宽×高),底高程 330.50 m。

由于厂基开挖深度较大,上部覆盖层开挖边坡稳定性较差,且弱风化岩体中分布有薄层泥岩和软弱夹层,岩层倾向左岸偏下游,对厂基开挖边坡稳定不利,因此在施工期考虑对开挖边坡设置马道，设置锚杆并采用喷混凝土临时支护，且设排水沟。

4.2 深大基坑施工

4.2.1 纯砂层开挖

我国西部山区河流覆盖层经常存在比较深厚的纯砂层，含水量特别丰富，但透水性却非常差，在渗水的作用下基本上处于流动的状态，机械效率低，在开挖施工中常遇到一系列诸如施工道路布置、排水、开挖、边坡支护加固等方面的难题。

1. 沙湾水电站基坑工程概况及施工难点

(1) 工程概况。

大渡河沙湾水电站位于四川省乐山市沙湾区葫芦镇，河床式厂房布置于河道右侧。水电站基坑为大面积软弱基础，要求覆盖层全部挖除。在大渗水量(基坑经常性排水量超过 8500 m^3/h)、高水头、强腐蚀、高承压水等不利条件下，开挖深度为全国同类工程之最，基坑大面开挖尺寸为 377 m×244 m，底部范围仅 147.5 m×87 m；堰顶高程为 426 m，厂房建基面高程最低处约为 348.02 m。沙湾河床覆盖层深厚，最大厚度约 71 m，主要分布于河流左岸Ⅱ级阶地及河床内左右两侧深切河槽中下部。物质组成：上部为漂砾卵石夹砂，砂夹卵砾石，局部夹砂层透镜体；中部为砾卵石及漂砾卵石夹粉土；下部为砾卵石夹砂，层中夹粉细砂层透镜体(纯砂层)。

(2) 施工难点。

在基坑开挖到高程 402 m 处后开始出现纯砂层，在进入高程 383 m 以下后纯砂层明显增多。纯砂层分布规模、位置不规律，尤其是中下部，存在沿上下游方向贯通基坑的纯砂层，厚度为 6.6～34.4 m 不等。纯砂层含水量大，但透水性差，开挖、装车及运输、边坡支护等都很困难。施工中的难点及问题主要有以下几个方面。

①施工道路布置。纯砂层的承重力太小，施工机械设备进入砂层区域面存在下陷情况，导致开挖施工陷入瘫痪而不能进行。施工道路布置是顺利开挖的

前提。

②施工排水。纯砂层含水量特别丰富，透水性非常差，并且在渗水的作用下，纯砂层基本上都是处于流动的状态，机械效率低。排水是保证成功开挖的一个关键因素。

③施工组织。工程开挖难度高、强度大（平均开挖强度将达到 2.5 万 m^3/d），又受深基坑施工范围狭窄、道路布置困难等因素制约，必须进行合理的施工组织，以保证各工序有效衔接。只有优化设备配置才能满足高难度、高施工强度的需要。

④边坡支护。纯砂层在渗水作用下，边坡易出现坍塌、软化，须采用合理的方法加固，以保证安全快速施工和下一施工环节的顺利进行。

2. 开挖施工

沙湾水电站基坑高程 374 m 以下大面上除两边的石方开挖外，其余全部为纯砂层开挖。纯砂层含水量大，施工强度高，施工难度非常大，必须采取符合工程条件的措施才能更好地施工。本工程纯砂层施工的总体思路为：分层施工，逐次下挖；优先进行施工道路布置与排水施工，并借此对大面积纯砂层分块进行开挖，及时支护，以确保安全。具体的施工程序见图 4.1。

(1) 施工道路。

主要的施工道路为上下游围堰下基坑道路，根据开挖出露的地质情况看，路面主要由纯砂层或砂夹石层构成，根本无法满足车辆通行的要求。虽然施工初期采用多种方式进行处理，但施工开挖强度高，车辆的流量非常大，下基坑道路的坡比较大（9%左右），施工区域内的下雨天特别多，各种因素导致路面的损坏频率非常高，且损坏严重，最后采用建筑用红砖进行铺填后有了很大的改观。在纯砂层区域内，由于纯砂层的承重力太小，无法直接作为施工道路使用，须另采料重新铺填，并且随着纯砂层开挖高程的不断下降，道路也不断被开挖铺填。

(2) 开挖施工排水。

及时有效的排水是纯砂层顺利进行开挖的前提和关键，贯穿整个纯砂层的开挖施工过程。在本工程中采取的主要排水措施如下。

①开挖排(引)水沟。

基坑大面的渗水非常分散，渗水点较多。为了满足排水的要求，增加布置了排水沟，将排水沟的断面尺寸加大。根据现场的实际情况，在基坑开挖大面上沿坝轴线的方向开挖 3～5 条排水沟，宽度为 2.5 m，长度为纯砂层区域长度的 4/5

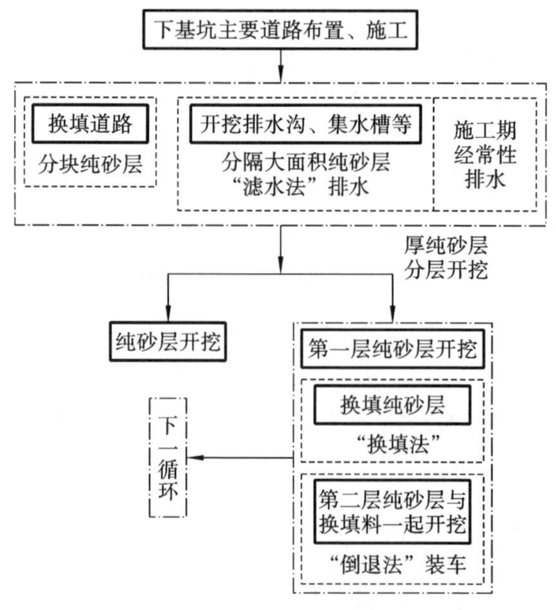

图 4.1　大面积纯砂层开挖施工程序示意图

左右，排水沟先于基坑大面一层(基坑大面原则上按照 2～3 m 一层进行开挖)开挖。排水沟开挖后将基坑分成了几个相对独立的施工区域，但这样一来在临时道路的布置上又带来了一定的困难，于是采用了 $\phi1000$、$\delta=100$ mm 的混凝土预制涵管跨越排水沟形成临时施工道路的补救方案。

②开挖集水槽。

沿纵向围堰的方向开挖集水槽，将排水沟中的水汇集到一起。原设计集水槽宽度为 5.0 m 左右、长度为整个开挖面沿纵向围堰的长度，后将纯砂层的集水槽宽度增加到 12 m，集水槽先于基坑大面一层开挖，比排水沟深 1～2 m。

③开挖水泵坑。

水泵坑布置于纵向围堰侧，与水泵的布置相对应，水泵坑的长度是每组水泵总长度的 2.5 倍(便于移泵)，水泵坑先于基坑大面一层开挖，比集水槽深 1～2 m。

④排水。

采用“水泵一次性直接排水”与“水泵串联接力排水”相结合的抽排水方法进行排水，并根据排水量进行水泵配置数量和功率的调整。

(3) 纯砂层开挖施工方法。

纯砂层开挖总的原则：根据不同的纯砂层分布情况，灵活地将“换填法”“倒

退法”“滤水法”三种施工工艺结合使用，形成了一整套流水作业方法(见图4.1)。

在基坑纯砂层出露后，立即组织采用土工布加框格梁等多种加固措施加固边坡，之后，按照高等坡比对边坡进行开挖。

①采集换填料，换填铺筑施工道路。

纯砂层的承重力太小，机械设备易下陷，导致开挖施工陷入瘫痪，因此须对其进行换填，铺填 2～4 条宽 8～10 m 的施工道路，并对纯砂层进行分块，将开挖与排水巧妙地结合在一起，先排水后开挖。换填料在一般情况下可直接从基坑开挖料(包括爆破石料与砂砾料)中选取；当基坑开挖料不足时，可从上围堰以外的滩地料场回采砂卵石料。

②“滤水法”进行纯砂层排水。

对于基坑大面上出露的纯砂层采用预留法开挖，即预留纯砂层所在部位，优先开挖周围条件稍好的部位，以降低周围大面的高度；或者在其周围开挖排水沟，以形成自然排水的条件，尽可能将纯砂层中的水排出，在无水或少水的条件下开挖，以减少换填工作和工程量。施工中，将那些为创造条件而预开挖出来的液态状砂体单独堆放，自然排水一段时间后再进行下一工序的施工。“滤水法”排水施工情况见图 4.2。

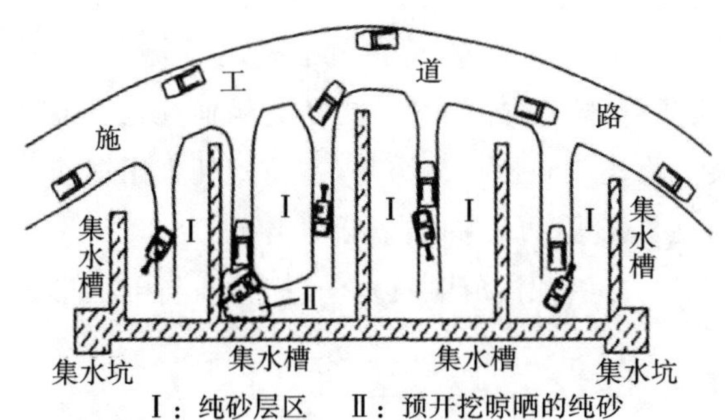

图 4.2　“滤水法”排水施工示意图

③纯砂层换填。

由于纯砂层较厚，在开挖过程中，须分层进行施工，层厚为 2.5 m(另有砂砾石填筑层)。施工时，首先在纯砂层上铺填一层砂砾石，其厚度约为 0.5 m，采用装载机、推土机进行平整，以推土机为主进行压实。在施工过程中，专门安排3～4 台 1.6 m^3 反铲、10～15 台 25 t 自卸汽车和大量的人工进行纯砂层的换填。

④“倒退法”开挖纯砂层。

在纯砂层换填完成后，将反铲布置到纯砂层中部，采用小吨位的自卸汽车(15 t)倒退到相应部位进行装车。开挖时将纯砂层和铺筑的砂卵石一并挖除。

3. 纯砂层边坡支护

纯砂层边坡支护时主要采用土工布结合框格梁护坡法，对于基坑中出露的纯砂层边坡采用的基本支护方法有：

(1) 采用钢筋铅丝笼进行坡脚支挡处理；

(2) 采用框格梁对坡面进行分格处理；

(3) 采用透水土工布对坡面进行完全覆盖，以防止纯砂在水流的作用下流失而引起塌方或滑坡；

(4) 采用编织袋装砂土进行坡面防护支护。

具体的操作方式为：钢筋铅丝笼布置在相应边坡的内坡脚处及相应的马道内侧，沿边坡的走向安装完整个纯砂层边坡的坡脚。上游纯砂层边坡钢筋铅丝笼的安装高度为 2 m(两层钢筋铅丝笼)，右岸纯砂层边坡钢筋铅丝笼的安装高度为 4 m(四层钢筋铅丝笼)，以形成挡墙。钢筋铅丝笼在水平方向和垂直方向都要用 $\phi 16$ 的钢筋焊接成整体。对于上游纯砂层边坡首先进行框格梁开挖以分隔整个边坡，然后进行土工布覆盖，再施工框格梁混凝土(框格梁间距为 8 m)。右岸纯砂层边坡由于处于变坡范围内，坡度陡峭而无法施工框格梁混凝土，因此，采用编织袋装土将土工布压住。另外，在坡脚处采用钢筋笼形成一个马道以利于边坡的稳定；在纯砂层边坡的坡顶设置厚度为 20 cm，净空尺寸为 40 cm(宽)×30 cm(深)C15 二级配混凝土排水沟，起排水与土工布压顶的双重作用。

4. 经验总结

通过大渡河沙湾水电站基坑中深厚纯砂层的开挖实践，总结出以下几点经验：

(1) 将换填法、滤水法、倒退法装车在施工中灵活结合，通过合理的资源配置、施工组织，成功进行了纯砂层的高强度排水和高难度开挖；

(2) 通过换填道路、换填纯砂层以及倒退法装车等方法，有效地解决了因纯砂层不能承重而导致的不能施工的问题；

(3) 滤水法排水、晾晒纯砂等工艺在含水量大、透水性差且有不明来源强渗水补给的纯砂层开挖中成功应用，加快了纯砂层的开挖施工，提高了机械使用

效率；

(4) 对纯砂层边坡不同部位采用不同的支护方式，避免了纯砂层边坡坍塌、软化等事故，满足了施工期的安全要求。

4.2.2 软岩开挖

1. 工程概况

安谷水电站工程是大渡河干流梯级开发中的最后一级，枢纽位于四川省乐山市沙湾区嘉农镇(左岸)和市中区安谷镇(右岸)接壤的大渡河干流上，距两镇分别为 3.5 km 和 5.0 km。

电站装机共 5 台，其中大机组容量 4×190 MW，设计引用流量 2576 m^3/s，小机组容量 1×12 MW，设计引用流量 64.9 m^3/s。

电站厂房基础根据地质勘察成果显示，下伏基岩顶面高程 357.98～367.67 m，为 $K_{1j}^{②}$ 中厚层夹薄层状砂岩及泥岩薄层，岩体无强风化，弱风化带厚 10～12 m。新鲜岩体饱和抗压强度为 12.7 MPa，强度较低、完整性差，为厂基地基持力层。

工程前期导流标施工过程中，泊滩堰改造和沐龙溪明渠工程地质条件与厂房部位类同，因其强度低、工期紧，采用常规施工工艺，边坡成型质量差、底板超挖严重。为保证主体工程施工进度，提升施工质量及企业形象，全面总结了前期施工经验及教训，确定此研究项目。

2. 主要技术特点和难点

(1) 极软岩具有易风化、遇水泥化等岩性特征，在雨季施工如何保证厂房 51 m深基坑石方开挖的工期、质量和安全为本项目技术难点；

(2) 尾水渠两侧极软岩边坡为 1∶1.6，采用 15 cm 厚混凝土衬砌，如何选择合理施工机械及施工方法，保证缓坡预裂爆破的成型质量、控制超欠挖，技术难度大；

(3) 尾水渠底板混凝土衬砌只有 15 cm，石方开挖面积大，岩体条件差，采取何种方法进行开挖，是超欠挖控制的关键，也是控制整个项目成本的关键。

3. 软岩开挖技术

针对大面积、多层次极软岩岩性及岩体结构特征，极软岩浅层破坏形式、成因及施工情况，确定如下主要施工技术。

1）极软岩快速开挖技术

图 4.3 所示为极软岩开挖工期、质量、安全影响因素。

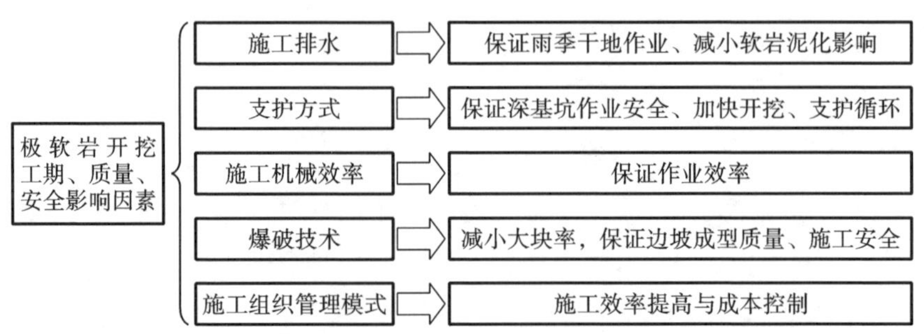

图 4.3　极软岩开挖工期、质量、安全影响因素

(1) 排水技术方案。

开挖区的水源来自三部分：一是基坑渗水；二是层间渗水；三是天然降水。应根据不同的水源特点，确定不同的排水措施。

基坑渗水：开挖周边沿分界线设置排水沟，引至主泵坑。

层间渗水：利用马道设置截水沟，通过长引水软管排至集水点。

天然降水：在低洼处设置集水坑，集中抽排至主泵坑，确保强降雨天气积水及时排出。

(2) 支护技术方案。

支护方式的影响因素有岩性特征、结构面发育特征、岩体破坏形式、主要支护方式、施工循环等，这些因素最终会影响工程的工期、安全及综合效益。

①岩性特征。厂房基坑边坡岩体为沉积作用下的不等厚互层状砂岩、泥岩，均呈薄层状分布、层次变化多。

②结构面发育特征。岩层走向为 N50°～70°E/NW∠3°～7°，岩层倾角均小于 12°，产状近于水平。

③岩体破坏形式。近水平薄层状极软岩主要破坏形式有三种，即风化(泥化)、剥落、崩塌，其中，风化及剥落最为常见，崩塌主要反映为岩体整体性破坏，作为安全控制的重点。

④主要支护方式。

砂卵石覆盖层支护方式：采用 5 cm 厚 C20 混凝土喷护，渗水点设置 $\phi 80$ 排水管，利于渗水排出。砂卵石易失水垮塌及被雨水冲刷，砂卵石的及时覆盖可以

保证石方开挖施工安全。

石方边坡支护方式：采用 5 cm 厚 C20 混凝土喷护，渗水点设置 $\phi 80$ 排水管。岩石边坡及时覆盖，减少边坡风化剥落。渗水引排，避免积水对边坡的泥化影响，保证岩层稳定。

近水平状极软岩有利于边坡自稳，高质量的预裂爆破可以减少爆破对岩层的撕裂破坏，如此可减少随机锚杆支护，增加重点部位的变形观测，以加快施工进度。

⑤施工循环。

石方边坡支护随开挖进行，滞后一个梯段高度。梯段高度不宜过大，可以减少支护平台的搭设及平台对开挖掌子面的占压，加快施工进度。

(3) 开挖施工技术。

①岩体声波检测。

岩石开挖过程中，借助于基础处理，采用岳阳奥成科技生产的 HX-SY02B 数字声波仪在储门槽部位进行声波检测。图 4.4 所示为声波检测测孔简图。表 4.3 所示为储门槽坝段基础声波测试成果统计。

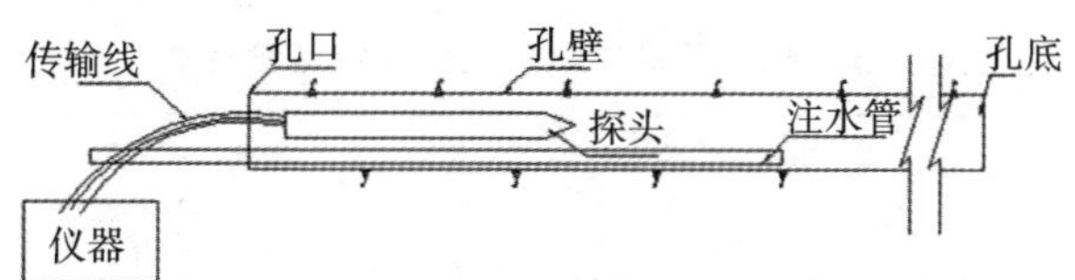

图 4.4　声波检测测孔简图

表 4.3　储门槽坝段基础声波测试成果统计

测试类别	编号	波速/(km/s)		
		最大值	最小值	平均值
声波测试	CG-01-15	3.98	2.87	3.29
	CG-02-03	3.58	2.75	3.25
	CG-02-13	3.58	2.35	3.25
	平均值	3.71	2.66	3.26

通过试验数据分析，声波最大值的平均值为 3.71 km/s，最小值的平均值为 2.66 km/s，平均值的平均值为 3.26 km/s。岩石密实度较小，声波值级差较大，裂隙或软弱层发育。

②开挖施工技术。

根据爆破试验及声波检测结果，极软红砂岩中的薄弱泥岩夹层，因其特殊的物质构成，在造孔时极易造成卡钻。爆破时，软弱夹层成为能量释放的通道，造成夹层下部块体过大或死炮。由此，将深孔梯段爆破调整为浅孔梯段爆破。

梯段高度由 10 m 调整为 3.5 m。梯段高度减小后，完成每 10 m 高开挖循环周期缩短 8～10 d。

③爆破参数调整。

根据生产性爆破试验及成果显示，对梯段爆破参数进行了调整及修正，降低炸药单耗及爆碴大块率。

表 4.4 所示为原梯段爆破主爆孔爆破设计参数，表 4.5 所示为优化后梯段爆破主爆孔爆破设计参数。

表 4.4　原梯段爆破主爆孔爆破设计参数

梯段高度 /m	孔径 /mm	药径 /mm	底盘抵抗线/m	超深 /m	孔距 /m	排距 /m	堵塞长度 /m	单耗 /(kg/m^3)
10	904	60/70	2.5	0.8	2.5～4.04	2.0～2.5	2.0～3.0	0.4～0.55

表 4.5　优化后梯段爆破主爆孔爆破设计参数

梯段高度 /m	孔径 /mm	药径 /mm	底盘抵抗线/m	超深 /m	孔距 /m	排距 /m	堵塞长度 /m	单耗 /(kg/m^3)
3.5	85	60/70	2.8	0.5	2.5～2.8	2.5～2.8	1.0	0.29～0.35

④极软岩考虑振动影响的控制爆破。

安谷水电站厂房基坑石方开挖施工与泄洪冲沙闸防渗墙、帷幕灌浆、混凝土浇筑施工等同时段进行，储门槽关键部位在爆破施工过程中，为确保泄洪冲沙闸上游防渗墙、帷幕灌浆、泄洪冲沙闸混凝土、消力池混凝土等部位不受爆破影响，其爆破振速应满足规范要求，以保证永久建筑物结构安全，特委托七局科研所对储门槽部位爆破施工进行安全监测，并形成监测报告予以上报。通过监测成果分析，爆破设计方案完全满足相关规范要求。

表 4.6 所示为第一次质点振动速度测试数据成果，表 4.7 所示为第二次质点振动速度测试数据成果，表 4.8 所示为第三次质点振动速度测试数据成果。新浇混凝土允许最大单响药量(7 d 龄期)见表 4.9，新浇混凝土允许最大单响药量(3 d 龄期)见表 4.10。

表 4.6　第一次质点振动速度测试数据成果

爆破部位	测试部位	爆心距/m	最大单响药量/kg	水平速度/(cm/s)	垂直振速/(cm/s)	切向速度/(cm/s)
储门槽	基岩面	34.5	30	2.0642	3.9607	3.6372
	消力池	50.5	30	1.4823	1.0118	3.0733
	防渗墙	85.5	30	0.7614	0.0035	0.6149

表 4.7　第二次质点振动速度测试数据成果

爆破部位	测试部位	爆心距/m	最大单响药量/kg	水平速度/(cm/s)	垂直振速/(cm/s)	切向速度/(cm/s)
储门槽	基岩面	67.0	30	2.2079	1.9038	1.9686
	消力池	83.0	30	1.1196	0.1882	0.5824
	防渗墙	54.0	30	0.6865	0.6068	0.6655

表 4.8　第三次质点振动速度测试数据成果

爆破部位	测试部位	爆心距/m	最大单响药量/kg	水平速度/(cm/s)	垂直振速/(cm/s)	切向速度/(cm/s)
储门槽	基岩面	61	30	0.2046	0.3051	0.2369
	消力池	88	30	0.1639	0.1846	0.3052
	防渗墙	135	30	0.1384	0.1876	0.2091

表 4.9　新浇混凝土允许最大单响药量(7 d 龄期)

序号	距离 R/m	允许最大单响药量/kg
1	24	44.5
2	30	86.9
3	40	205.9
4	50	402.2
5	60	694.9
6	70	1103.5
7	80	1647.2

表 4.10　新浇混凝土允许最大单响药量(3 d 龄期)

序号	距离 R/m	允许最大单响药量/kg
1	24	12.5
2	30	24.4
3	40	57.8
4	50	112.8
5	60	195.0
6	70	309.6
7	80	462.2

(4) 开挖设备及施工进度。

开挖施工使用的设备主要有改进型潜孔钻和 CM351 高风压钻机，施工方案及设备调整资源对比见表 4.11。

表 4.11　施工方案及设备调整资源对比

序号	施工组织阶段			施工实施阶段		
	设备名称	规格型号	数量	设备名称	规格型号	数量
1	潜孔钻	QZJ100B	10 台	改进型潜孔钻	—	2 台
2	手风钻	YT-28	40 台	手风钻	YT-28	—
3	液压钻机	ROC D7	4 台	液压钻机	QYDZ-165-1	2 台
4	高风压钻机	CM351	3 台	高风压钻机	CM351	—

方案调整后，厂房部位石方月最高开挖强度由施组阶段的 29.2 万 m^3/月提高至 34.27 万 m^3/月，开挖时间由原计划的 6 个月缩短至 4 个月。

2) 缓坡高精度轮廓控制爆破技术

(1) 坡面施工方法选择。

①不采取任何措施的任意爆破法：边坡坎坷不平、犬牙交错，形成大量危石，塌方安全隐患突出，成型质量差。

②直接开挖法：利用破碎锤进行破碎、液压反铲进行修整，开挖成型质量较差，施工进度慢，机械磨损率高。

③沿边坡打防振孔：预留保护层，用手持式风钻浅孔逐层爆破，施工进度慢，因爆破产生的松动易破坏边坡，影响边坡稳定性。

④预裂爆破：利用主爆区与预留区预先爆出来的一条裂缝达到减振、保护开

挖面的目的。

预裂爆破成型效果最佳，但须对薄层状极软岩部位预裂爆破进行控制。

(2) 施工机械选择。

预裂爆破控制的重点是造孔质量，根据地质及施工条件选择合理的施工机械是首要条件。

①YT-28 手风钻轻巧简便，适应能力强、耗风量小。但在大面积缓坡预裂施工中施工进度慢，钻孔角度控制难度大，人力资源需求大。

②QZJ100B 潜孔钻与手风钻相比，效率高、钻孔角度控制质量高。但在大面积缓坡预裂中，移设工作量大，对于有软弱覆盖层边坡预裂，支架固定难度大。

③CM351 高风压钻机施工效率高、钻孔方向易控制，但供风量大、滑轨倾角幅度受限，在 1∶1.6 缓坡坡比下，钻机易倾覆或超挖量大，在大面积缓坡预裂施工中，作业难度大。

④经过生产试验确定，选用 QYDZ-165-1 型露天液压潜孔钻机造孔。依托于机身自重及回转扭矩，保证造机稳定。钻机自身滑架摆角设计为左 50°/右 35°，尚不能满足坡比设计要求，经与厂家技术人员商讨研究，对滑架油缸进行改进，增加油缸行程，滑架摆角范围调整至右 30°。

(3) 预裂爆破设计。

预裂爆破施工作为工艺控制的重点，在技术管理体系上进行了调整及优化，使工序控制有保障，技术控制更切实，实际施工更简便，保证预裂爆破效果。

最终尾水渠缓坡预裂残孔率达到 95%以上，成孔坡比都控制在设计坡比的 1∶1.6，较好地控制了尾水渠岩石边坡的开挖质量。

3) 极软岩基础爆破开挖技术

(1) 基础面水平预裂施工方法。

采用潜孔型 100-Y 钻机造孔，孔距 80 cm。上部开挖至基础面上 1.5 m 处，第二层为保护层水平预裂开挖。为了保证钻机可操作性，须开挖先锋槽，该先锋槽宽 5 m，技术超挖 25 cm 以满足 100-Y 钻机下部槽钢支撑 10 cm、上部钻机马达 15 cm 的操作空间。

因孔深过深，钻杆长度延伸时钻杆受自身重力影响加大，钻孔精度无法保证，易出现一定的超挖，同时爆破面很难达到规范平整度要求。当钻孔深度过长时，在水平方向无法将药卷填充至炮孔底板，起爆效果会受到影响。鉴于上述分析得出预裂孔进尺 6 m，每段进尺都须进行一定的技术超挖才可以满足下排炮进尺。

(2) 基础面水平光爆施工方法。

采用 YT-28 型手风钻造孔,孔距 50 cm。开挖至基础面以上 1.5 m 处,第二层为保护层水平光爆开挖。为了保证钻机可操作性,须开挖先锋槽,该先锋槽宽 5 m,技术超挖 25 cm 以满足手风钻下部气腿支撑 10 cm、上部钻机马达 15 cm 的操作空间。

受钻机性能影响,孔深不宜过深,否则软弱夹层容易造成卡钻等现象发生。手风钻造孔宜按照 3 m 进尺,每段进尺都须进行一定的技术超挖才可以满足下排炮进尺。

(3) 垂直孔爆破施工方法。

根据岩石出露高程确定开挖分层厚度。考虑多层次极软岩爆破做功不充分,易出现爆破不到位等状况,岩石出露至建基面大于 5 m 时采用两层开挖方案,第二层剩余 2～3 m,采用一次钻孔至建基面,同时为避免建基面损伤,在孔底设 10 cm 缓冲设计。

施工要点如下。

①待爆破完成出碴后,对建基面欠挖 10 cm 以上部位采用破碎锤进行破碎,保证大面欠挖为 5～10 cm。

②填筑挡水坎将尾水渠底板分为左右半幅,再将左右半幅按长度 100 m 分成若干小块,采用砂卵石填筑、外敷沙袋并结合泥浆防护,在分块中灌水将基岩面覆盖。

③待灌水 3 d 后,采用 15 t 羊角碾(角高 10 cm)进入灌水仓号进行基面碾压,直至达到开挖至建基面要求。

④待羊角碾充分碾压完成后,采用推土机进行基面刀片刮面清基,最后进行人工清理,进入下一道工序施工。

通过多次试验比较,采用底板预裂爆破技术和光面爆破技术大面超挖均在 10 cm 以上,垂直孔爆破施工方法配合破碎锤及推土机,超挖能控制在 5 cm 以内,最终施工时选择了垂直孔爆破施工方法,较好地控制了尾水渠底板的超挖。各部位超欠挖对比如下:泊滩堰明渠的底板超欠挖范围为 20～30 cm,沐龙溪明渠的底板超欠挖范围为 15～25 cm,主厂房的底板超欠挖范围为 10～15 cm,尾水渠的底板超欠挖范围小于 5 cm。

4) 大面积极软岩基础非爆破开挖技术

(1) 红砂岩物理特性。

红砂岩按强度和崩解特性划分为如下三种类型:一类红砂岩,岩块天然单轴

抗压强度小于 15 MPa，在 105 ℃温度下烘干后浸水 24 h，呈现碴状、泥状或粒状崩解；二类红砂岩，岩块天然单轴抗压强度小于 15 MPa 或稍大于 15 MPa，在 105 ℃温度下烘干后浸水 24 h，呈块状崩解；三类红砂岩，岩块天然单轴抗压强度大于 15 MPa，不崩解特性与普通砂岩无区别。其中一、二类红砂岩占大部分。由此，对厂坝区岩体进行抗压强度试验。

抗压试验成果统计见表 4.12。

表 4.12　抗压试验成果统计

样品状态	样品编号	长/mm			宽/mm			面积/mm²	荷载/kN	强度/MPa
		1	2	平均值	1	2	平均值			
湿	S-1#	50	53	51.5	49	47	48.0	2472	25.93	10.49
	S-2#	48	48	48.0	49	50	49.5	2376	21.78	9.17
	S-3#	47	49	48.0	50	50	50.0	2400	29.74	12.39
	S-4#	47	50	48.5	49	52	50.5	2449	14.37	5.87
	S-5#	48	49	48.5	47	49	48.0	2328	13.66	5.87
	S-6#	50	48	49.0	50	49	49.5	2426	16.04	6.61
干	G-1#	47	46	46.5	50	52	51.0	2372	16.61	7.00
	G-2#	49	49	49.0	50	51	50.5	2475	44.49	17.98
	G-3#	49	47	48.0	50	52	51.0	2448	14.75	6.03
	G-4#	47	49	48.0	50	54	52.0	2496	18.97	7.60
	G-5#	48	47	47.5	49	51	50.0	2375	29.45	12.40

样品抗压强度为 5.87～12.4 MPa，整体强度偏低；样品浸泡 24 h 后，平均抗压强度降低 2 MPa。

(2) 机械破碎开挖施工方法。

根据试验结果及地质资料成果分析，岩石强度低，裂隙发育、整体性差；遇水后岩石软化、泥化。再加上尾水渠底板右侧有居民区，罗安大桥桥墩桩基也处在尾水渠内，采用爆破施工局限性很大。因此根据以上情况，对尾水渠石方开挖提出了大面积极软岩机械破碎开挖作业法。

①施工机械选择。

推土机破碎器应用于大面松土、集碴，如尾水渠底板部位；挖掘机破碎器应用于边坡或边角处理。本工程推土机选用 CAT D11R 重型推土机，挖掘机破碎器选用 1.8 m^3 斗容改装，并加改挖掘机小臂。

②作业方法。

选用大功率推土机,先利用尾部单齿破碎器把软石破碎钩松,表层翻松后,用推土机进行搬运集堆,然后再用挖掘机或装载机配合自卸汽车运输,形成“松土→集堆→外运”的机械循环作业。松土时松土方向顺着岩石的下坡方向,间隔1.0～1.5 m。

选用挖掘机破碎器,先利用单齿破碎器把软石破碎钩松,表层翻松后,由液压反铲进行收集清理,并装车,由自卸汽车运输,形成“破碎器破碎→反铲清理挖装→自卸汽车外运”的机械循环作业。

③施工效率及适用范围。

经工程实践,选用CAT D11R重型推土机,单层开挖深度为70～80 cm,小时开挖量为500～600 m^3。遇雨水天气时,受机械自重及行走影响,开挖料泥化严重,作业效率降低,不适宜强降雨天及渗水严重处作业。

选用挖掘机破碎器,单层开挖深度为30～50 cm,小时开挖量为200～300 m^3,适用于缓坡开挖及边角处理。因其不具备集碴功能,须由反铲配合。

经工程实践,机械破碎开挖作业法适用于大面积多层次低强度薄层状极软岩快速开挖施工,开挖质量高,超欠挖易控制,作业效率高。

4.2.3 边坡支护

大渡河沙湾水电站枢纽区河床较宽阔,河谷呈宽缓U形,河床宽度为300～600 m,最大宽度约1000 m,左右岸均分布有阶地,左岸阶地较平坦。枢纽区河床覆盖层深厚,设计最大厚度约66.0 m。覆盖层具有非常复杂的多层结构,其成分有漂砾卵石夹砂、砂夹砾卵石、砾卵石及漂砾卵石夹粉土、砾卵石夹砂、纯砂层、冰水堆积体、灰岩、白云岩、泥质白云岩、泥质粉砂岩及玄武岩等。

坝区地下水丰富,主要为贮存于覆盖层中的孔隙潜水和基岩中的岩溶潜水及岩溶承压水,总的渗水量较大而且分布和来源不确定;承压水中富含SO_4^{2-},最大浓度达到约2100 mg/L;岩石开挖后,从边坡渗出的水流中SO_4^{2-}含量也达到约920 mg/L;岩溶承压水埋藏深度距河床基岩面以下3.32～50.95 m,最大水头达到86.42 m。

在大江大河下游河段开发水电项目,其共同特性是:河道较宽,河床覆盖层深厚,料物组成复杂;采用分期导流,形成封闭式深基坑组织施工;其中许多基坑存在着强渗水状况,施工及处理难度较大。

深基坑开挖后,为确保深基坑安全,需要采取较多的支护手段,如土锚钉、框

格梁、钢筋笼等；要求支护及时，支护时间短，支护强度大；开挖与支护相互制约，矛盾突出。

1. 边坡支护方案

基坑边坡分为砂砾石边坡、纯砂层边坡、岩石边坡、岩溶角砾岩边坡、纯砂层与砂砾石混合边坡。支护范围包括纵向围堰内外侧边坡、基坑上下游边坡（含道路边坡）、基坑右侧边坡等。针对不同类型边坡，可采用框格梁混凝土护坡、土锚钉、建筑防护网、土工布覆盖、钢筋铅丝笼护脚、浆砌石护坡护脚等单一或联合支护形式。

(1) 砂砾石边坡支护。

①上部边坡支护。

采用多方向素混凝土框格梁，形成条带状网格镶嵌、加固坡面，其中底部与马道排水沟边墙连接，中部采用弧形拱梁连接，顶部采用条带状混凝土连接。框格梁将大面积砂砾石边坡分成小块结构，通过小块状边坡的稳定来保证整个边坡的稳定。

每块网格混凝土采用分层法（如层高 3～4 m）进行浇筑。由于混凝土量不大，垂直运输可采用主溜槽与分支溜槽相结合的方式，水平运输采用人工推斗车，采用软轴振捣器振捣混凝土。

②下部边坡支护。

采用土锚钉与钢筋混凝土框格梁相结合的支护形式。土锚钉施工流程如下：修整边坡→搭设排架→设置土钉（包括钻孔、安装土锚钉、注浆等工艺）→安装框格梁钢筋→浇筑混凝土骨架。

土锚钉采用地质钻机、潜孔钻造孔，使用地质罗盘与自制测角仪相结合的方式进行孔向控制，每次添加钻具时均进行孔斜测量。

③各级马道防护。

采用钢管作支撑，使用建筑防护网形成高度约 2 m 的防护屏障，以避免砂砾石边坡滚石危及基坑施工人员与设备的安全。

(2) 纯砂层边坡支护。

纯砂层边坡支护为采用土工布、沙袋、钢筋铅丝笼等不同形式进行联合支护。坡面可先采用透水土工布对其进行完全覆盖，再采用编织袋装细砂进行网格状压坡；坡脚处设置排水沟，采用不透水土工布进行覆盖，采用钢筋铅丝笼装卵石加固 2～3 m 高度，以达到滤水、固沙、防流失的作用，保证边坡稳定。

沙湾水电站纯砂层的最大厚度达到 18 m,采用上述支护方法确保了基坑边坡及堰体的安全。

(3) 纯砂层与砂砾石混合边坡支护。

纯砂层与砂砾石形成的混合边坡出露部位具有随机性,基坑下部边坡和中部局部边坡出露的情况比较多;该类型边坡既有一定的稳定性,又易塌方。坡面采用透水土工布进行局部或全部护面,坡脚采用钢筋铅丝笼装卵石加固;坡脚处设置排水沟,采用不透水土工布进行覆盖,形成排水沟,加强集水引排。

(4) 岩石边坡支护。

根据开挖揭示的地质条件以及边坡成型情况,采用不同的支护:素喷混凝土、钢筋挂网喷混凝土、锚杆支护、喷混凝土+锚杆联合支护。若边坡成型情况较好,岩石条件允许,可以不采用更多的支护措施或仅对局部边坡进行随机支护,以满足边坡安全要求。

沙湾水电站右岸边坡由于爆破严格、成型好,以清理为主,设置局部排水孔,未采取其他支护措施。

(5) 道路边坡支护。

坡面采用浆砌石框格梁进行支护;坡脚采用浆砌石加固,根据道路边坡高度,一般情况加固 1.0～2.0 m 高,并与道路排水沟边墙相结合。

2. 边坡监测

为保证施工安全,安排专门的队伍,在边坡上设置监测墩,使用高精度全站仪与水准仪对边坡进行监测。监测的内容包括边坡裂缝、滑移、沉降、倾斜等,为采取相应的工程处理措施提供安全预警资料。

3. 深厚覆盖层基坑支护技术

大渡河沙湾水电站厂房深基坑在不同高程层面上的地质情况存在一定的差异,同时随着开挖高程的下降,基坑渗水也不断增大,因此,基坑在不同深度处的开挖方法和支护手段不尽相同。基坑开挖分层示意图见图 4.5。

针对实际情况,为了提高开挖的工效,在施工进行到一定的高程面时,项目组对开挖及支护中的一些施工方法和手段进行了及时有效的调整,分别在大面高程为 400 m、374 m、360 m 等时制定了相应的开挖支护措施,对深厚覆盖层的基坑开挖和支护起到了积极有效的指导作用。

以下仅讨论相应的支护措施。

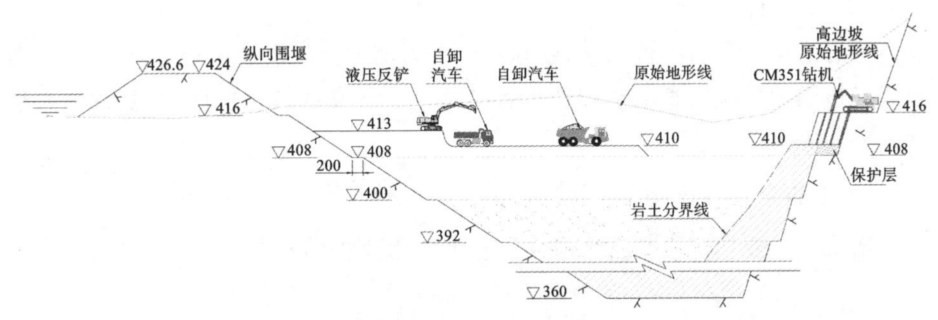

图 4.5　基坑开挖分层示意图(尺寸单位:cm,标高单位:m)

1) 基坑高程 400 m 以上支护

基坑支护包括基坑上下游边坡(含道路边坡)支护、纵向围堰边坡支护、基坑右岸边坡支护等。

(1) 基坑上下游边坡(含道路边坡)支护。

基坑上下游边坡(含道路边坡)按设计图纸施工。根据类比,该部分支护初步确定为参照纵向围堰边坡的支护形式,即采用建筑防护网和架管形成一道 2 m 高的防护屏障。

(2) 纵向围堰边坡支护。

纵向围堰背水面边坡采用框格梁混凝土护坡,每级边坡框格梁布置形式为:网格状框格梁混凝土镶嵌边坡,上下游每间隔 13.60 m 设伸缩缝。网格竖向顺坡条带间距 400 cm,条带与条带横向连接方式从下到上分别为:条带底部采用混凝土水沟连接,中部采用二条弧拱梁连接,顶部采用条带状混凝土连接。弧拱梁间距 400 cm,框格梁混凝土垂直嵌入成型边坡面内 40 cm,断面尺寸为 40 cm×40 cm。

网格沟槽采用人工开挖,因沟槽与边坡垂直,在沟槽开挖过程中,沟槽上部砂卵石受重力作用,不可避免会产生超挖。

框格梁混凝土施工的难点主要是混凝土入仓和模板的固定。根据本工程的边界条件,将每块网格进行分层浇筑,分层高度为 3～4 m。框格梁混凝土浇筑方式:上部采用溜槽辅助人工,中、下部采用 HB60 泵入仓、溜槽辅助人工入仓,机械振捣。

溜槽受料平台沿上下游方向每间隔 20 m 搭设一处,溜槽沿坡搭设,并设分支溜槽至各仓号内。溜槽支撑架采用脚手架管搭设,支撑架设三排架管,单排支架竖向间距 200 cm,上下横向间距 150 cm,每排间距 100 cm。

(3) 基坑右岸边坡支护。

基坑右岸以岩石边坡为主,砂砾石边坡为辅助。建议采用的支护方式为:沿每级马道采用建筑防护网和架管形成一道 1.5 m 高的防护屏障;岩石边坡采用锚喷网的方式支护。

2) 基坑高程 400 m 以下、374 m 以上支护

基坑支护囊括范围与基坑高程 400 m 以上支护的基本一致。

(1) 基坑上下游边坡(含道路边坡)支护。

基坑上下游边坡(含道路边坡)支护采用建筑防护网在各级马道形成一道 2 m 高的防护屏障。

(2) 纵向围堰边坡支护。

①框格梁混凝土支护。

其与基坑高程 400 m 以上支护中的纵向围堰边坡支护的操作基本一致。

根据本工程的边界条件,将每块网格进行一次性浇筑。框格梁混凝土浇筑方式:上部采用溜槽辅助人工,中、下部采用 HB60 泵、人工辅助溜槽入仓,用 ϕ50 振动棒振捣。

在混凝土浇筑完成后,采用土工布对框格之间出露的砂砾石进行覆盖。

②土钉墙施工。

为保证纵向围堰的安全,在纵向围堰内侧边坡 400 m 以下设置了 36 层土钉墙。土钉墙在厂房基坑纵向 1∶1.5 坡比边坡施工。共设计 8.0 m 锚钉 1260 根,6.0 m 锚钉 450 根,累计施工钻孔 12780.00 m,下设 ϕ22 土锚钉 13464.0 m, M15 水泥砂浆注浆 1710 孔,计 12780.0 m。

(3) 纯砂层边坡支护。

纯砂层边坡要求采用振冲碎石桩的支护法加固,并在振冲碎石桩施工完成后按设计要求放坡,做反滤料层,在反滤料之上回填袋装砂卵石压脚。纯砂层边坡支护方法如下。

①土工布结合框格梁护坡法。

基坑中出露的纯砂层边坡采用双层土工布结合框格梁护坡、钢筋铅丝笼结合编织袋装土压坡脚的方式进行处理,具体操作与“4.2.1　纯砂层开挖”中采用编织袋装砂土进行坡面防护支护的操作方式一致。

②振冲碎石桩加固法。

纯砂层及砂砾石边坡原设计由振冲碎石桩进行加固。项目组根据现场实际情况优化振冲碎石加固边坡或平台的施工方式,采用其他更简便的施工措施,如

块石护坡或压坡、钢筋笼加固等，不仅加快了施工进度，抢在汛前将基坑开挖完成，及时进行混凝土浇筑，有效地保证了工程安全，同时为业主节约工程投资2481228 元。

(4) 基坑右岸边坡支护。

其与基坑高程 400 m 以上支护中的基坑右岸边坡支护操作基本一致。

3) 基坑高程 374 m 以下、360 m 以上纯砂层支护

基坑砂卵石边坡采用混凝土框格梁和土钉墙进行支护，边坡的支护要紧跟基坑的开挖进行。

4) 基坑高程 360 m 以下支护

本处所述的边坡支护主要是指高程 360 m 以下的上下游边坡的临时支护。上下游边坡为纯砂层边坡，在自然放坡、渗水的作用下，必然会形成垮塌和超挖，因此，在按照自然放坡开挖后，立即采用钢筋笼堆码形成挡碴墙，钢筋笼摆放的位置应紧贴结构边线，在钢筋笼施工完成后，对超挖或垮塌的部位采用砂卵石回填，形成施工平台。

4.2.4　强渗水抽排

沙湾水电站厂房基坑由上下游围堰、纵向围堰和右岸山体围成。基坑的表面积约 21 万 m^2，开挖高程从 426 m 到 360 m，在 2006 年 3 月 13 日基坑上游围堰与纵向围堰结合部突然发生大量渗水，此时基坑已开挖至 388 m 高程。由于渗水量超过现有设备排水强度，在取得监理及业主同意后，基坑排水、开挖、边坡支护及承压水处理等施工被迫停止，基坑很快被淹没。

由于水位上涨较快，在全力转移基坑施工机械设备的情况下，已无法对敷设在纵向围堰内侧边坡的 14 趟排水管路进行拆除，管道及有关零星材料仍然淹没在基坑水位以下。

经过八个月的施工，围堰防渗墙补强工作已经基本结束，基坑二次初期排水工作也即将展开，在保证安全的情况下，快速地将基坑积水排除，为基坑下一步施工争取时间。

1. 排水泵站及管路设计

1) 基本参数

(1) 现有基坑水面高程为 418 m，开挖底部大面高程为 388 m，基坑开挖底部集水坑底部高程为 385 m,基坑大面积水深度为 30 m,基坑最大积水深度为 33 m。

(2) 砂卵石饱和水孔隙率为 18.03%。

(3) 基坑第一次初期排水量为 69 万 m^3。

(4) 基坑表面积(围堰第一道防渗线所包围面积)为 21 万 m^2;基坑积水表面积为 14.2 万 m^2。

(5) 排水时间:每月按 25 d,每天按 20 h 计算。

(6) 基坑土石方开挖量为 295 万 m^3。

(7) 上游堰顶高程为 426 m,下游堰顶高程为 424 m,纵向围堰排水管路处按高程 426 m 进行计算。

(8) 基坑排水扬程为 30 m。

(9) 浮桶尺寸:直径 60 cm,长度 90 cm。

2) 排水泵站设计

(1) 基坑积水总量 Q 计算。

基坑积水总量 Q=基坑第一次初期排水量+基坑土石方开挖量+砂卵石内饱和水渗出量=424 万 m^3。

基坑积水补给量:降雨、承压水、右岸山体渗水、围堰渗水按 2000 m^3/h 估计;该补给量可在排水过程中根据现场情况进行调整。

(2) 基坑排水时间和排水下降速度的关系。

在防渗墙补强施工完成后立即进行基坑排水,基坑积水深度为 30 m,抽排水下降速度不大于 1.0 m/d,即按最大下降速度 1.0 m/d 控制,排水时间刚好为 1 个月,但这是在所有设备满负荷全天候运行的情况下才能完成的,根据相关经验和定额的要求,在设备配置时,均按 25 d/月、20 h/d 计算。因此在后面的设备配置上,将考虑相关系数和部分备用设备。

也可做如下分析。

①在防渗墙补强施工完成后立即进行基坑排水,暂定工期为 1 个月,即有效工作时间为 25 d,基坑积水深度为 30 m,则每天下降速度 1.2 m/d。

②若抽排水下降速度不大于 1.0 m/d,即按最大下降速度 1.0 m/d 控制,基坑积水深度 30 m,则需要有效工作时间 30 d;考虑时间利用系数,则实际工作时间为 36 d。

根据有关安排,以下按最大排水下降速度 1 m/d 进行泵站设计。

(3) 排水强度。

①平均排水强度。

按基坑积水总量计算,每小时平均排水强度约 5889 m^3/h(每月按 30 d,每

天按 24 h 计算)；另有基坑补给水量平均排水强度估计值 2000 m^3/h。

针对基坑排水总量的每小时平均排水强度为 7889 m^3/h。

②最大排水强度。

基坑最大排水强度发生在基坑排水的第一层，考虑计算的富裕度，按 1 m 水深计算。

基坑第一层积水总量 Q_1 = 第一层积水表面积×水深+砂卵石内饱和水渗出量=16.5345 万 m^3。则基坑积水最大每小时排水强度为 6890 m^3/h。

另有基坑补给水量排水强度估计值 2000 m^3/h。

针对基坑排水总量的每小时平均排水强度为 8890 m^3/h。

表 4.13 所示为基坑抽排水水量明细。

表 4.13　基坑抽排水水量明细

高程/m	区间积水量/m^3	砂卵石饱和水量/m^3	每小时渗水补给量/m^3	每天抽水强度/(m^3/d)	每小时抽水强度/(m^3/h)	计算水泵数量/台	备注
417～418	155543	9802	2000	213345	8890	13	另备用 2 台
416～417	152288	10388	2000	210676	8778	13	另备用 2 台
415～416	137057	13130	2000	198187	8258	12	另备用 2 台
414～415	133627	13747	2000	195374	8141	12	另备用 2 台
413～414	131183	14187	2000	193370	8057	12	另备用 2 台
412～413	128752	14625	2000	191377	7974	12	另备用 2 台
411～412	126333	15060	2000	189393	7891	11	另备用 2 台
410～411	123926	15493	2000	187419	7809	11	另备用 2 台
409～410	121532	15924	2000	185456	7727	11	另备用 2 台
408～409	119149	16353	2000	183502	7646	11	另备用 2 台
407～408	111771	17681	2000	177452	7394	11	另备用 2 台
406～407	107648	18423	2000	174071	7253	11	另备用 2 台
405～406	105502	18810	2000	172312	7180	10	另备用 2 台
404～405	103382	19191	2000	170573	7107	10	另备用 2 台
403～404	101282	19569	2000	168851	7035	10	另备用 2 台
402～403	99203	19943	2000	167146	6964	10	另备用 2 台
401～402	97144	20314	2000	165458	6894	10	另备用 2 台

续表

高程/m	区间积水量/m^3	砂卵石饱和水量/m^3	每小时渗水补给量/m^3	每天抽水强度/(m^3/d)	每小时抽水强度/(m^3/h)	计算水泵数量/台	备注
400～401	95105	20681	2000	163786	6824	10	另备用 2 台
399～400	88844	21808	2000	158652	6611	10	另备用 2 台
398～399	85316	22443	2000	155759	6490	10	另备用 2 台
397～398	83413	22786	2000	154199	6425	9	另备用 2 台
396～397	81531	23124	2000	152655	6361	9	另备用 2 台
395～396	79670	23459	2000	151129	6297	9	另备用 2 台
394～395	77829	23791	2000	149620	6234	9	另备用 2 台
393～394	76008	24119	2000	148127	6172	9	另备用 2 台
392～393	74208	24443	2000	146651	6110	9	另备用 2 台
391～392	70086	25185	2000	143271	5970	9	另备用 2 台
390～391	68354	25496	2000	141850	5910	9	另备用 2 台
389～390	66642	25804	2000	140446	5852	9	另备用 2 台
388～389	64951	26109	2000	139060	5794	9	另备用 2 台
合计	3067278	581888					

(4) 水泵选型。

目前现场已使用的水泵有 300S58A 和 300S32，从这两种型号中进行选择，并进行水泵组合、配置。其参数如表 4.14 所示。

表 4.14　水泵参数

型号	流量/(m^3/h)	扬程/m	功率/kW	备注
300S58A	720	49	160	
300S32	790	32	90	

考虑排水富裕度，每台水泵的流量均按 720 m^3/h 进行计算。

①水泵数量计算。

a. 按基坑积水量计算的水泵台数＝6890/720＝9.57 台，选取水泵 10 台进行布置。

b. 按基坑补给水量计算的水泵台数＝2000/720＝2.78 台，选取水泵 3 台进

行补充配置。

基坑排水总量所需要的水泵台数为 13 台。考虑水泵转换时所需要的时间及水泵的利用系数为 0.86，按两种水泵同时更换进行水泵配置，即备用 2 台水泵。

基坑排水实际水泵配置为 15 台。

②水泵布置方案。

a. 方案一。

根据现已有的水泵，按泵站出水管从 426 m 高程穿过围堰，计算泵站静扬程，考虑水头损失，来计算水泵扬程并选择泵型。可全部采用 15 台 300S58A 型水泵排水。水泵选型见表 4.15。

表 4.15　方案一水泵选型

型号	流量/(m^3/h)	扬程/m	功率/kW	数量/台	备注
300S58A	720	49	160	15	2 台备用

b. 方案二。

在满足 388 m 高程以下排水强度的情况下，可用 300S58A 型水泵与 300S32 型水泵相结合的排水方式，即在 388 m 高程以上通过 9 台 300S58A 型水泵和 6 台 300S32 型水泵同时排水，在排至 388 m 高程后，6 台 300S32 型水泵扬程已经达到极限，此时，剩下的 9 台 300S58A 型水泵排水也能满足下部排水的需要。停止抽水的 6 台 300S32 型水泵在基坑积水排除完成后，在基坑底部与其余需要拆除的水泵一并拆除。水泵选型见表 4.16。

表 4.16　方案二水泵选型

型号	流量/(m^3/h)	扬程/m	功率/kW	数量	备注
300S58A	720	49	160	9	2 台备用
300S32	790	32	90	6	

根据已抽排水的实际情况、管道损失补偿及经济节能原则，推荐采用方案二。

(5) 水泵布置。

根据原有管道的布置，结合实际，排水泵站采用浮桶泵站，15 台水泵每 3 台一组，共 5 组，按“品”字形交错布置，单组中的 3 台水泵呈直线交错布置，5 组泵站尽量紧靠边坡，泵站之间采用绳索相互形成软连接，增加浮桶的稳定性。

5组泵站分配:纵向围堰一侧3组,另一侧2组。前后两排吸水管、出水管相互错开,吸水管入水端采用浮桶悬浮在水中。

泵站与纵向围堰边坡之间通过临时浮桥(由浮桶和木板形成)相连,形成人行交通;也可采用小型浮箱作为交通使用。为防止水泵平台漂移,通过绳索将泵站与纵向围堰连接,绳索可以随着泵站的下降而延伸。

水泵布置如图4.6和图4.7所示。

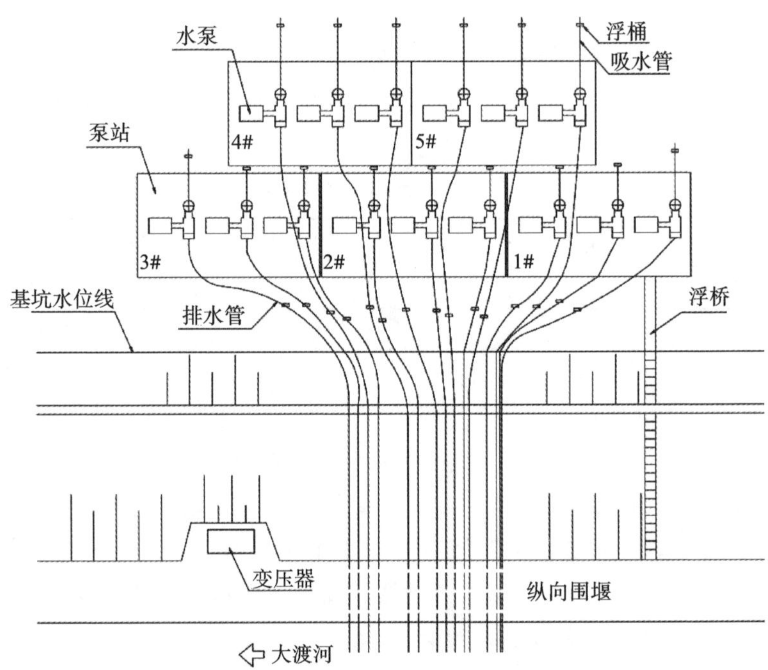

图4.6 基坑排水水泵平面布置图

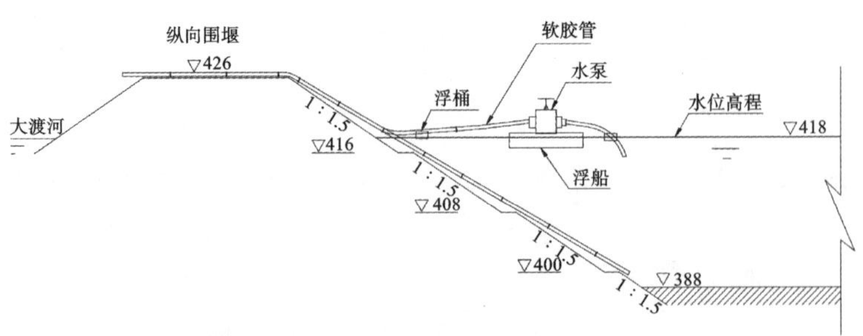

图4.7 基坑排水纵剖图(标高单位:m)

(6) 单组泵站设计。

单组泵站荷载计算如下。

永久荷载:泵机自重和泵站自重。

泵机自重=(泵机+电动机+电缆+配电箱+真空泵)×台数≈10500 kg

$$泵站自重=浮桶自重+架管自重+木板重≈5500\ kg$$

可变荷载:人和接头管≈1000 kg。

$\sum =17000$ kg,根据浮力公式,$\rho gV=mg$,即

$$(1000\times10\times n\times0.3\times0.3\times3.14\times0.9)\ \mathrm{N}=(17000\times10)\ \mathrm{N}$$

$$n=66.8$$

计算出每组泵站需要浮桶 67 个,考虑浮桶外露体积以及泵站平台水泵的平面布置,泵站平台将设计成 5.4 m×9.9 m 的矩形,需要 99 个油桶。

单组泵站平面布置图如图 4.8 所示。

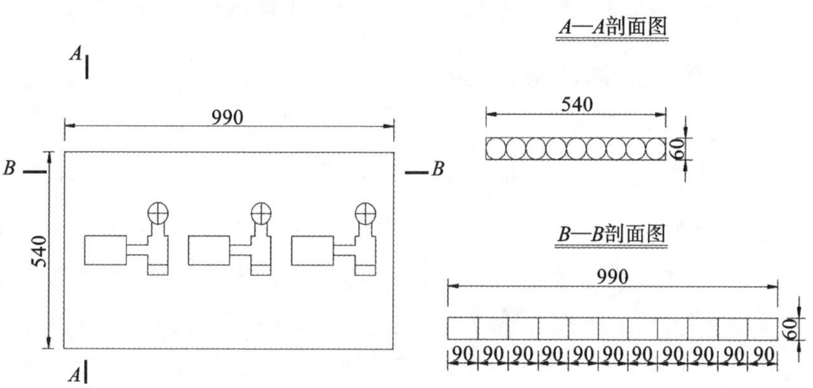

图 4.8　单组泵站平面布置图(尺寸单位:cm)

3) 排水管道布置

为减少重新敷设排水管数量,减轻工作强度和难度,将利用纵向围堰原未拆除的 14 条排水管向大渡河排水。其主要施工方式为:水泵群由浮桶承载,吸水管与出水管 6 m 高差内均采用软胶管,出水管 6 m 高差内的软管首先与原敷设的管路相接(接点位于水位线以上 1.5 m 以内),使出水软管呈弯曲状态或延长出水软管,将浮船向纵深推进,浮桶和出水管随着基坑水位的下降而向下移动,当出水管软管接近平直状态时,拆除与原敷设排水管之间的连接,重新在非常接近水位线的位置与原水管连接,使出水软管呈弯曲状态,如此循环,将基坑渗水排除。

由于原水管在接口拆开后，下部管路会产生向下的滑移，因此，在拆接口前，采用手动葫芦调节此两节管路。手动葫芦通过地锚插筋与边坡固定，或者是采用插筋将上一节管路固定，将手动葫芦固定在管路上都可以。插筋选用 $\phi 25$，$L=3$ m，锚入边坡 2～2.2 m，插筋数量一般不少于 3 根；若现场情况有变，可根据现场情况由工程部现场决策。

4）泵站的制作与水泵吊装

采购回来的合格材料在联营体综合队场内进行单组泵站的制作，主要是通过脚手架管和 $\phi 16$ 钢筋固定，在浮箱顶部平铺木板作水泵安放平台，水泵平台四周设防护栏。

单组泵站制作完成后，通过 25 t 吊装拖车运至下游围堰下基坑道路，吊装入水，浮箱入水后通过绳索固定，然后安装水泵和配套设施，设备安装遵循先中间后两边、两边相互对称、两侧设施均衡增加的原则。

在配套设施完成后，人力将满载泵站运输至纵向围堰进行管件对接。

2. 基坑边坡监测及防护措施

（1）围堰变形观测。

围堰含砂石量大，又经水的侵蚀，边坡极不稳定，有可能会出现坡体滑移现象。在抽排水的过程中，安排专人对围堰边坡进行过程监测，同时为确保围堰和防渗墙安全，在本次排水前，应恢复围堰变形观测设施，每日早上九时定时观测围堰变形情况，并将结果报送监理工程师。如发现变形观测数据有较大变化，应立即通知监理工程师，并停止部分水泵工作，但为保证基坑内水位不上涨，应保持有 3 台水泵继续工作。

（2）边坡防护。

根据业主及设计初步意见，对基坑边坡拟采取浆砌石与土工布相结合的防护方式，在基坑边坡损毁修补及可能在排水过程中边坡破坏的保护方案确定后联营体将编制边坡防护专项措施。

虽然边坡采取了防护措施，但在排水过程中，应加强基坑边坡的巡查力度，发现问题及时处理。

3. 施工用电布置及施工

根据本工程施工特点及规模，按照水泵额定功率和启动功率分别校核，应在现有纵向围堰中部的 1 台 1250 kVA 变压器基础上再增加两台 800 kVA 的变压

器。

两台变压器均架设于纵向围堰中部，采用 M7.5 浆砌石砌成变压器放置平台，采用砖砌围墙防护。

施工备用电源的配置：为防止系统突然停电造成排水中止而导致水位上升，或造成不必要的损失，在备用电源的配置上，满足停电时基坑水位不上涨即可，即水泵台数×每台水泵的排水强度＝渗水补给强度。

$n\times 720\ m^3/h = 2000\ m^3/h$，$n\approx 3$，取 3 台水泵，以 300S58A 型水泵(160 kW)计算，备用电源功率≥3×160 kW＝480 kW，目前联营体配置有 1 台 440 kW 及 1 台 120 kW 柴油发电机组，基本上满足排水要求。

4. 主要机械设备及材料用量

(1) 泵站主要材料用量。

泵站主要材料用量见表 4.17。

表 4.17　泵站主要材料用量

材料名称	型号	单位	数量	备注
油桶	ϕ600×900 mm	个	520	99×5＋15＋10
脚手架管	ϕ50	m	3060	612×5
木板	δ＝2 cm	m^2	360	72×5
扣件	—	个	2260	452×5
钢管	ϕ300	m	1192	新增 100 m 管路
铅丝	8＃	kg	600	120×5
钢筋	ϕ16	kg	3160	632×5

(2) 主要设备配置。

主要设备配置见表 4.18。

表 4.18　主要设备配置

设备名称	型号	单位	数量	备注
水泵	300S58A	台	9	3×3
水泵	300S32	台	6	3×2
发电机组	120GFE	台	1	120 kW

续表

设备名称	型号	单位	数量	备注
发电机组	XD440	台	1	440 kW
配电柜	—	台	15	3×5
软管	ϕ300	m	360	72×5
电缆	150 mm^2	m	2250	450×5
变压器	1250 kVA	台	1	
	800 kVA		2	
手动葫芦	8～10 t	个	15	
汽车吊	25 t	台	1	
电焊机	—	台	3	
载重汽车	25 t	台	3	
反铲	CAT330	台	1	
救生艇	—	艘	1	

4.3 厂房建筑物施工

4.3.1 防渗漏系统实施

1. 概述

大渡河安谷水电站厂坝枢纽建筑物结构类型多样，工序复杂，机电金属结构埋件较多，容易因设计或施工方面的疏忽而造成渗漏水，影响水电站的使用功能，甚至建筑物稳定。因此应避免在结构薄弱部位分缝，根据混凝土的浇筑能力和温度控制要求确定分块面积大小，并根据结构特点和温度控制要求确定分层厚度，分层分块均应考虑施工方便；对于可能产生渗漏水的薄弱部位，如蜗壳、水下墙等，应设置可靠的止水系统。安谷水电站厂坝枢纽建筑渗控系统设计见表4.19。

表 4.19　厂坝枢纽建筑物渗控系统设计

工程部位	地质条件	基础防渗	结构缝防渗形式
左岸副坝工程	砂卵石	C25 混凝土防渗墙 C25 混凝土盖帽	铜片止水 ＋SR 止水
泄洪冲 沙闸工程	砂卵石 （3＃～13＃闸室） 砂卵石掺 5％水泥填筑 （1＃～2＃闸室）	穿墙帷幕＋C25 混凝土 防渗墙＋C25 混凝土盖帽	铜片止水 ＋SR 止水
储门槽 坝段工程	岩石	穿墙帷幕＋C25 混凝土 防渗墙＋C25 混凝土盖帽	双层止水片 ＋沥青止水井
电站厂房工程	岩石	帷幕灌浆	双层止水片 ＋复合止水条
安装间储门槽	岩石	帷幕灌浆	双层止水片 ＋复合止水条
船闸一期导墙	岩石	帷幕灌浆	铜片止水
船闸导墙 连接坝段	砂卵石	塑性混凝土防渗墙 ＋C25 混凝土防渗墙	铜片止水

2. 电站厂房渗漏成因分析

电站厂房渗漏成因分析主要从地质条件、止水系统设计形式、止水系统施工质量控制、施工工艺控制等方面着手，以同类型沙湾水电站施工经验与质量控制成果为基础，对渗水成因进行归类，根据其渗水特点提出防渗漏措施。

（1）地质条件渗水。

地质条件渗水主要是由于地质物理性能较差，渗透系数大，属于先天不足。比如科研地质资料显示，安上 ZK24、安上 ZK25、安上 ZK26 孔揭示厂基岩体中分布有承压水，承压水位高程 379.67～380.50 m，高出地面 0.92～4.19 m，承压水头 34.59～38.15 m，顶板埋深 14.60～23.40 m，顶板高程 341.27～343.38 m，最大涌水量 4.5 L/min。招投标阶段，厂房部位基础未设置帷幕灌浆。

泄洪冲沙闸 1＃～2＃闸室因厂房部位基坑开挖形成人工填筑基础，若基础沉降变形，会造成基础渗漏或止水系统破坏而引起渗水。地质条件的缺陷需要通过增加防渗墙、固结灌浆或帷幕灌浆等方式人为补强。围堰防渗墙或永久防渗体系施工是防渗控制的第一道防线，必须予以重视。

(2) 系统止水失效引起渗水。

在电站厂房止水结构体系设计中，根据建筑物的结构特点采用不同的止水形式，包括止水片、SR 止水、复合止水条、沥青止水井等。结构伸缩缝位置通常采用铜片止水与橡胶止水联合布置，避免止水系统局部失效而引起整体性渗水。止水安装、加固以及混凝土施工过程中的止水保护、混凝土振捣等，必须严格控制，保证止水系统的施工质量。

(3) 混凝土施工层间缝渗水。

电站厂房进口段上游压力墙承担较大的水头差，混凝土施工层间缝位置因施工缝处理不到位或不合格，造成新旧混凝土结合不严密，在高水压条件下，施工缝张开形成渗水。施工过程中必须加强层间施工缝处理，并加强层间缝位置混凝土振捣等工艺控制手段，保证层间缝结合严密。

(4) 工艺质量控制不到位引起的渗水。

挡水结构主要是通过混凝土本身密实度或添加外加剂增加防渗性能实现挡水，混凝土配合比设计及其质量控制是防渗控制的重点。同时，混凝土裂缝也极易在挡水建筑中引起渗水。

3. 安谷水电站止水系统分析及防治措施

通过对安谷水电站厂房部位止水系统分析与研究，结合上述渗漏成因分析成果进行归类，制定防治措施。

(1) 地质原因渗控措施。

通过对地质资料的分析及现场岩石基础实际揭露情况显示，对比招标文件，对于电站厂房部位的承压水，协调设计单位增加帷幕灌浆，减少渗水对厂房基础的不利影响。泄洪冲沙闸部位 1＃～2＃ 闸室基础为砂卵石填筑体，在施工图阶段，综合沙湾水电站的施工经验，采用掺 5％水泥填筑砂卵石进行基础填筑。填筑前进行碾压试验，根据试验成果确定施工相关技术参数，蓄水后的观测成果显示，满足设计要求。

(2) 结构止水质量控制。

厂房部位止水采用铜片止水与橡胶止水相结合的方式，质量控制要点是接头连接方式和施工工艺。铜片止水加工采用自行研制的液压加工平台，保证止水槽的成型质量，并减少普通加工时弯曲对铜片止水的损伤，以免影响止水效果；铜片止水连接主要采用铜焊条焊接，采用折叠咬接双面焊工艺，搭接长度不

小于 20 mm。铜片面板上粘贴 100 mm×6 mm 复合止水条，保护铜片止水的同时可以延长渗径。橡胶止水连接采用硫化热粘法，并针对转角部位、十字交叉部位定制 T 形止水接头、“十”字形止水接头，克服了胶水粘接易脱落、不严密的缺点，极大提高了止水施工质量。止水部位安装中，采用专用夹具加固；混凝土施工过程中止水部位采用一级配或二级配混凝土，并加强振捣。

(3) 混凝土施工工艺控制措施。

①合理的分层分块措施。

合理的分层分块是削减温度应力、防止或减少混凝土裂缝、保证混凝土施工质量和结构整体性的重要措施。在分层分块中，根据施工分层图，结合结构特点、形状及应力情况，避免在应力集中、结构薄弱部位分缝，分块面积大小根据混凝土浇筑能力和温度控制要求确定，分层厚度应根据结构特点和温度控制要求确定。对于可能产生渗漏水的薄弱部位要设置可靠的止水系统。如在尾水挡墙、厂房上游压力墙层间缝位置，增设 50 cm 宽镀锌铁皮止水，可有效杜绝施工缝局部渗水情况。

②设置防渗质量预控点。

建立完善质量控制体系，落实质量责任制，推行全面质量管理，严格执行施工阶段控制程序。列出预控点，设专职质检人员跟踪检查，尤其是容易产生渗漏水的薄弱环节，如止水片的安放、尾水管、蜗壳、水下墙和帷幕灌浆等施工，重点现场监督。

③混凝土配合比抗渗性能和强度试验。

对于抗渗性能要求较高的部位，如上游压力墙、蜗壳、尾水管等，经常进行混凝土配合比抗渗性和强度试验，根据实际情况调整水灰比，确保抗渗指标达到设计要求。

④重视混凝土浇筑的过程控制。

混凝土施工过程中，合理设置施工缝，合理选择入仓方式。浇筑前计算供料速度与施工浇筑需求速度的关系，避免混凝土供应不足致使前后浇筑混凝土之间产生冷缝，形成渗漏通道。在满足混凝土允许间歇时间情况下，尽量提高浇筑层的厚度，并尽量减少分纵缝，或在可能条件下采用通仓而不分缝。在钢筋密集处或预埋件集中处，调整混凝土坍落度并采用细石混凝土，避免下料困难、振捣不及或振捣不实而引起的蜂窝或孔洞，形成抗渗的薄弱部位。

⑤注意混凝土温度控制及养护。

混凝土温度应根据施工季节、浇筑体形等方面综合控制。安谷水电站主要采用低热硅酸盐水泥，通过采取合理的温控措施，减少了因裂缝引起的漏水。混凝土养护以人工洒水为主，混凝土浇筑后 12～18 h 即开始洒水，养护期一般为 14 d，重要部位和利用后期强度的混凝土则不少于 28 d，应控制好混凝土拆模时间。

4.3.2 厂房基础施工

1. 概述

安谷水电站属大Ⅱ型水电站，主要建筑物有泄洪冲沙闸、电站主副厂房、船闸（坝段）、非溢流坝（含泊滩堰取水口段）、副坝、尾水渠、升压站、泄洪渠、左岸副坝库尾放水闸、太平镇排涝洞等，为 2 级建筑物；次要建筑物有拦沙坎、上下游导墙及尾水渠右岸洪水入渠沉沙池等，为 3 级建筑物；临时建筑物为 4 级；下游泄洪渠左侧防洪堤为 4 级堤防；尾水渠罗安大桥为公路-Ⅰ级。

在预可研设计阶段，初拟了上下 2 个坝址进行比选，上坝址位于大渡河右岸沐龙溪沟上游的生姜坡河段，下坝址位于沐龙溪沟下游的高山农场，上下坝址相距约 2.5 km。经过比选，推荐了上坝址作为预可研设计阶段的代表性坝址。由于本工程为河床式电站，厂房建筑物作为挡水建筑物的一部分结合布置，所以厂址不单独比选。

通过各项比较后，上坝址在土石方平衡方面比下坝址略差，但是在地质条件方面略优，工程布置方面相对简单，投资方面省 8707 万元，综合考虑后本阶段将上坝址作为选定坝址，此处也为选定厂址。

2. 厂房施工

本工程厂房安排在枢纽一期施工。通过 C—4＃场内公路到达施工工作面。

(1) 砂卵石开挖。

采用 3.0 m^3 液压反铲挖装 18 t 自卸汽车运输，部分料进入砂石系统作为混凝土骨料，其余运至碴场。

(2) 石方开挖。

厂房开挖 80.77 万 m^3，开挖深度约 30 m。

QZL-100 型潜孔钻造孔，周边预裂，梯段高度 6～9 m，毫秒非电雷管微差松动爆破。推土机辅助集碴，3 m^3 液压反铲装 18 t 自卸汽车运至碴场。

基岩为 $K_{1j}^{②}$ 中厚层夹薄层状砂岩及泥岩薄层，为软岩或较软岩，开挖面采用

喷混凝土及时封闭。基础保护层采用手风钻造孔，浅孔，火雷管爆破。

采用 D85A 推土机集碴，3.0 m^3 液压反铲装 18 t 自卸汽车出碴。

上坝址厂房段安上 ZK12、ZK13、ZK24、ZK25、ZK26 等钻孔揭示承压水顶板高程 336.94～343.91 m，承压水头 35.94～45.66 m，涌水量 0.78～4.5 L/min，埋藏深度距河床基岩面以下 14.59～25.76 m。承压含水层为 $K_{1j}^{①}$ 薄层状砂岩，岩体透水率 1.1～6.6 Lu，承压水受右岸地下水补给，其补给源较远，径流缓慢，河水与承压水无直接水力联系，承压水埋藏于薄层状砂岩孔隙及裂隙中，其涌水量较小，承压水属局部裂隙性承压水。其顶板为相对较完整中厚层砂岩夹泥岩薄层，岩体透水率 0.5～4.1 Lu。

厂房建基高程 324.3 m，根据地质情况，厂房开挖将揭穿承压水顶板。对承压水处理拟定了帷幕灌浆封闭方案和不处理方案。帷幕灌浆封闭方案：对厂房开挖基坑四周进行帷幕灌浆封闭（帷幕灌浆底界为 320 m 高程），钻孔 2.26 万 m^3，灌浆 1.39 万 m^3，造价 697 万元。不处理方案：经计算基坑承压水的最大渗流量为 982 m^3/h（按有压非完整井渗流进行计算），从揭穿承压水顶板到混凝土封闭承压水历时共 12 个月，抽水费 537 万元。本工程基坑渗流量 1732 m^3/h，基坑渗流量和承压水渗流量合计 2714 m^3/h，总抽水量不大，易于抽排，对工程施工影响较小，且不处理方案费用较低，故不对承压水进行封闭处理，采用加大排水设备排出承压水。

(3) 砂卵石填筑。

填筑料由尾水渠开挖直接填筑，3.0 m^3 液压反铲装 18 t 自卸汽车运至作业面，推土机推平铺料，20 t 振动碾碾压 6～8 遍。

(4) 混凝土浇筑。

进水口混凝土：混凝土采用 2×3 m^3 拌和楼生产，15 t 自卸汽车运输至工作面，部分可以自卸汽车直接入仓，其余由长臂反铲入仓及 QUY50 履带吊吊运 3 m^3 卧罐入仓，组合钢模，2.2 kW 插入式振捣器振捣。

主机段混凝土：混凝土采用 2×3 m^3 拌和楼生产，15 t 自卸汽车运输至工作面，MQ 600/30 及 MQ 900B 型高架门机吊运 6 m^3 卧罐入仓，组合钢模，2.2 kW 插入式振捣器捣振捣。

反坡段混凝土：混凝土采用 2×3 m^3 拌和楼生产，15 t 自卸汽车运输至施工现场，部分可以自卸汽车直接入仓，其余由长臂反铲入仓及 MQ 900B 型高架门机吊运 6 m^3 卧罐入仓，组合钢模，2.2 kW 插入式振捣器振捣。

安装间混凝土：混凝土采用 2×3 m^3 拌和楼生产，15 t 自卸汽车运输至工作面，MQ 600/30 及 MQ 900B 型高架门机吊运 6 m^3 卧罐入仓，组合钢模，2.2 kW 插入式振捣器捣振捣。

升压站混凝土：混凝土采用 2×3 m^3 拌和楼生产，15 t 自卸汽车运输至施工现场，由 MQ900 型高架门机吊运 3 m^3 卧罐入仓，组合钢模，2.2 kW 插入式振捣器捣实。

(5) 固结灌浆。

基础固结灌浆孔排距 3 m，孔深 5 m。

采用 XY-2PC 型地质钻机造孔，400 L 双筒立式搅拌机制浆，BW-200/400 型中压泥浆泵分二序自上而下施工。采用集中供浆方式。

(6) 帷幕灌浆。

采用 XY-2PC 型地质钻机造孔，400 L 双筒立式搅拌机制浆，BW-200/400 型中压泥浆泵分三序自上而下施工。采用集中供浆方式。

4.3.3 尾水管选型和施工

1. 尾水管概述

尾水管是设于水轮机出口的管道，又称吸出管。其作用是：①将通过转轮流出的水泄向下游；②当转轮装设在尾水位以上时，利用转轮出口高出尾水位的这部分水头(相当于吸出高度 H_s)；③利用转轮出口水流动能的一部分，亦即将转轮出口水流的部分动能转换为动力真空，从而提高水轮机的效率。为此，尾水管做成扩散管的形状，即做成逐渐扩大的管子，这样就会相应地降低出口流速，从而减少出口的动能损失。

常用的尾水管有 3 种形式。①直锥形尾水管。它用于立轴小型水轮机(D_1 $<$0.8 m)和贯流式水轮机。一般取 $L/D_3=3\sim4$。通常由钢板弯卷焊接而成，或采用铸铁结构。小型水轮机用的直锥形尾水管，其长度 L 通常为 2～4 m。②肘形尾水管。它由 90°弯管和直锥管组成，用于卧轴小型混流式水轮机。③弯肘形尾水管。它由直锥管、变剖面肘管和矩形剖面的扩散段三部分组成，广泛用于大中型立轴反击式水轮机。此种尾水管除直锥管系由钢板焊接而成之外，肘管和水平扩散段大多用钢筋混凝土浇筑而成，个别情况下采用钢板作里衬，外面再浇筑混凝土。

尾水管的形式和尺寸，不仅影响水轮机的效率，而且与水轮机的空蚀和振动密切相关，对低水头水轮机影响更大。尾水管的最优长度、尾水管肘管形式及适

合特种厂房的尾水管形式等，是近年来研究尾水管的重要课题。

2. 工程概况

大渡河沙湾水电站位于四川省乐山市沙湾区，坝址位于葫芦镇上游 1.0 km。电站枢纽上游 11.5 km 为已建的铜街子水电站，下游为规划的法华寺水电站，枢纽距乐山市城区 44.5 km，成昆铁路在本电站下游约 7.0 km 处之轸溪车站通过。

沙湾水电站工程以发电为主，电站装机容量 480 MW，是大渡河干流梯级开发的第一级。沙湾水电站采用混合开发方式，即建坝壅高水位 15.5 m，厂后接长 9015 m 的尾水渠，尾水渠利用落差 14.5 m。水库正常蓄水位 432.0 m，正常蓄水位以下库容 4554 万 m^3，水库总库容 4867 万 m^3。电站设计引用流量2203.2 m^3/s，保证出力 151 MW，年利用小时数 5015 h，年发电量 24.07 亿 kW·h。

枢纽坝轴线长 699.82 m，水工布置从左至右分别为面板土堆石坝、左储门槽、泄洪冲沙闸、主厂房、右储门槽及安装间和右岸接头坝。

3. 肘管模板制造与安装

(1) 肘管体形特点。

沙湾水电站安装 4 台轴流式机组，单机容量 120 MW，水轮机尾水管由锥管段、肘管段及水平扩散段三部分组成。肘管段高 10.685 m，进口与锥管段相接，形状由水平向圆形断面（直径 10.918 m）渐变至出口竖向矩形断面（20.727 m×5.372 m），肘管出口与水平扩散段相连。肘管由水平面、圆环面、直圆柱面、水平圆柱面及铅直平面等部分相交或相切组成。

(2) 肘管模板设计。

肘管外形复杂，尾水流道混凝土施工需制作定型模板。肘管模板依据形状特点进行设计，除了要满足强度和刚度的要求，还应考虑方便模板的安装与拆除，以利于加快施工进度。沙湾水电站肘管高 10.685 m，其中尾水平台以上高 5.313 m，尾水平台以下高 5.372 m。由于体形庞大，肘管模板须分层分片制造，以利于模板安装与拆除。

尾水平台以上设计分三层制作，层高 1.771 m；每一层分成八片，每片圆心角为 45°。尾水平台以下分四层制作，各分层高度自上而下依次是 1252 mm、1500 mm、1670 mm、950 mm，肘管模板分层分块详见图 4.9 与图 4.10。

组成肘管的每一片模板均由面板与支撑构架组成，根据以往经验，木面板厚

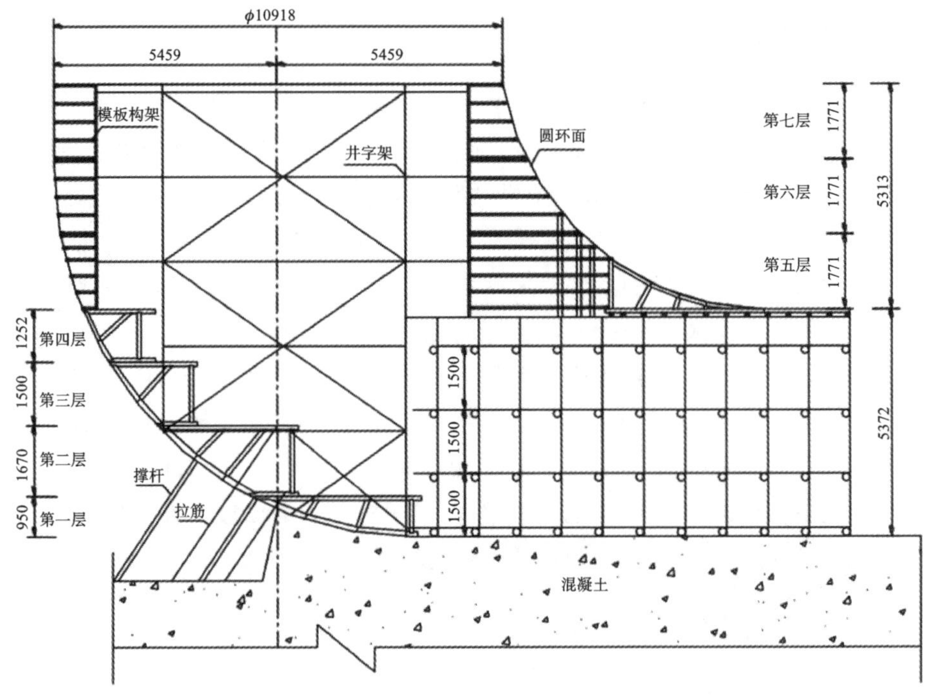

图 4.9　肘管模板分层图(尺寸单位:mm)

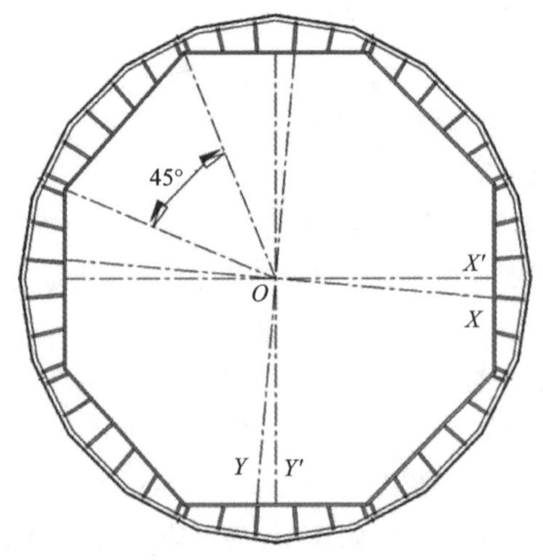

图 4.10　肘管模板分块图

2 cm，面板支撑构架间距小于 800 mm，面板的强度和挠度满足规范要求。沙湾水电站肘管设计支撑构架间距均按小于 800 mm 进行布置。

尾水平台以上第一、二层每一片模板支撑构架由 5 榀水平桁架与竖向连接杆组成，水平桁架间距为 429 mm。第三层上游及两侧共 5 片模板支撑构架由 6 榀水平桁架与竖向连接杆组成，水平桁架间距 354.2 mm。下游 3 片分成上下两半层，上半层由 3 榀水平桁架与竖向连接杆组成，水平桁架间距 215 mm；下半层支撑体系由 84 榀铅直桁架沿径向布置组成，桁架高 1140 mm，每两榀构成一片模板。

尾水平台以下第一层模板支撑构架由中间段 15 榀铅直桁架与两侧各 4 榀水平桁架组成，铅直桁架间距 401 mm，水平桁架间距 417 mm；第二层模板支撑构架由中间段 21 榀铅直桁架与两侧各 4 榀水平桁架组成，铅直桁架间距为 382 mm，水平桁架间距为 500 mm；第三层模板支撑构架由中间段 27 榀铅直桁架与两侧各 8 榀水平桁架组成，铅直桁架间距为 382 mm，水平桁架间距为 238 mm；第四层模板支撑构架由 39 榀铅直桁架组成，桁架间距 318 mm。

(3) 肘管模板制造。

①钢代木的替代方案。

肘管外形为复杂空间曲面，传统上肘管模板采用全木结构制作，沙湾水电站肘管体形庞大，据测算制作一套肘管模板至少消耗木材 130 m^3。从其他电站使用经验看，木质肘管模板使用一次后，由于变形或损坏，木材很难回收或重复利用，造成大量浪费。同时大量使用木材也不符合环保要求。项目部经过讨论决定优化肘管模板制造工艺，实施以钢代木，制作钢木结构肘管模板。

为降低模板制造难度，材料选择时充分考虑肘管体形特点与木材、钢材两种材料的特性。曲面面板及与曲面相连的弧形杆件保留使用木材，以充分利用木材可据、可刨的特点，较易达到设计要求的形状与制造精度。平面面板采用组合钢模板替代，模板支撑构架中直杆构件、加固件均采用钢材替代，以充分发挥钢材强度高、刚度大、变形小的特点，以改善混凝土外观并实现材料的重复利用、降低制造成本。

模板中构件的连接：支撑构架中钢材部分采用焊接连接，以保持构架的整体性，确保模板运输、安装、拆装过程中不变形；构架腹杆端头焊接一个 U 形钢板作为夹板，U 形夹板与弧形方木用螺栓连接；木面板与弧形方木用铁钉连接。

②肘管单线图绘制。

肘管模板支撑构架制作前，根据模板设计图各构架位置绘制出相应高程的单线图。沙湾水电站肘管模板需绘制32个高程的单线图。由于数解法计算工作量繁重、数解计算容易出错，肘管模板单线图以作图法绘制。应用CAD绘图技术与画法几何原理求解的单线图参数准确、效率高，省去了大量纷繁复杂的数解计算，极大地提高工作的效率。

③放样与制作。

肘管单线图绘制出来后，在放样平台上按1∶1的比例放出大样，然后按大样取料、裁料制作支撑构架。构架中直杆件用$\phi 47$钢管按图裁料并焊接相连，U形夹板与腹杆焊接牢固。与面板连接的外弦杆用5.5 cm×10 cm方木按相应的曲线做成要求的形状，然后穿孔上螺栓与U形夹板连接。各高程支撑构架制作完成，在放样平台按相应的单线图拼装检查制作误差，并标出各片构架的中心线，以利于安装控制。构架制作误差要求：水平桁架误差不大于3 mm，垂直桁架误差不大于5 mm。

支撑构架全部制作完成，经检查无误后，在放样平台上拼装成骨架，然后拼钉面板。模板骨架拼装分两阶段进行：尾水平台以下为一部分，尾水平台以上为另一部分。支撑构架拼装的平面位置与高程必须与模板设计图纸严格相符，才能拼钉面板。面板钉好、刨光，作一次全面检查，复核肘管模板中心、高程及各曲面形状，全部符合要求后，再用油灰嵌缝，涂刷石蜡，以利于脱模和减小变形。

(4) 模板安装与质量控制。

①模板安装。

安装前准备工作：测放出机组中心线、肘管中心线及高程控制点，用于模板安装控制；尾水平台以下悬臂模板安装前需焊接好支撑架，尾水平台以上模板安装前搭设承重架以及辅助的操作平台。肘管模板由吊机辅助安装，各片模板由吊机起吊就位，各层模板中心线、高程与设计相吻合后，采用内撑或外拉的方式进行临时加固。一层模板安装完成，须认真校核该层模板中心线与高程，符合要求后方可进行上一层模板安装。肘管模板整体安装完成，进行一次全面检测与校核，符合要求后方可进行验收。

②模板加固。

肘管模板根据浇筑混凝土时各部位受力特点采取不同的加固方式。模板下弯段(悬臂模板)主要承受混凝土的浮托力，下弯段模板采用外撑与外拉筋加固，外撑承担模板自重，确保模板的稳定，外拉筋承担混凝土的浮托力，保证模板不产生抬动变形。两侧铅直平面主要承受新浇筑混凝土的侧压力，采用内撑与外拉方式加固。

肘管模板尾水平台属于承重模板，承重架采用钢管搭设。尾水平台以上每层模板均由八片组成，八片模板构成平面不稳定体系，受新浇筑混凝土挤压极易产生变形，因此模板高程每相差 1 m 用钢管对撑加固，对撑钢管与模板构架及中心格构架用钢管扣连接牢固，形成立体支撑体系。模板四周同时用径向外拉筋加固，以防止肘管中心发生偏心位移，肘管加固详见图 4.11。

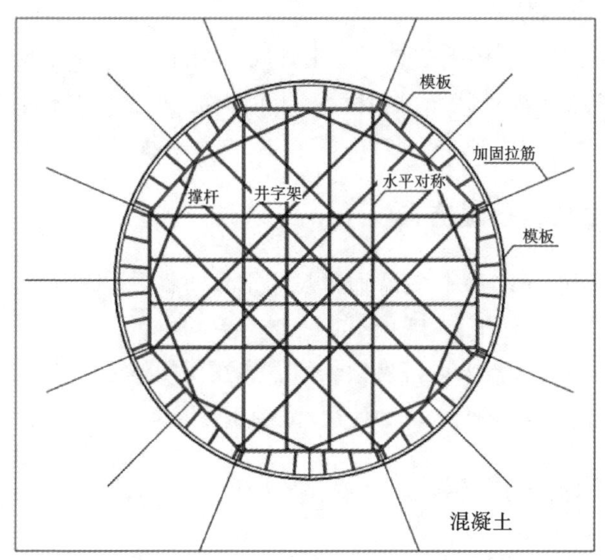

图 4.11　肘管模板安装加固图

4. 实施效果

(1) 经济效果比较。

沙湾水电站肘管如采用全木质模板，据测算至少耗用木材 130 m^3，而木材单价 2300 元/m^3，因此制造一套全木质肘管模板材料费用至少为 29.9 万元。

实施以钢管代木，采用钢木结构模板，制作一套肘管模板耗用木材 80 m^3、钢管 4.977 t。钢管单价 3180 元/t，两台机组共用一套模板的钢桁架，用后钢材回收，测算回收后价值为 1000 元/t。制作一套钢木结构肘管模板：木材费用 18.4万元，钢材费用分两次摊销，每次摊销 5425 元，总的材料费用 19.49 万元，与全木质模板相比节约 10.41 万元。

(2) 制造与安装工期。

钢木结构肘管模板金结部分制作不需要专业木工，普通的电焊工在厂内即可完成，因而简化了制作工艺、加快了制造速度。一套模板的支撑构架，4 人 5～

7 d 内即可以完成制作任务。据测算制造一套全木质肘管模板耗时 45 d 左右；钢木结构肘管模板制造工期为 37 d，制造工期提前 8 d。

钢木结构肘管模板安装性能好，1～2 d 可以完成一层，7 层模板 10 d 内具备验收条件，而全木结构肘管模板安装至少需 25 d。与全木质模板相比，钢木结构肘管模板具有安装速度快的优势，可以加快施工进度。

(3) 肘管浇筑效果。

沙湾水电站肘管模板于 2007 年 11 月底安装完成，但由于原材料及混凝土配比变更，厂房处于停工状态，肘管混凝土仍未浇筑，钢木结构肘管模板施工效果有待于后期检验。

5. 不足之处与改进方向

不足之处：用于制作支撑构架而裁短的钢管回收后没有利用的价值；制造肘管模板须搭设大型放样平台，耗用不少木材与劳动力。

改进方向：肘管模板采取搭满堂红的方式在现场整体拼装，可以省去大型放样平台的搭设，进一步减少木材的使用，减少钢管裁短浪费，节约劳动力。

4.3.4 电站厂房施工逻辑分析

安谷水电站的发电厂房及 GIS 室布置在厂房坝段，厂房坝段由主机间坝段和安装间坝段组成，沿坝轴线方向总长 221.5 m。厂区枢纽建筑物由主机间、安装间、副厂房、主变室及 GIS 楼、进水池、尾水渠、厂区防洪墙及进厂公路等组成。厂内安装 4 台轴流转桨式水轮发电机组，单机引用流量 644 m^3/s，单机容量 190 MW，另外，为充分利用泄洪渠内泄放的生态流量，增加一台小机组布置于厂房右端，引用流量 64.9 m^3/s，装机容量 12 MW，总装机容量 772 MW。主机段沿坝轴线长 160.50 m，顺水流方向长 87.80 m，基础高程 325.321 m；安装间段沿坝轴线长 61.0 m，顺水流方向长 59.1 m，基础高程 362.293 m。本工程采用分期实施方案：一期工程施工泄洪冲沙闸、储门槽、发电厂房、船闸导墙工程等，尾水渠、泄洪渠跨围堰进行施工；二期工程施工左岸副坝。合同约定的首台机组发电相对工期为 36 个月。

1. 施工逻辑关系及关键线路分析

发电厂房施工主要围绕两条关键线路：一是挡水一线，主要施工内容包括安装间储门槽、主厂房进口段混凝土及金属结构安装，包括与挡水相关电气及信号

控制系统；二是首台发电一线，厂房主机段混凝土，包括与发电相配套的房屋建筑工程。

根据电站厂房的结构形式特点，建筑结构的相互关系，以及与金属结构安装、机电安装等的施工布置与逻辑关系，将施工区域划分进口段、主机段、尾水段三部分。其中主机段分为下游桥机墙和机组两区域，主机Ⅰ区（下游桥机墙区域）是为满足为后期机电安装，形成下游桥机墙，必须独立于发电机组部分提前施工；主机Ⅱ区由蜗壳、机墩风罩、板梁柱及二期回填混凝土构成。尾水段部分为尾水闸墩和尾水板梁柱。安谷水电站副厂房及GIS室布置于尾水段，主要是受主变室及GIS室布置形式影响。安谷水电站采用一机一变，双母线，间隔较多，开关站布置面积较大，占用了1＃～4＃机组尾水段，因此要求首台机组发电时，4台机组的尾水部分间隔时间必须很短，而在尾水肘管供货与安装交面时，每台机组间隔时间为3个月，与首台机组发电的土建工期要求产生极大矛盾。

安装间分为两个坝段，其中集水井布置在坝段Ⅱ，紧邻1＃机组，也是厂房开挖深度最大的地方。安装间的工期控制依据主要有进口挡水工期要求、桥机安装工作面要求、座环安装工作面要求。根据安装间不同的工期要求，结合安装间的结构特点，把安装间划分为桥机墙工作面及座环安装工作面两大施工区域，进行工期安排。5＃机组作为生态机组，进口段及尾水段应同时满足挡水工期要求，而5＃机组紧邻4＃机组，机组基础有一半位于4＃机组的开挖边坡上，应优先施工4＃机组左侧边墩，形成5＃机组贴坡混凝土独立施工作业面。

（1）厂房进口施工关键线路：厂房进水口闸墩及上游压力墙混凝土浇筑→门槽安装→门槽二期回填→坝顶梁体吊装→坝顶结构施工→坝顶双向门机安装→拦污栅及闸门安装→前池门机拆除→占压段混凝土施工。

（2）厂房下游桥机墙施工关键线路分析：底板混凝土浇筑→肘管安装及尾水扩散段墩墙浇筑→肘管二期回填→肘管顶板混凝土浇筑→蜗壳环形压力墙混凝土浇筑→水轮机层混凝土浇筑→下游桥机墙混凝土浇筑→桥机梁吊装→桥机轨道安装及二期回填。

（3）厂房尾水段及副厂房关键线路分析：扩散段混凝土浇筑→尾水防洪墙廊道混凝土浇筑→尾水板梁柱混凝土浇筑及金属结构安装→副厂房及GIS室混凝土浇筑→主变室及GIS室装修。

（4）安装间桥机施工关键线路分析：集水井位置贴坡混凝土浇筑→集水井364.836～372.836 m板梁柱层混凝土浇筑→下游桥机墙混凝土浇筑→桥机梁吊装→桥机轨道安装及二期回填。

2. 工期保证措施

(1) 关键线路施工。

①进口段施工。

进口段底板335.0～346.556 m高程在坝横0+028.5～坝横0+034.5段设置临时施工缝，将进口段与主机段分开，底板分层高度2 m。346.556～400.7 m闸墩混凝土分层高度为2.4 m，为加快工程施工进度，在厂房进口段闸墩和上游压力墙之间设置一条临时施工缝。进口段闸墩中墩及胸墙采用液压滑模进行施工，采用泵送入仓，边墩采用常规方法分层浇筑。进口段混凝土浇筑至一定高程时提交闸门门槽预埋件安装工作面，门槽混凝土回填完成后可进行进水口闸门的安装。

对进水口胸墙采用满堂脚手架进行支撑，脚手架间排距75 cm，步距1.2 m，采用普通组合钢模板结合木模板现场进行拼装；拦污栅胸墙采用预制底模，等闸墩混凝土浇筑至胸墙高程时，将预制的底模吊装就位，即可在上面进行上层混凝土的浇筑施工。上游压力墙浇筑层间设置一层镀锌铁皮止水。

进口段混凝土施工以厂房上游两台圆筒门机入仓为主，两侧门机进行辅助。

②主机段混凝土施工。

主机段机组部由肘管、蜗壳、二期混凝土回填组成，由于结构较复杂，施工难度大，其中肘管、锥管采用金属结构。混凝土浇筑至约329.8 m高程时，提交肘管安装工作面，混凝土浇筑分层高度为1.5～2 m，在混凝土浇筑至约353.5 m时提交座环安装工作面，座环安装及二期混凝土回填工期共计三个月。

待肘管安装完毕，混凝土浇筑至345.0 m高程后优先施工下游桥机墙部分，在坝横0+063.2处设置临时施工缝，划分尾水部分与主机段部分，分别进行施工。

主机段的混凝土入仓中，前期主要由厂房下游的塔机共同入仓，两侧门机进行辅助。等进口段依次浇筑至坝顶设计高程后，由坝顶施工门机与下游塔机联合入仓。

③出口段混凝土施工。

厂房出口段扩散段底板为反坡斜面，采用先找平后台阶的方式进行分层浇筑，分层高度控制在2 m以内，尾水管扩散段预制定型模板。345.0 m高程以上在坝横0+077.95处增设一条临时施工缝将下游防洪墙和尾水板梁层分开浇筑，分层高度2.4 m，临时施工缝均设置键槽并凿毛，并设置一层镀锌铁皮止水。

尾水段混凝土主要采用厂房下游的两台塔机入仓。

④二期混凝土施工。

二期混凝土回填施工，由于仓面狭窄，普通机械不易入仓，混凝土采用 10 t 自卸汽车运输，圆筒门机配 3.0 m^3 罐吊卸至受料平台，再由溜筒入仓，局部采用人工辅助入仓，ϕ50 软轴振动器振捣密实。

(2) 特殊部位混凝土施工。

①廊道混凝土施工。

厂房廊道主要有灌浆观测廊道、排水廊道、水机操作廊道。廊道边墙采用普通钢模板施工，顶拱采用混凝土预制模板，预制模板自预制厂采用自卸汽车运至现场，吊车进行吊装，运输和吊装过程中加强对预制模板的保护。小机组廊道混凝土均采用现浇方式进行施工。

②门槽混凝土施工。

厂房导槽、栅槽、事故门槽、工作门槽均为矩形门槽，采用液压滑模进行施工，模板间按照设计图纸埋设插筋，孔隙用木板补模。门槽位置混凝土浇筑完成后，对二期混凝土面进行凿毛处理。

③牛腿施工。

进水室和出水室顶部牛腿采用普通组合钢模板施工，采用预埋型钢外撑(架管下部斜撑)与预埋钢筋蛇形柱(或钢管)内拉相结合的方法进行施工(采用架管背带，拉杆连接于锚固端加固)。浇筑混凝土时严格控制铺料层厚度及浇筑速度。

④预制梁施工。

坝顶交通桥梁、门机轨道梁在预制厂预制，采用人工入仓浇筑，预制梁自预制厂采用载重平板汽车运至现场，四方吊或门机吊装就位。

⑤楼梯施工。

为保证楼梯施工进度跟上主体结构混凝土施工进度，主机间楼梯及观测廊道楼梯提前预制，预制楼梯自预制厂采用自卸汽车运至现场，吊车进行吊装。

(3) 模板施工。

①平面大模板。

平面大模板具有安装简易、混凝土外观质量好的特点，主要用于厂房进口段和出口段墩墙、厂房内壁等部位。模板吊装采用小型履带式吊车吊装。

②普通组合钢模板。

普通组合钢模板主要用于结构底板、边墙、缝面等部位，10 t 载重汽车运至施工现场，人工现场拼装，扣件连接，5 mm×10 mm 空心方钢或架管横向背牢，拉杆固定，纵向采用 ϕ48 脚手架管加固。对于边墙和闸墩等较窄仓面采用对撑，模板之间的接缝必须平整严密，有足够的刚度和强度，以使整个仓号的模板形成一体，不应有“错台”现象发生。

③圆弧段模板。

进口段、出口段的隔水墩和边墩墩头为 1/2 或 1/4 圆，模板采用定型钢模板，定型模板采用拉杆内拉固定和加固。对进口段中墩尾部圆弧段和排沙廊道圆弧段模板采用普通 1015 钢模板进行拼装。

④厂房尾水管和蜗壳模板。

厂房尾水管和蜗壳模板施工时采用定型模板进行现场拼装。定型模板安装前，用全站仪定出轴心线、流道中线，自下而上，逐节、逐层安装，起重工配合，安装人员四方定位，使模板上的机组中心线、流道中心线与施工放样线相重合。同时进行高程的测量和控制，定位正确后临时固定。

4.3.5 大型施工机械布置与管理

1. 大型施工机械布置

安谷水电站发电厂房布置于主河道区泄洪冲沙闸右岸，厂房尺寸为 203 m×88.8 m×75.38 m(长×宽×高)，机组间距 35.5 m，安装间坝段长 61 m。安装间布置于主厂房右岸，地面高程为 372.836 m。主厂房下部为混凝土实体结构，中部为肘管、蜗壳，上部为混凝土剪力墙、梁板柱结构，以及轻型网架屋面。机组安装高程为 356.011 m，水轮机层高程 364.436 m，发电机层高程 372.836 m。厂房进水口为一机三门布置，单孔宽度为 6.54 m，坝顶高程 400.700 m，布置一台双向门机。厂房尾水为一机三门布置，单孔宽度为 6.86 m，坝顶高程 382.840 m，布置一台单向门机。尾水扩散段顶板上部布置供水设备室、主变平台以及 GIS 厅等。

2. 厂房混凝土施工机械布置难点

(1) 安谷水电站为河床式水电站，为厂房结构挡水，厂房长度、宽度均较大，施工设备控制范围不足。由于业主工期要求，各个机组同时施工，工期紧、任务重、混凝土施工强度高。挡水一线施工时段为 2012 年 10 月—2014 年 2 月，最大上升高度 65.7 m；发电一线施工时段为 2012 年 10 月—2014 年 8 月。

(2) 为满足厂房前期挡水和后期厂房启用发电要求，厂房挡水一线及发电一线相关配套工程，应同时进行高强度混凝土施工，金属结构安装、机电安装施工穿插同时进行，且场地狭窄，各工序之间相互制约，施工组织协调难度大。

(3) 为保证混凝土施工强度，厂房部位大型机械布置密集，施工时间长。施工过程中需对机械布置、安全措施进行精心筹划，为安全生产提供有效保障。

(4) 根据控制性工期要求，大机组内部肘管、座环等机电安装，特别是 5# 小机组机电安装运输通道尚未形成，须占用混凝土施工垂直运输设备，对混凝土施工干扰极大。

(5) 厂房基础大体积混凝土以上部位埋管、埋线、预留孔洞繁多，结构复杂，部分埋件仍需要占用混凝土施工垂直运输设备，对混凝土施工也存在影响。

3. 厂房工程施工机械布置

(1) 长臂反铲布置。

在安谷水电站厂房工程基础混凝土施工中，借鉴长臂反铲在水工混凝土施工中的成功应用，结合安谷水电站布置的具体特点，引进了大量的长臂反铲，以弥补因基础混凝土施工时垂直运输设备较少的缺点，基本解决了厂房基础混凝土的垂直入仓问题。

厂房基础长 88.8 m，大机组宽度为 35.5 m，为保证 18 m 长臂反铲的单仓覆盖范围，每台机组设一条横缝、5 条纵缝，每层共分 12 块施工。充分研究厂房基础结构布置、钢筋安装顺序、仓号准备、施工道路及工序施工衔接等问题，通过合理组织各块的先后施工顺序，进行错缝、压缝浇筑，在保证施工质量的同时，充分发挥长臂反铲在厂房基础大体积混凝土中的作用。

(2) 门塔机群投产顺序及使用时段。

厂房工程大型混凝土施工分阶段、分高程布置 4 台 MQ900B 圆筒门机、1 台 MQ600B 圆筒门机和 2 台 S1000K32 塔机，另外布置履带吊等设备。

机械设备布置位置及使用情况详见表 4.20。

(3) 主要机械设备的布置原则。

为满足混凝土工程的施工需要，布置的大型浇筑或辅助机械较多(密度较大)，因此，在布置大型临时工程机械时，要充分考虑各吊车在回转时不发生相互间的碰撞，必须保证两吊车相互间的距离大于吊车最大半径，并且两吊车的工作臂不要在同一高度。

表 4.20 机械设备布置位置及使用情况

编号	型号	布置桩号、高程	用途	使用时段
3#门机	MQ900B	坝横 0+044.25 m；369.00 m；坝纵 0+513.5 m～坝纵 0+477.0 m	安装间、1#机等	2012.10—2013.8
2#门机	MQ900B	坝横 0－030.00 m；369.00 m；坝纵 0+508.0 m～坝纵 0+322.0 m	厂房进口段底板、闸墩混凝土浇筑、金属结构安装	2012.10—2013.11
5#门机				
6#门机	MQ900B	坝横 0+020.00 m～坝横 0+070 m；坝纵 0+285.75 m；373.00 m	4#机、5#小机组、储门槽坝段	2013.6—2014.12
9#门机	MQ600B	坝横 0+19.8 m；400.70 m；坝纵 0+510 m～坝纵 0+293.0 m	主机段混凝土浇筑、金属结构安装	2012.11—2014.3
1#塔机	S1000K32	坝横 0+95.70 m；336.3 m；坝纵 0+461.79 m～坝纵 0+333.29 m	主机间、尾水闸墩、尾水反坡段挡墙、金属结构安装	2012.11—2014.3
2#塔机	S1000K32	坝横 0+95.70 m；336.3 m；坝纵 0+461.79 m～坝纵 0+333.29 m	主机间、尾水闸墩、尾水反坡段挡墙、金属结构安装	根据施工情况安排
四方吊	WD-400	—	安装间坝段	使用时段

(4) 门塔机群的防碰撞措施。

厂房部位门塔机等大型机械布置密集，施工作业强度高、时间长，施工过程中立体交叉作业明显，全天候作业条件下仅靠人为进行安全控制，保障率低、限制因素多；由于施工区域工程任务重，需要昼夜不间断施工，加之盆地河谷地带

在入秋之后，大雾天气频繁，门塔机安全风险更为突出。仅仅依靠简单安全管理，如运行方向的规定、安全警示、操作人员的安全意识程度，远不能满足工程施工的安全需要及强度要求，通过对大型门塔机群防碰撞系统的研究，依托先进的技术控制手段，对复杂施工环境下门塔机群的信息进行实时采集、分析，并根据工地现场的环境状况进行报警和控制，帮助门塔机操作人员更加准确地操作塔吊，避免误操作造成安全事故，并有效提高施工效率，达到保安全、提效率的目的，确保大型起重设备的安全运行，为安全生产提供有效保障。

4. 大型施工机械管理

安谷水电站大型起重设备布置密集，特别是厂房基坑周边，交叉作业多，相互干扰大。为确保大型起重设备的安全运行，防止大型起重设备间的相互碰撞，特制定大型起重设备专项安全管理实施细则。

(1) 大型起重设备防碰撞安全管理实施细则适用范围。

以下安全管理实施细则适用于安谷水电站厂坝枢纽工程范围内所有大型起重设备，包括塔机、门机及其他大型流动式起重设备。

(2) 大型起重设备防碰撞安全管理实施细则职责划分。

①生产部负责安排所有大型起重设备的工作任务，从而确定每台设备的当班作业范围。

②土建队根据生产部的工作安排，结合设备间的相互关系，制定当班具体的防碰撞措施，如规定每台设备的回转方向、指示操作人员保持最小的提升高度、控制在何种幅度等。

③每班由项目部安排 1 名地面“安全哨”来实时监控设备的运行，以防止起重设备发生误操作而造成的碰撞事故。安全哨设置地点：厂房前池门机平台。同时，任何一台设备一旦接到安全哨通知可能发生碰撞时，应立刻停机进入等待状态，待消除碰撞危险源并接到安全哨的通知后方可投入正常运行。

④安全部门对起重设备有可能发生碰撞区域要进行重点巡视，及时提醒操作司机及信号指挥人员处理违规现象；同时负责检查每台设备的警示器、限位器等安全装置。

⑤设备物资部和机械队要积极保证设备完好，建立健全起重设备防碰撞系统，积极配合安全部门处理碰撞事故。

(3) 大型起重设备管理及生产安排。

①项目部大型起重设备的管理部门或单位均应建立健全包括设备管理部

门、安全管理部门、生产部、设备使用单位在内的起重设备防碰撞安全体系。

②大型起重设备操作人员及信号指挥人员必须经过培训并按实施细则取得有关部门颁发的资质证，持证上岗。

③生产部和土建队必须了解相关设备的使用性能，制定生产计划时应尽量避免设备间相互干扰和交叉作业，从源头上杜绝设备碰撞的发生。

④各起重设备应确保在规定的作业区域内工作，因生产需要须进入其他设备作业区域作业时，首先必须向土建队和被进入的设备操作人员进行通报，得到土建队许可和相关设备操作人员回应后方可进入。

⑤当两台设备在同一区域内作业时，地面"安全哨"必须在现场进行实时监控。"安全哨"与各设备的副操作员应各尽其责，认真监护，以确保设备安全运行。

⑥起重机指挥人员应严格执行信号指挥交接规定。起料点处与卸料点处指挥人员应负责各自责任区内起重设备指挥工作，并在起重设备大钩进入对方区域前进行提醒，相互沟通相邻起重设备工作变化情况。

⑦相邻设备工作范围交叉时，两机任意部位之间的水平或垂直距离必须大于 10 m，否则应停止一台机工作。

⑧项目部应为所运行大型起重设备配备足够数量的对讲机，以保证各设备间通信畅通。与起重设备生产无直接关系的对讲内容不得通过该设备频道传送，以避免频道被占用而影响正常通信。

⑨设备进行大件吊装作业(包括两机抬吊)时，使用单位应编制作业指导书，其中要有专门的临时防碰撞措施，施工部应做好相邻设备进行避让的协调工作。

⑩每台设备均要安装各种警示装置及警示牌，如起重机轮廓照明灯、轨道探照灯、行走报警装置等。

⑪设备物资部和机械队应定期检查每台设备的安全限位和安全保护装置，如制动器、夹轨器、各种限位开关等，确保设备安全可靠。

⑫机械队须严格执行设备操作规程，如遇雨天、雾天及其他能见度的情况，应停止跨区域作业，如遇大风等恶劣天气，应增加设备的安全距离，并考虑风暴来临时设备间的避让。

⑬任何单位在起重机运行范围内安装、搭设大型设施前应先与生产部、安全部、设备物资部沟通，经同意后方可施工。

⑭大型流动设备进入现场起重机作业区域时，必须配备合适的通信工具，并安排专职安全员进行监视，使用单位负责设备的协调、通报等工作，并严格按照

起重设备防碰撞通报制度规定具体执行。

⑮禁止各台起重机进行三个动作联动。当与相邻设备存在干扰时，禁止进行各种联合动作。

⑯大型起重设备当班操作人员不得少于 2 名，副操作员应监护设备安全运行。

⑰无生产任务时，1＃塔机起重臂应顺水流上游方向停放，3＃、2＃塔机起重臂应顺水流下游方向适当位置停放，2＃、3＃、5＃、6＃门机起重臂应顺水流方向上游摆放，以不影响其他设备的正常生产为原则。

(4) 大型起重设备防碰撞避让原则。

①设备的分类及作业划分。混凝土垂直、水平运输设备各分为两类：门(塔)机垂直运输设备为一类设备，大型流动起重设备为二类设备；门(塔)机水平运输设备为一类设备，其他水平运输设备为二类设备；设备用于混凝土浇筑和金属结构安装为一类作业，用于打杂等其他工作为二类作业。

②原则上，在施工生产和安排仓号时，要优先保证一类作业的设备运行，在同类作业时要优先保证一类设备的安全运行，二类设备或二类作业工作时应无条件避让。所有设备必须服从生产部的统一指挥。

③现场协调按以下优先顺序：混凝土浇筑→大件吊装→金属结构、机电埋件安装→吊杂。金属结构和其他大件一旦起吊后应处于最高优先等级。当需要设备紧急救险时，应根据现场情况临时谨慎决断。

④设备避让协调程序。所有设备的避让工作均应服从生产部调度，设备避让协调按以下程序进行。

a. 甲设备操作手发现乙设备所处空间位置将会阻碍自己的操作运行或甲设备要进入乙设备的工作区域时，应立即将乙设备需要避让的信息通知生产部，听从其调度，或当班的地面管理人员和仓面，听从其指挥并等待。

b. 甲设备操作手将情况反映给当班地面管理人员，当班管理人员如无法解决，应将情况报告给生产部，由生产部根据情况作出避让决定，并通知甲、乙设备管理人员。

c. 乙设备单位管理人员接到避让通知后，应按程序通知到乙设备操作手，乙设备操作手接到通知后，应在仓面指挥人员的指挥下，迅速向远离的方向退出避让。避让工作完成后，乙设备操作手应通知甲设备操作手；甲设备操作手在得知乙设备已避让完毕并确认不会妨碍设备运转后，方可在仓面指挥人员的指挥下进行操作。

(5) 大型起重设备碰撞关系和防碰撞通报制度。

①大型起重设备碰撞关系。

a. 1＃MQ900B门机。1＃MQ900B门机可能和以下设备发生碰撞:6＃MQ900B门机、1＃塔机和履带吊。

b. 2＃MQ900B门机。2＃MQ900B门机可能和以下设备发生碰撞:6＃、5＃MQ900B门机,2＃塔机。

c. 3＃MQ900B门机。3＃MQ900B门机可能和以下设备发生碰撞:5＃MQ900B门机,2＃塔机。

d. 5＃MQ900B门机。5＃MQ900B门机可能和以下设备发生碰撞:1＃、2＃MQ900B门机,2＃塔机。

e. 6＃MQ900B门机。6＃MQ900B门机可能和以下设备发生碰撞:1＃、2＃MQ900B门机,3＃塔机和履带吊。

f. 1＃塔机。1＃塔机可能和以下设备发生碰撞:1＃MQ900B门机和履带吊。

g. 2＃塔机。2＃塔机可能和以下设备发生碰撞:3＃、5＃MQ900B门机和3＃塔机。

h. 3＃塔机。3＃塔机可能和以下设备发生碰撞:2＃、6＃MQ900B门机和2＃塔机。

②大型起重设备防碰撞通报制度。

通报原则:本设备当班工作范围内的所有可能发生碰撞关系的设备。

a. 每台设备每天必须严格按“大型起重设备碰撞关系”内容对可能发生碰撞的设备进行相互通报,每台设备的工作范围和旋转方向由生产部或土建队副队长以上的管理人员进行确定,做好翔实记录,并由安全管理人员对协调的避让关系进行签字确认。如有不按要求及时通报或未如实填写相关内容的,将按照相关规定给予处罚,如因未执行防碰撞通报制度而造成设备碰撞的,将加重对相关责任人(包括管理人)的处罚。

b. 任何一台设备须临时进入另一台设备的作业范围,均应执行大型起重设备防碰撞避让原则第④条,并做好翔实记录,若发现未按大型起重设备防碰撞避让原则第④条执行和记录的,按防碰撞事故的奖罚规定第⑤条进行处罚。

(6) 防碰撞措施。

①对集中在厂房基坑周边的6台大型起重吊装设备安装防碰撞系统。该套系统主要用于大型起重吊装设备群机作业或者多机作业环境下,目的是防止起

重吊装设备之间或与其他物体发生碰撞。设备运行原理：在每台可能发生碰撞的起重吊装设备上安装一台防碰撞系统子机，再通过自身无线联网装置使各设备形成一个整体。每一台防碰撞系统子机由若干个光纤传感器组成，这些传感器一般均安装在各设备的大臂最前端、尾部最尾端、最顶端和吊钩等部位，当某两个传感器在接近某一设定的值时会发出报警声，当超过某一值时将自动停机保护，以起到防碰撞的目的。塔机防碰撞方法示意图见图 4.12。

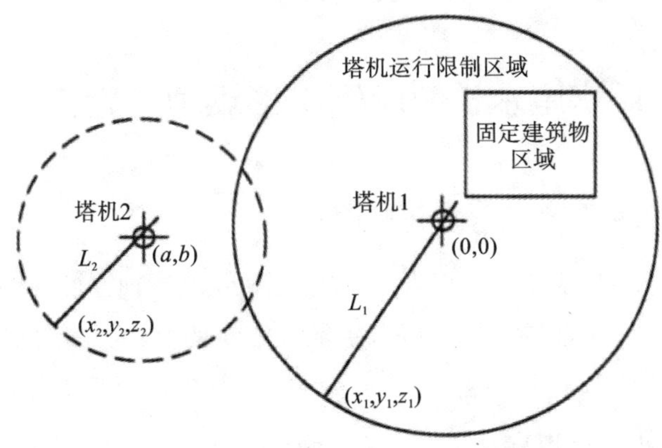

图 4.12　塔机防碰撞方法示意图

②虽然安装了比较先进的防碰撞系统，但现场“安全哨”必须进行 24 小时全程监控；在交叉区域作业的设备在每一次走车或改变旋转方向前必须经过现场管理人员的同意，并进行签字确认，以防止各设备因私自走车或改变旋转方向而和其他设备、建筑发生碰撞。

(7) 防碰撞事故的奖罚规定。

①凡起重设备违反防碰撞避让原则，并未按项目部规定进行整改的，施工部将发出书面整改通知，每发一次书面整改通知，罚款 100～500 元，逾期仍未整改者加倍处罚，直至发出停机令。

②凡发生碰撞事故后未及时向项目部报告或隐瞒不报者，发现一次对责任单位罚款 1000 元，并取消该设备当月的安全考核。

③凡对碰撞事故负主要责任者，除承担恢复设备的修理费比例外，每次事故对责任单位罚款 2000 元，并取消该设备当月的安全考核。

④凡对碰撞事故负次要责任者，除承担恢复设备的修理费比例外，每次事故对责任单位罚款 500 元，并取消工作该设备当月的安全考核。

⑤凡未执行防碰撞通报制度，未如实填写“门、塔机交叉作业回转现场确认

单”的，发现一次罚款200元，如连续两次发现未执行的将加倍处罚。

⑥发生设备碰撞事故，按照项目部有关实施细则给予处理；对造成严重后果的单位和个人将追究其刑事责任。

⑦在一个月内未发生一起碰撞事故，给予运行单位每台设备1000元的奖励，给予现场设备安全管理人员每人500元的奖励。每月由设备物资部、安全管理部和生产部负责对各设备进行安全考核，考核合格后由安全部组织发放相关奖励。

4.3.6 厂房尾水扩散段倒T形梁预制施工

1. 沙湾水电站倒T形梁预制施工

沙湾水电站主厂房第一仓混凝土浇筑后，机组基础面已经覆盖完毕，各机组段很快浇筑至尾水扩散段。根据尾水扩散段浇筑的设计方案，厂房各机组尾水管扩散段尾水出口顶板采用倒T形梁安装，避免搭设承重架，加快施工进度。因此，此项工作需要提前进行混凝土梁预制，做好尾水管混凝土浇筑准备。预制混凝土梁安装后承重能力强，浇筑后稳定性好，无须搭设承重架，对直线工期影响较小，能加快厂房混凝土施工进度。

为了不影响总体工程进度，倒T形模板梁预制工作必须在每个机组的尾水管扩散段浇筑之前全部准备完毕。每个机组需要倒T形模板梁63根，共计252根，单根梁长690 cm，单根梁重约10 t。计划从2007年6月1日开始，至2007年8月10日全部完成，总工期暂定为70 d。

由于工期比较紧，梁预制后还要等强，考虑梁的预制场地较大，根据现有地形，分两处进行预制。一处位于联营体拌和楼旁空地，预制数量为126根；另一处位于基坑上游418 m平台，预制数量为126根。拌和楼旁场地预制梁由拌和楼供料；基坑上游工作面采用两台0.375 m^3 搅拌机现场拌和，碎石料从砂石系统成品料堆采购，运距约4 km。预制梁混凝土标号为二级配C25W6F50(经设计同意，将抗冻标准从F100改为F50)。

关于水电布置，拌和楼预制场的施工用水由拌和系统供应，供电从拌和楼接引。基坑上游预制场施工用水系统则从联营体已布置于右岸高位水池供水系统中接引或直接从沫江堰中抽取，采用 $\phi50$ 胶管；施工用电采用低压电缆从上游灌浆平洞附近的变压器接引。

(1) 倒 T 形梁模板制作。

在预制模板前，先进行场地平整，保证预制场地的平整度。在平整后的场地上制作混凝土地坪底模，底模厚度为 10 cm，平面尺寸大于预制梁结构尺寸 20 cm。为了节约成本，总共制作 20 个底模循环使用，成 2×10 的方阵排列，底模净间排距均为 1.5 m。待一部分预制梁达到 14 d 强度或更高时，用 25 t 吊车吊运至一旁堆放整齐，以便充分利用底模制作。

梁的外形模板采用普通组合模板进行现场拼装，普通组合模板采用 3015 模板、1015 模板。外支撑系统采用定型支架加固，支架之间通过水平架管连接，梁模板上下口通过架管和连接钢筋连接，保证模板不发生跑模。

为保证梁在安装后保持要求的净高尺寸，在进行预制时，可在底模部位设置一定的预拱度，根据梁的长度，按照 2‰ 的拱度进行设置，因此 6.9 m×2‰＝0.0138 m，预拱度控制在 1.5 cm 即可。

(2) 主要配筋加工及安装。

由于预制梁钢筋直径较大，钢筋的下料及加工过程中必须考虑钢筋安装的位置及伸长率等，根据设计配筋图，单根梁配筋相对简单，比较利于操作，在此措施中不做具体要求。

(3) 预埋件安装。

预埋件安装主要指梁两端的钢板、吊环、锚筋及扩散段墩部钢板的安装。

根据设计图纸，在吊装至扩散段施工时，通过埋设在梁两端头的钢板与墩墙顶部的钢板焊接连接，因此，要求在预制梁时，梁两端底部的钢板及墩墙上的钢板必须埋设平整，不能发生偏移现象。

(4) 倒 T 形梁混凝土施工方法。

预制场地目前暂定在基坑上游 418 m 平台，先由推土机对场地进行平整、碾压，倒 T 形模板梁混凝土由 0.375 m^3 拌和机在现场拌制，混凝土标号为 C25W6F50，二级配；人工手推车运输，人工入仓，软轴振捣器和人工手钢钎进行振捣，混凝土保护层厚度均为 6 cm；预制模板梁底部预埋的钢板要平整，流道前部不规则处预制梁与闸墩钢板的焊接应根据流道变化适当调整预制梁中预埋钢板的位置；底部的混凝土部分要求保证有足够的平整度，并且要求表面光滑；除与水面接触的底部以外，预制模板梁的其他部位均要求进行凿毛清洗，此工作需要在预制厂中进行。

(5) 梁的养护及凿毛。

预制梁在浇筑一天后开始洒水养护，在达到 3 d 强度后可拆除模板，在模板拆除后，除梁底面外，其余各面采用高压冲毛机进行冲毛，并经常洒水养护，始终保持梁外表面湿润，连续养护时间不少于 28 d。

(6) 倒 T 形梁吊装。

倒 T 形模板梁养护 28 d 而达到 100%设计强度时，采用 25 t 吊车吊至 25 t 载重汽车上，每块标准模板梁的自重为 10 t，运输至工作面，运输途中用方木加固预制块，防止发生碰撞、损坏边角。倒 T 形模板梁采用圆筒门机进行吊装。

预制模板梁在安装、吊运时应严防冲撞，沿水流方向平整度偏差要求不大于 3 mm，就位偏差不大于 2 mm；为了保证预制模板梁在过水面接缝的良好程度，要求施工完毕后，在垂直水流方向接缝均涂以环氧树脂；预制模板梁底预埋钢板要平整，安装就位后和边墩预埋角钢焊牢，预制梁外伸钢筋与中墩钢筋宜焊牢，伸入边墩的梁的外伸钢筋满足设计要求。

(7) 资源配置。

①主要机械设备配置。

主要机械设备配置见表 4.21。

表 4.21　主要机械设备配置

机械名称	规格型号	单位	数量
搅拌机	0.375 m^3	台	2
振捣器	ϕ50	台	12
电焊机	—	台	8
载重汽车	25 t	台	4
汽车吊	25 t	台	2
高压冲毛机	—	台	2

②人力资源配置。

人力资源配置如下：管理人员 4 人，技术人员 3 人，安全员 2 人，技术工人 36 人。

2. 安谷水电站尾水扩散段施工

1) 概述

(1) 基本情况。

安谷水电站工程开发任务为发电、防洪、航运、灌溉和供水等。本站采用混合式开发方式，水库正常蓄水位 398.00 m，总库容约 6330 万 m^3，电站装机共 5

台(4台大机1台小机)，其中大机组容量4×190 MW，设计引用流量2576 m^3/s，小机组容量1×12 MW，设计引用流量64.9 m^3/s。

大机尾水扩散段中设两个宽2800 mm中墩，扩散段高5400～11228 mm，水平段长29209 mm，出口宽度26180 mm。

(2) 扩散段模板设计。

大机圆弧角模板先制作若干定型排架(排架间距50 cm)形成扩散段骨架，定型排架主要采用ϕ48脚手架管制作(为了制作和运输的方便将每榀定型排架分割成若干小排架制作)，定型排架制作完成后，根据测量放样对扩散段的边线轮廓进行定位，在扩散段的流道空间内搭设满堂承重架管支撑定型排架。定型排架外边线满铺5.2 cm×(5～10 cm)方木作为面板模板(方木的最薄弱处是5.2 cm)，面板与定型排架采用铅丝捆绑(方木开槽将铅丝嵌入木板内保证面板平整)，方木连接处采用木条进行嵌缝，同时方木间用抓钉及铁钉钉牢固定，最后在5.2 cm厚的方木面板上满铺宝丽板用铁钉钉牢。

常规模板设计按照大机与小机共分两部分，大机圆弧角模板渐变为顶板平段的渐变段出口，小机钢衬结束至顶板平段的渐变段出口均采用脚手架支撑，组合钢模板架设。

2) 施工重点及难点

(1) 尾水扩散段混凝土体形较复杂，边角处含圆弧形渐变段，须采用定型模板和普通钢模板(或宝丽板)进行拼装，安装难度大。

(2) 尾水扩散段孔宽度和高度较大，且采用现浇混凝土施工方式，满堂脚手架进行支撑，脚手架施工量大，且底板和顶板为斜坡和曲面，施工难度大，安全要求高。

(3) 尾水扩散段的钢筋较多，备仓时间较长，且施工工艺比较复杂，影响混凝土浇筑施工效率。

(4) 尾水扩散段为过流面混凝土，高差大，需要分多层进行施工，混凝土质量要求高。

3) 模板的安装

(1) 安装准备。

为防止在尾水管扩散段浇筑施工时模板产生位移，应在尾水管扩散段底板混凝土浇筑时预埋锚固钢筋以加固尾水管扩散段的模板。预埋钢筋应严格按照设计的位置、埋深、铅垂度及承压方向预埋，并适当加固，以保证混凝土浇筑过程中不发生较大的位移。

(2) 定型排架的安装。

①承重脚手架的搭设。

在尾水管扩散段流道空间内搭设承重架管(满堂脚手架),间排距 75 cm×100 cm(在实际施工时根据排架的分布情况进行局部调整),在纵向上每隔两跨搭设一道剪刀撑,在横向上每隔 5 跨搭设一道剪刀撑,受力薄弱处增设剪刀撑。承重架搭设前要由测量进行精确定位,以免侵占排架的空间位置,每个方向上承重架的外排立杆距离面板的位置不小于 100 cm,每根横杆的最外段应恰好位于面板的内边缘。

②定型排架的安装。

承重脚手架搭设完成后,进行定型排架的安装。先临时对定型排架进行支撑,将测量的支承点坐标与设计值相比较,校正误差,满足要求后对定型排架加固。

(3) 面板的装订。

定型排架安装完成后,采用在加工厂加工完成的面板(55 mm 厚、100 mm 宽板条)进行现场安装。要求各板条严缝装订,平顺构成面板。面板铺设好后进行嵌缝修补,检查其平整度后用手动电刨将突出部位进行刨光、修整。

(4) 面板的装饰。

本工程的目标是争创获得国家工程建设"鲁班奖",因此在扩散段木模板的面层铺设宝丽板或 PVC 板,以保证混凝土外观质量。

4) 排架的稳定计算

(1) 荷载分析。

假定满堂脚手架采用 $\phi48$、壁厚 3.5 mm 的 Q235 钢管搭设,由立杆、大横杆、小横杆、剪刀撑、固定件、扣件等组成。脚手架立杆间距为 0.75 m×0.75 m,步距 1.0 m,取单位面积的重量校核计算。

混凝土自重:取层高 2 m 计算,混凝土截面积为 2×6.86 m^2,钢筋架立后能够自稳,因此只考虑素混凝土自重 24 kN/m^3。

则单位面积混凝土自重

$$G=13.72\times24\div6.86=48(kN/m^2)$$

侧压力计算见式(4.1)。

$$F=0.22\gamma_c t_0\beta_1\beta_2 V^{\frac{1}{2}} \tag{4.1}$$

式中:F——新浇筑混凝土对模板的最大侧压力;

γ_c——混凝土的重力密度(kN/m^3);

t_0——新浇筑混凝土的初凝时间(5 h);

V——混凝土的浇筑速度(0.4 m/h);

β_1——外加剂影响修正系数(掺具有速凝作用的外加剂时取 0.8,不掺外加剂时取 1.0,掺具有缓凝作用的外加剂时取 1.2);

β_2——混凝土坍落度影响修正系数(当坍落度小于 30 mm 时,取 0.85;坍落度为 50～90 mm 时,取 1.0;坍落度为 110～150 mm 时,取 1.15)。

则新浇筑混凝土作用于单位面积模板侧压力 F 计算见式(4.2)。

$$F = 0.22 \times 24 \times 5 \times 1 \times 1.15 \times 0.63 = 19.13(\mathrm{kN/m^2}) \tag{4.2}$$

浇筑总方量约 588 m^3,门机入仓,仓面总高 2 m,预计 24 h 完成浇筑,则新浇筑混凝土平均每小时上升速度为 2÷24＝0.08(m/h)。为防止发生冷缝并考虑局部上升较快,计算时取安全值 0.04 m/h。

(2) 稳定计算。

单位面积新浇筑混凝土的重量:48 $\mathrm{kN/m^2}$

模板、支架荷载:0.6 $\mathrm{kN/m^2}$

浇筑混凝土活载:3.5 $\mathrm{kN/m^2}$

人员设备荷载:0.8 $\mathrm{kN/m^2}$

振捣荷载:2.0 $\mathrm{kN/m^2}$

其他荷载参考其他工程施工,并根据实际情况取值。

永久荷载分项系数为 1.2,可变荷载分项系数为 1.4,则上部结构荷载为1.2×48＋1.4×(0.6＋3.5＋0.8＋2.0)＝67.26($\mathrm{kN/m^2}$);

根据设计参数查表,Q235 钢强度设计值 f＝205 MPa;

受压构件容许长细比[λ]＝200。λ 的计算见式(4.3)。

$$\lambda = \frac{l_0}{i} = \frac{k\mu h}{i} \tag{4.3}$$

式中:l_0——计算长度;

h——排架层高,本设计采用 100 cm;

i——单杆截面回转半径,根据实际情况查表得,i＝1.58 cm;

μ——单杆计算长度系数,根据实际情况查表得,μ＝1.55;

k——计算长度附加系数,根据实际情况查表得,k＝1.155。

由式(4.3)可得式(4.4)。

$$\lambda = \frac{k\mu h}{i} = \frac{1.155 \times 1.55 \times 100}{1.58} = 113 \leqslant [\lambda] = 200 \tag{4.4}$$

故长细比满足要求。

根据受压构件稳定系数表，当 $\lambda=113.3$ 时，$\psi=0.494$。

$\phi48$、壁厚 3.5 mm 的钢管受力面积 A 计算见式(4.5)。

$$A = 3.14 \times (24^2 - 20.5^2) = 489(\text{mm}^2) \tag{4.5}$$

单根立杆的稳定性计算见式(4.6)。

$$\sigma = \frac{N}{\psi A} = \frac{67260 \times 0.75 \times 0.75}{0.494 \times 489} = 156.6(\text{N/mm}^2) \leqslant 205(\text{N/mm}^2) \tag{4.6}$$

式中：σ——钢管立杆轴心受压应力计算值；

N——立杆的轴心压力设计值；

ψ——轴心受压立杆的稳定系数；

A——立杆净截面面积。

故立杆的稳定性满足要求。

其应变计算见式(4.7)。

$$\varepsilon = \sigma/E = 156.6/2.1 \times 10^5 = 7.45 \times 10^{-4} \tag{4.7}$$

其长度改变见式(4.8)。

$$L = \varepsilon h = 7.45 \times 10^{-4} \times 11269 = 8.4(\text{mm}) \tag{4.8}$$

式(4.7)、式(4.8)中：ε——立杆的应变；

σ——钢管立杆轴心受压应力计算值；

E——立杆的弹性模量；

L——立杆的长度；

h——立杆的高度。

作为预留量，提高模板标高 8.4 mm。

5）混凝土浇筑

（1）施工布置。

①施工风水电：应用厂房底板混凝土施工风水电。

②混凝土运输施工通道：右岸拌和系统→10＃道路→下游围堰→13＃道路→尾水反坡段施工便道→基坑工作面。

③主要机械设备：主要采用 S1000 塔机、混凝土泵入仓。

（2）分层分块。

扩散段混凝土浇筑结合设计厂房采用分层分块浇筑法。扩散段底板混凝土浇筑时为防止弧形模板出现“尖角”现象，致使混凝土不密实，在尾水扩散段模板

的起弧点向中墩侧偏 10 cm 处设一道台阶。

(3) 钢筋工程。

钢筋加工:钢筋主要采用套筒连接。结构钢筋在钢筋厂切割、弯曲、套丝后,采用 15 t 平板车运输到受料平台,S1000 塔机吊至施工部位,按钢筋编号和安装顺序依次堆放到仓号内。钢筋加工厂将加工成型的钢筋在出厂前分类捆扎,并挂牌标识。

钢筋安装:测量放出控制点后再进行钢筋安装。首先按施工详图和现场实际情况搭设样架钢筋和架立钢筋,然后安装结构钢筋。结构钢筋安装位置、间距、保护层应符合施工图的规定,其允许偏差控制在规定的范围内。有多层钢筋的部位,先安装下层或内层钢筋,并检验合格后,再施工上一层或外层钢筋。

(4) 混凝土浇筑。

混凝土入仓底板处主要采用 EX250 长臂反铲入仓,渐变段中墩及顶板采用 S1000 塔机入仓,插入式振捣器及平板振捣器振捣平仓,人工原浆抹面,混凝土水平运输主要采用 15 t 带顶棚自卸汽车。

(5) 抹面及表面整修。

考虑到该部位的底板混凝土表面为永久的流道面,对表面的平整度和外观质量有着严格的要求,采用插入式振捣器与平板振捣器相结合,收面找平后混凝土表面不允许上人,抹面压光站在抹面操作平台上进行。

混凝土表面整修采用木抹进行,采用木抹多次抹面至表面无泌水为止,吸水抹面的各遍间隔时间根据水泥品种、施工温度确定。混凝土表面初凝时,采用铁抹反复压光,每次要与上次抹过的痕迹重叠一半,直至表面的平整度达到规范要求并无抹面痕迹。

(6) 混凝土养护及表面保护。

①混凝土养护。

a. 所有混凝土按经批准的方法或适用于当地条件的方法组合进行养护。连续养护不少于 28 d(上层混凝土覆盖除外),用于养护的设备应处于常备状态,以便在实际需要时可立即使用,养护材料及养护方法都在报批后使用。

b. 混凝土表面用湿养护方法在养护期间进行连续而不间断的养护以保持表面湿润,或养护到新混凝土浇筑的时候。养护用水应清洁,水中不应含有污染混凝土表面的任何杂质,对于顶部表面混凝土,在混凝土能抵抗水的破坏之后,立即覆上持水材料或用其他有效方法使混凝土表面保持潮湿状态。模板与混凝土表面在模板拆除之前及拆除期间都保持潮湿状态,其方法是让养护水流从混凝土顶面向模板与混凝土之间的缝渗流，以保持表面湿润，所有这些表面都保持湿润，直到模板拆除。模板拆除后继续进行水养护。

c. 在未得到监理人的书面批准之前不使用养护化合物。

②表面保护。

项目部在混凝土工程验收之前会保护好所有负责的混凝土，直到验收，以防损坏。

③流道面底板保护。

流道底板采用麻袋覆盖养护及保护，有机械通行时应采用木模、胶皮等覆盖保护，严禁损坏流道面。

6）模板的拆除及保护

模板安装完成后，采用彩条布或棚布将模板遮盖起来，避免阳光直射、暴晒，避免养护、冲洗水冲淋，引起变形。在混凝土浇筑过程中，注意保护模板，避免混凝土罐对模板的撞击。混凝土下料应尽可能均匀、对称进行，避免模板变形，以便拆除后重复使用。在施工现场布置灭火器、消防水管等消防设施，避免火灾事故发生。

当混凝土梁、板跨度大于 8 m 时，承重模板在混凝土达到设计强度 100%后才能进行拆除，即顶板承重模板应在混凝土浇筑完成 28 d 后方可拆除。

模板拆除时，先进行上弯段模板拆除，再进行下弯段模板拆除，先将连接每榀排架的联系结构拆除。排架拆除时人工运输出浇筑工作面，再采用 S1000 塔机调运装车。

拆模过程遵循先上后下、从外到内的原则，拆除的模板出现破坏、损毁时应进行必要的维修、补充。

模板拆除程序：面板及弧带拆除→定型排架拆除→承重架管拆除。

7）资源配置

（1）主要机械设备配置。

主要机械设备配置见表 4.22。

表 4.22　主要机械设备配置

序号	名称	型号	单位	数量
1	塔机	S1000	台	2
2	门机	MQ900B	台	4
3	长臂反铲	EX250	台	2

续表

序号	名称	型号	单位	数量
4	自卸汽车	15 t	台	20
5	平板车	15 t	台	2
6	振捣器	ϕ100	台	10
7	平板振捣器	—	台	2
8	冲毛机	—	台	2
9	混凝土泵机	HB60	台	2

(2) 人力资源配置。

人力资源配置如下：技术人员 10 人，技工 80 人，普工 60 人，管理人员 10 人，安全人员 4 人，其他人员 20 人，合计 184 人。

8) 质量、安全及文明施工

(1) 严格控制加工好的模板在堆存、运输以及安装过程中的反弹变形。

(2) 加工好的成品定型排架及其面板，应严格按照设计图纸的编号进行分类堆存。

(3) 严格按照施工技术措施和设计图纸进行加工，控制好加工的每一个环节，如现场冷弯、焊接和绑扎质量，架管之间的连接质量等，有效地保证加工质量。

(4) 操作人员(如电工、焊工)必须取得相应的资格证书。

(5) 脚手架管、面板等的材质必须符合设计要求：板材木质均匀、干燥，不得有裂隙，节子的宽度不得大于板材的 2/5；在定型排架加工时原则上采用冷弯成型，局部转点处需要进行烘烤的在加工成型后要按照设计图纸的要求采用 ϕ20 钢筋进行加固处理。

(6) 成品面板要堆放在加工棚内或者采用防水布进行覆盖，以防止在阳光的暴晒或者在雨水的浸泡下产生变形。

(7) 承重架要严格按照设计的间排距及其步高进行搭设，所有扣件及其脚手架管在搭设前必须进行材质检查，发现有损坏的一律不得使用。

(8) 面板与定型排架之间需要按照设计要求绑扎牢固，以防在堆码及其运输过程中发生变形。

(9) 为了确保流道的光滑度，所有面板的横缝、纵缝均要进行接缝处理，局部加工精度无法满足设计精度要求的接缝处要采用填缝材料进行补缝处理；面板的表面进行抛光处理。

(10) 严格按照相关的安全规定执行进场安全教育及其班前教育制度。

(11) 严格执行安全责任人制度,并执行每天的安全检查、安全记录,发现安全隐患必须立即进行整改,在隐患未消除之前不允许恢复作业。

(12) 认真贯彻"安全第一、预防为主"的安全方针,将安全工作中的"四不伤害"精神贯彻到每一项工序中。

(13) 工作人员必须按规定佩戴防护用品、穿戴防护用具。

(14) 拆除模板时要严格遵循从上到下、从外向里的拆除顺序。

(15) 所有的设备要进行定期检查和保养,确保设备的完好性。

9) 环保水保措施

(1) 安排专门的洒水车对场内施工道路、施工场地和弃碴场进行洒水,以使施工区不扬尘,避免扬尘对周围环境空气的污染。

(2) 定期保养施工设备,减少噪声,检查汽车、装载机、吊车等用油设备的废气排放量,不合格者予以及时处理。

(3) 污水统一集中,统一无害化处理,统一排放。

(4) 集中存放油料的现场,地面采用防渗混凝土硬化、铺设防油毡等措施进行防渗处理,防止油料跑、冒、滴、漏污染土壤。

(5) 施工现场 100 人以上临时食堂的污水排放处设置有效的隔油池,定期清理,防止污染。

(6) 工地临时厕所的化粪池采取防渗措施,并尽可能利用既有建筑物内的水冲式厕所,做好防蝇、灭蛆工作。

(7) 化学用品、外加剂等应于库内存放,防止保管不当污染环境。

10) 节能减排措施

(1) 混凝土施工过程中,综合考虑施工条件影响,合理分层分块,减少模板工程量及施工机械的重复投入的次数;掌握好层间混凝土冲毛等施工缝处理的时间,尽量减少因施工缝处理的混凝土损失。

(2) 保证混凝土运输车辆的密闭性,做好运输道路养护工作,减少混凝土运输及入仓过程中的浪费。

(3) 认真做好施工技术方案,珍惜身边的每一度电,节约每一滴水,合理使用每一根钢筋,准确控制每一方混凝土,充分利用每一升燃油,同心协力,聚少成多,增加效益。

第5章 长尾水渠施工

沙湾水电站尾水渠全长9015 m,沿河床右岸布置,穿越李坝、桐子湾、青岗包、沫江坝等,尾水渠出口位于祝湾坝下游约500 m处,尾水渠断面形状为梯形,底宽91 m,两边坡度1∶1.6,顶面宽140～170 m,该尾水渠入口即电站厂房出水口反坡段末底板高程398.23 m,尾水渠末端(出口)底板高程为397.21 m,尾水渠中心线比降1/8000,由于尾水渠靠右岸一侧分布有谭坝、李坝和沫江村等,现有防洪标准不到5年一遇,考虑到右岸永久公路及局部乡、村的保护要求,右堤的防洪标准按《四川岷江中下游防洪规划报告》确定为10年一遇。尾水渠在来水流量大于5000 m^3/s时参与行洪,根据电站以及水库运行调度要求,采用停机敞泄分界流量(5000 m^3/s)相应的水位作为控制外堤溢流段(桩号为1＋000～1＋700)堰顶高程的标准,外堤其余堤顶高程均按100年一遇洪水不翻水进行设计。尾水渠设计流量为电站机组满负荷发电引用流量2203.2 m^3/s,设计最小流量为电站单机满负荷发电引用流量550 m^3/s。

安谷水电站的尾水渠全长9461 m,尾水渠出口拟在鹰咀岩河段上游约700 m河段。以厂房反坡段末点为尾水渠起点——"尾0＋000.00"桩号。左堤在桩号尾0＋000～尾0＋169.00 m段因挖深大和水力流态的需要,采用重力式C15混凝土挡墙,然后用长241.00 m的渐变段与面板式堤身连接。右堤在桩号尾0＋000～尾0＋150.00 m段,亦采用重力式C15混凝土挡墙,兼作厂区防洪墙,厂下尾0＋150.0～尾0＋392.00 m段利用船闸下引航道左边墙与尾水渠相隔,下引航道右边墙末端采用340 m的渐变段与面板式右堤身扭面衔接,其后船闸航道与尾水渠结合。尾水渠纵坡1/8000,在桩号尾8＋939.33 m处设坡度为1/203、长510 m的反坡段与天然河道相衔接,为保证尾水渠出口水流顺畅,对出口河床以1∶15的反坡进行疏浚。为确保通航的保证率,减少渠内淤积清理工作,尾水渠左堤采用100年一遇洪水标准设计,堤顶高程367.83～381.84 m,堤身采用砂卵石混凝土面板坝结构设计,出口顶冲段采用混凝土面板裹头保护;尾水渠右堤结合永久公路和地形布置,并保证出口处20年一遇洪水回水不翻堤,拟定堤顶高程365.80～383.93 m。电站正常发电引用流量Q＝2576 m^3/s,尾水渠正常水深8.54 m(末端5.98 m),电站最小发电引用流量Q＝644 m^3/s,尾水渠最小正常水深 5.986 m(末端 4.428 m),满足船闸通航要求。

尾水渠前半段基础置于弱风化岩体上,后半段置于砂卵石覆盖层上。底板采用 30 cm 厚的 C15 混凝土衬砌,迎水面堤坡均为 1∶1.6,在渠道内正常水深以上 1.0 m 设置一级马道。左堤顶宽 5.0 m,采用砂卵石填筑,内坡马道以下采用 30 cm 厚的 C20 素混凝土护坡,以上为干砌卵石护坡到堤顶;外坡(泄洪渠侧)采用 30 cm 厚的 C25 混凝土面板,坡比 1∶1.6,坡脚与混凝土趾板相接,趾板深度与泄洪渠左堤对应,趾板下设厚 40 cm 的塑性混凝土防渗墙防渗;右堤顶宽 7.00 m,内坡第一级马道以下采用 30 cm 厚的 C20 混凝土衬砌,以上为干砌卵石护坡,外坡采用 30 cm 厚的干砌卵石护坡,坡比 1∶1.6,坡脚顺尾水渠设 1.5 m 宽、2.0 m 深的排水沟。右堤高山农场以上段(尾 2+718.0 m 左右以上)右岸山体地形较陡,亦无农田,地下水补给少,所以尾 2+718.0 m 以上段右堤不设防渗墙,而尾 2+718.0 m 以下段右岸地势平坦,有大片农田,为保证地下水位不降低,在右堤设塑性混凝土防渗墙,厚 40 cm,防渗墙上游端与高山农场山体相接,防渗墙总长度为 6930 m,为方便施工,同时减少施工临时占地,防渗墙设于堤顶中间,墙顶与路面混凝土距离 50 cm,墙底嵌入基岩 1.0 m。

5.1 坝基防渗体系设计

坝基防渗,是为防止坝基渗水和维持渗透稳定而修建的处理工程,主要包括修筑混凝土防渗墙、基岩灌浆(帷幕和固结灌浆)或设置铺盖等,是大坝整体结构不可分割的部分。

1. 工程概况

沙湾水电站工程位于四川省乐山市沙湾区葫芦镇河段,为大渡河干流下游梯级开发中的第一级,枢纽区上游 11.5 km 为已建的铜街子水电站,下游为规划的安谷水电站。该工程以发电为主,兼顾灌溉和航运功能。电站装机容量 4×120 MW,额定水头 24.5 m,正常蓄水位 432.0 m,设计引用流量 2203.2 m^3/s,属大Ⅱ型工程。现 4 台机组已全部投产发电。

沙湾水电站采用一级混合开发方式,即河床式电站加长尾水渠,枢纽大坝壅水高度为 15.5 m,厂下接长 9015 m 的尾水渠,利用落差 14.5 m,电站发电水头的一半由尾水渠获得,因此,尾水渠的安全运行对电站正常发挥效益具有重要意义。

尾水渠主要沿右侧河床接近岸边走向布置，局部经过河流漫滩、心滩等地貌，开挖深度为 10～24 m，渠道部分基础为基岩，大部分为砂卵石覆盖层。

尾水渠断面为梯形，底宽 91 m，纵向比降 1/8000，堤身用砂卵石碾压填筑，边坡 1∶1.6，过流断面为混凝土面板衬砌。尾水渠左堤桩号 1＋000.0～1＋700.0 m 为溢流段，在天然来水流量大于 5000 m^3/s 时尾水渠参与行洪。

结合施工临时防渗围堰的处理方式，尾水渠左堤永久防渗系统与临时防渗系统合二为一，布置于左堤堤身中部，防渗体穿过堤基砂卵石覆盖层，深入基岩 1 m，最大深度约为 49.5 m。

尾水渠工程施工采用枯期导流，导流时段安排在第一年 12 月至第二年 5 月。枯水期完成河床疏通、左堤基础处理、填筑及迎水面面板混凝土施工，并在尾水渠末端设置全年横向围堰，以保证尾水渠内汛期施工。第二年 6 月至完工期间利用尾水渠左堤挡水进行尾水渠内施工。

沙湾水电站工程枢纽大坝挡水获取 15.5 m 的水头，尾水渠获取 14.5 m 的水头，其底宽(91 m)、长度(9015 m)、引用流量(2203 m^3/s)、尾水获取的装机规模(约 23.2 万 kW)等指标均为国内排名第一，左堤防渗面积约 12 万 m^2，亦为同类工程第一。工程运行中，河床水流在一定工况下，会通过深厚覆盖层基础向尾水渠渗漏，抬高尾水水位，影响机组工效，为了满足堤身渗透稳定以及控制渗漏量，满足厂房发电额定水头要求，需要对建于主河床(偏右岸)的尾水渠左堤进行防渗处理。右堤除右岸的地表集雨通过排水沟集中引排外，由于没有明显的地下渗漏通道和渗漏源，因此未设计防渗系统。

2. 尾水渠左堤地质特征

沙湾水电站尾水渠防渗趾板沿线地层为第四系全新统现代河流冲积堆积层(Q_4^{2al})及近代河流冲积堆积层(Q_4^{1al})，岩性为漂砾卵石夹砂、砾卵石夹砂，局部地段地表分布薄层黏土、粉土等。漂砾卵石夹砂层厚 15.0～30.0 m，砾卵石夹砂层厚 10.0～30.0 m，层中局部夹粉、细砂层透镜体。漂砾卵石成分主要为花岗岩、闪长岩、玄武岩等。漂砾卵石夹砂中漂石直径以 20～40 cm 为主，含量为 10%～20%，局部大于 20%，并据架空结构，砾石直径以 0.5～3 cm 居多，含量约占 10%。

为了解尾水渠河床砂卵石渗透性能，可研及施工图阶段在河床砂卵石层中进行了分层抽(注)水渗透试验，其渗透系数平均值为 4.03×10^{-2} cm/s，为强透水层。按工程地质类比法推断，尾水渠河床砂卵石层渗透变形为管涌型，其渗透

临界坡降 J_{cr}=0.18～0.23，渗透允许坡降 $J_{允}$=0.10～0.15。

3. 尾水渠左堤防渗型式选择

根据水电工程实践经验，对于砂卵石基础的防渗措施较为常用的有高压旋喷灌浆、可控性帷幕灌浆和混凝土防渗墙。从地质条件上看，高压旋喷灌浆、可控性帷幕灌浆和混凝土防渗墙对本项目均有一定的适应性，但其是否可行须进行试验验证。

1）防渗型式的试验研究

通过试验寻求适应本工程地质条件且合理的防渗形式、设计参数以及施工参数，使防渗体达到设计要求。

（1）高压旋喷灌浆试验。

单桩试验施工共 3 个孔，孔深分别为 6.0 m、6.0 m、6.5 m，分别采用新三管法、旧三管法和钻喷一体化(两管法)施工，达到 14 d 龄期后开挖检查：地下水位在 3.4 m 以下，孔深 0～3.4 m 段成桩半径为 25～58 cm；孔深 3.4～6.0 m 段成桩半径减小，为 20.6～45 cm。

根据单桩试验情况，拟定板墙孔距为 80 cm，共完成灌浆孔 8 个，板墙达到 28 d 龄期后进行了开挖检查。地下水位以下桩体极不规则，缩颈现象明显；检查孔平均芯样采取率为 59.78%，平均获得率为 10%以下；压(注)水试验除有四段小于 2 Lu 外，其余均大于 10 Lu，且均接近或等于强透水。

通过试验可知，由于本河段地层属砂砾卵石层，漂石含量较大，且含有少量大孤石，高压旋喷灌浆对于大卵石的切削作用减弱，防渗效果也较差，用于尾水渠永久性防渗大规模施工，其适应性不好，施工质量难以控制，达不到设计所要求的防渗效果。

（2）可控性灌浆试验。

施工单位在现场亦进行了可控性灌浆试验。单桩试验孔数 3 个，孔深 6.0 m，经检查其最大成桩半径仅 31 cm，桩体连续性差，桩体随覆盖层可灌性的变化而变化，偶然性很大。

可控性灌浆板墙试验，共 8 孔(孔距 0.8 m，孔径 75 mm)，共灌浆 172.3 m，达到 28 d 龄期后现场开挖检查。灌浆区域半径 0.4 m 以内形成了良好的胶结物，在灌浆区域半径 0.4～1.2 m 的范围也形成了部分胶结物，但胶结物强度相对较低、不连续、不完整。从钻孔压水试验成果看，孔深 0～10.2 m 范围内渗透系数小于 1 Lu，但 10.2～20.8 m 压水试验的吕荣值增加很大。

通过试验可知，可控性灌浆地下水位以下部分胶结体极不规则，另外由于局部地层含砂量大、可灌性差，须进行长时间的灌前压力洗孔，以提高该地层的可灌性。由于其灌浆费用较高，防渗效果也较差，因此用于尾水渠永久性防渗大规模施工，其适应性亦不好。

(3) 40 cm 厚塑性混凝土薄防渗墙试验。

本试验位于大渡河右岸尾 5+900 m 桩号处，共布置 2 个槽孔，槽长分别为 6 m 的 WS-1 和 7 m 的 WS-2。该段河床覆盖层较浅，在 13 m 以内，主要为漂砾卵石层，粒径 20～35 mm 的含量为 30%～35%，粒径 5～20 mm 的含量为 40%～50%，粒径 0.5～5 mm 的含量为 10%～15%。地下水在原地面以下 2.5 m 左右。本试验于 2006 年 12 月 8 日开工，18 日就完成了薄防渗墙试验任务，累计完成防渗面积 192.2 m^2。

①实验目的：试验薄防渗墙在本工程实际地层的适应性及机具入岩能力，对比成槽工艺，分析施工效率。

②防渗墙施工措施及工艺：在本工程地层条件下，为了摸索仅有 40 cm 厚槽孔的成槽方法，采用了 2 种成槽工艺，分别为 WS-1 冲击钻机与机械抓斗配合"三钻两抓法"、WS-2 机械抓斗"纯抓法"。施工过程中，由于下覆岩溶角砾岩较为坚硬，"三钻两抓法"钻头冲砸后其粒径仍然较大，钢丝绳抓斗在抓取时斗齿磨损严重；"纯抓法"局部容易出现塌孔。清孔方式采用"抽筒出碴法"和"气举法"，清孔指标均达到设计和规范要求值。两种工艺的成槽质量均能满足规范和设计要求[入岩深度≥1 m(不包括岩溶角砾岩)、孔斜率≤0.6%、孔底淤积≤10 cm，槽孔中心偏差≤3 cm]以及渗透系数等要求；"三钻两抓法"扩孔系数为 1.23，而"纯抓法"扩孔系数为 1.56。从施工成本考虑，"三钻两抓法"相对较优。"三钻两抓法"钻头平均工效为 7.39 m^2/d、抓斗平均工效为 36.2 m^2/d；"纯抓法"抓斗平均工效为 29.6 m^2/d，前者较优。综合试验成果，薄防渗墙方案完全适合本工程地层条件，推荐采用"三钻两抓法"(或"四钻三抓法")，即冲击钻机打主孔及基岩、抓斗抓副孔的组合模式，1 台抓斗配 6 台冲击钻机。

2) 经济和可靠性分析比较

40 cm 厚防渗墙与其他防渗方式比较，虽然投资相对较高(综合单价薄防渗墙 797 元/m^2，高压旋喷灌浆 684 元/m^2，可控性灌浆 650 元/m^2)，但其可靠性比其他两种防渗方式高很多。其各项指标完全满足规范和设计要求，施工工效亦很高，而且通过试验可知后两者并不适应本工程地质条件。因此，推荐采用 40 cm 厚防渗墙作为尾水渠的防渗方式。

4. 防渗墙墙体设计计算

四川省水利水电勘测设计研究院联合四川大学对尾水渠左堤的渗透稳定、渗透量、应力应变等进行了二维有限元数学模型计算，以取得合适的混凝土防渗墙厚度、深度以及其他力学参数。模拟计算拟定塑性混凝土防渗墙墙体参数为：成墙最小厚度 0.4 m，墙体 28 d 抗压强度不小于 5 MPa，抗折强度不小于 1.5 MPa，弹性模量≤1500 MPa，抗渗标号 W8，渗透系数 $K \leqslant i \times 10^{-7}$ cm/s，允许渗透坡降不小于 80，墙体拉应力控制标准为 0.2～0.3 MPa，在此基础上进行验证计算。

1）防渗墙应力应变计算分析

（1）计算模型及结构离散。

计算采用 Duncan-Chang 双曲线本构模型，选择典型横剖面尾 3＋400.00 m 作为有限元计算分析对象。计算模型范围铅直向底部取至 370.00 m 高程，顶部延伸至堰顶 418.276 m 高程；尾水渠外侧（左侧）由围堰轴线向外延伸 37.25 m，尾水渠内侧取至尾水渠中心线，计算长度为 120 m。

（2）岩体及结构面物理力学参数。

防渗墙、堤体及堤基各层材料物理力学参数值见表 5.1。

表 5.1　各层材料物理力学参数

材料类型	干密度 ρ /(kN/m³)	K_{load} /kPa	K_b /kPa	C /kPa	n	m	R_f	ϕ /(°)	K_{ur} /kPa
回填料	23.0	1000.0	825.0	0.0	0.48	0.33	0.81	37.0	1200.00
防渗墙	22.0	9000.0	4000.0	300	0.01	−0.50	0.95	38.0	10800.00
覆盖层	23.0	912.0	608.6	0.0	0.52	0.30	0.82	37.0	1094.40

泥皮单元采用滑移面单元：$K_n = 8.33 \times 10^5$；$K_s = 1400$。计算时，不考虑堤体砂浆垫层和面层的作用，暂作安全富裕度。

（3）计算工况及特征水位。

计算时按以下两种工况考虑：施工工况，尾 3＋400.00 m 剖面围堰外侧水位 417.611 m（相应 10 年一遇洪水位），内侧水位 397.65 m（渠内底板高程），施工期左堤内外水头差最大，为控制工况；运行工况，尾水渠外侧水位为 414.00 m，与河床地面高程齐平，内侧水位取正常尾水位 405.858 m。

(4) 防渗墙应力分布及变形特征计算结果及分析。

施工工况：随着开挖深度的增加，混凝土防渗墙应力水平递增。其中，墙体迎水面最大拉应力出现在 397.65 m 高程处，量值约－0.133 kPa，位于 401 m 高程附近，即防渗墙底部。墙体背水面最大拉应力出现在 397.65 m 高程处，量值约－0.063 MPa。墙体迎水面和背水面的最大压应力值都出现在防渗墙的底部，量值分别为 0.33 MPa 和 0.52 MPa。防渗墙的水平向变形随着开挖深度的增加亦逐渐增大，最大变形量约 1.95 cm，出现在防渗墙顶部。

运行工况：墙体迎水面不出现拉应力，背水面最大拉应力出现在 417 m 高程附近，量值约－0.008 MPa。迎水面和背水面的最大主压应力值都出现在防渗墙的底部，量值分别约为 0.3 MPa 和 0.44 MPa。防渗墙的最大变形量约 0.5 cm，出现在 413 m 高程附近。

防渗墙应力与变形特征值见表 5.2。其中，最大拉应力为－0.133 MPa，小于防渗墙混凝土抗拉强度；最大压应力为 0.70 MPa，均小于设计允许值，满足要求，所拟定的防渗墙设计参数合理。

表 5.2　防渗墙应力与变形特征值

典型剖面	最大拉应力/MPa	最大压应力/MPa	防渗墙变形/cm	备注
3＋400.00 m	－0.133/－0.02	0.52/0.44	1.95/0.5	施工/运行工况
4＋200.00 m	－0.09/－0.075	0.7/0.6	3.62/1.047	施工/运行工况

2) 左堤渗流计算分析

左堤渗流计算采用河海大学水工结构有限元分析系统 Auto Bank 程序进行。计算仍选典型剖面尾 3＋400.00 m，计算工况同上文“(3)计算工况及特征水位”，渗流计算参数见表 5.3。

表 5.3　尾水渠渗流计算参数

材料名称		渗透系数 K/(cm/s)	渗透比降 J		备注
			允许	破坏	
堤身覆盖层	漂砾卵石夹砂(Q_4^{1al})	3.2×10^{-2}	0.13～0.16	—	
	砾卵石夹砂(Q_4^{2al})	3.0×10^{-2}	0.13～0.16	—	管涌
	漂砾卵石夹砂(Q_4^{al+pl})	5.2×10^{-3}	0.20	—	管涌
强、弱卸荷岩体(T_{21}^3)		2.7×10^{-3}	—	—	
新鲜岩体(T_{21}^3)		2.7×10^{-4}	—	—	

续表

材料名称	渗透系数 $K/(\mathrm{cm/s})$	渗透比降 J		备注
		允许	破坏	
混凝土防渗墙	1.0×10^{-7}	80～100	—	
防渗帷幕	1.0×10^{-5}	25(基岩)、3～4(覆盖层)	—	

根据施工工况计算成果，可知在尾水渠左堤背水侧出逸点附近和防渗体底部，渗透坡降较大，为易发生渗透破坏区；施工期的渗透坡降大于运行期的渗透坡降，施工期最大渗透坡降约为 0.156，稍大于覆盖层允许的坡降值 0.10～0.15，接近临界坡降值。该区域有可能发生渗透破坏，但范围很小，施工期间应该注意对该段出逸边界的排水或者反滤设置压重处理。运行期最大渗透坡降很小，均远小于覆盖层允许的坡降值 0.10～0.15，最大渗透坡降均在允许坡降范围内，不会发生渗透破坏。防渗体内的渗透坡降最大约为 22，其底部附近基岩的渗透坡降范围为 2.0～6.0，均能满足设计要求。

因浸润线与基覆分界线组成的主要渗流通道狭小，下部基岩渗透系数较小，渗流量较小。桩号 3＋400 m 剖面施工期和运行期平均每米渠长渗流量分别约为 2.568 $\mathrm{m^3/d}$、1.344 $\mathrm{m^3/d}$；桩号 4＋200 m 剖面施工期和运行期平均每米渠长渗流量分别约为 3.48 $\mathrm{m^3/d}$、1.104 $\mathrm{m^3/d}$。假定两连续剖面间渗流量呈线性变化，可估算出尾水渠总渗流量不到 1 $\mathrm{m^3/s}$(施工期、运行期)。

由此可见，尾水渠防渗方案能满足渗透稳定要求，设计参数合理。

5.2 薄体防渗墙施工技术

5.2.1 防渗墙应力状态研究

1. 工程概况

沙湾水电站枢纽工程位于四川省乐山市沙湾区大渡河干流葫芦镇河段，该工程的开发以发电为主，兼顾灌溉和航运功能，电站装机容量为 480 MW，水电站枢纽主要由左岸非溢流面板坝、泄洪冲沙闸、发电厂房、尾水渠及右岸接头坝等建筑物组成。厂房坝段河床覆盖层深厚，覆盖层最大厚度达 66.0 m，渗透性强，厂房基坑开挖深度约 70 m，由于基坑开挖至 388 m(深度约 35 m)高程时原

防渗墙出现破坏，基坑充水无法正常施工，故在原防渗墙上游 9 m 处修建第二道防渗墙，因此施工过程中第二道防渗墙结构特性、深基坑开挖边坡稳定性至关重要。

下面模拟厂房坝段基坑分级开挖至 388 m 高程—防渗墙破坏—基坑充水—修建第二道防渗墙—基坑抽水继续分级开挖至 360 m 建基面高程的施工全过程。针对防渗墙 E-B 模型各参数及墙体与覆盖层间接触劲度系数 K_s 进行敏感性分析，为设计方案控制参数的选择提供依据。

2. 计算模型及参数

(1) 计算模型。

沙湾水电站厂房深基坑边坡有限元计算模型选取纵向围堰下坝Ⅱ线剖面作为基本对象，下坝Ⅱ线地质概况及塑性混凝土防渗墙分布见图 5.1，计算模型范围铅直向底部取至 300.0 m 高程，顶部延伸至地表；水平方向以塑性混凝土防渗墙中心线为基准，迎水侧范围取 78.35 m，基坑侧范围取 244.55 m，计算长度约 322.9 m。计算坐标系定义为：X 轴以垂直河流指向右岸为正，Y 轴以垂直向上为正，Z 轴按单位宽度 1 m 考虑，建立半整体三维模型。整个计算域共剖分实体单元数 4508 个、节点数 9136 个。

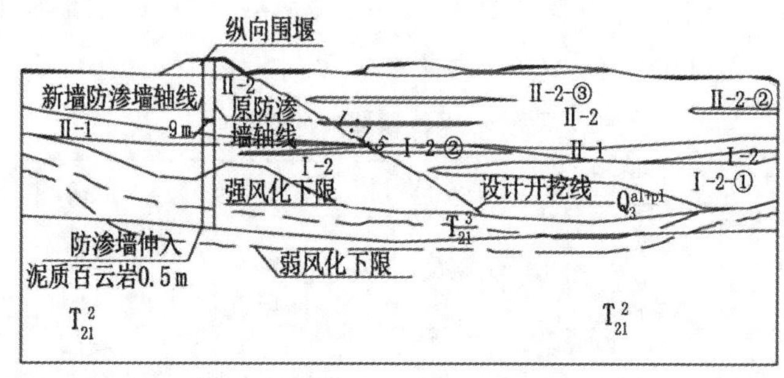

图 5.1　地质概况及防渗墙分布简图

(2) 计算参数。

覆盖层、Ⅰ-2 层、Ⅱ-1 层、Ⅱ-2 层及防渗墙参数采用 E-B 模型，根据设计院提供的资料，围堰及堰基各层砂砾石层物理力学参数见表 5.4。

表 5.4　E-B 模型计算参数

分区	干密度 γ /(g/cm^3)	C /kPa	ϕ /(°)	破坏比 R_f	模量数 K	模量指数 n	体积模量数 K_b	模量指数 m
Ⅰ-2 层	1.96	20	30	0.77	295.1	0.330	107.3	0.276

续表

分区	干密度 γ /(g/cm³)	C /kPa	ϕ /(°)	破坏比 R_f	模量数 K	模量指数 n	体积模量数 K_b	模量指数 m
Ⅱ-1层、Ⅱ-2层、堰体填筑体	2.27	30	37	0.82	912.0	0.523	608.6	0.301
砂层透镜墙	1.80	10	24	0.70	200	0.6	100	0.55
原塑性混凝土墙	2.20	150	32	0.94	6800	0.01	3000	−0.50
新增塑性混凝土墙	2.20	260	37	0.94	6800	0.01	3000	0.50
	2.20	300	38	0.95	9000	0.01	4000	−0.50
	2.20	350	39	0.95	15000	0.01	7500	−0.50

根据表5.4,可得到如下结论。

①原塑性混凝土防渗墙:干密度2.2 g/cm³,R_{28}=2.5 MPa,ϕ=32°,C=150 kPa,弹性模量1 GPa。

②新增塑性混凝土防渗墙:干密度2.2 g/cm³,R_{28}=5.0 MPa,弹性模量1.0 GPa、1.5 GPa、2.0 GPa,ϕ=37°、38°、39°,C=260 kPa、300 kPa、350 kPa。

泥质白云岩、岩溶角砾岩采用线弹性E-u模型,根据设计院提供的资料,泥质白云岩、岩溶角砾岩物理力学参数见表5.5。

表5.5　E-u模型计算参数

岩性	风化状态	湿抗压强度 /MPa	软化系数	干密度 /(g/cm³)	抗剪断强度		弹性模量 /GPa	变形模量 /GPa	允许承载力 /MPa	泊松比
					$\tan\phi'$	C' /MPa				
T_{21}^{2}泥质白云岩	弱风化	26.2	0.55	2.65	0.60	0.40	4.5	2.5	1.7	0.32
	新鲜	32～40	0.5～0.6	2.68	0.65	0.45	5.5	3.5	2.0	0.30
T_{21}^{3}岩溶角砾岩	强风化	—	—	2.3	0.475	0.40	1.5	0.75	1.0	0.40
	弱风化	—	—	2.4	0.525	0.50	3.5	1.75	1.3	0.35

3. 沙湾深基坑防渗墙结构特性研究

(1) 计算方法及计算过程说明。

计算时充分考虑塑性混凝土防渗墙的工作条件及其受力过程,首先采用有

限元法针对围堰边坡开挖至各高程进行渗流分析，得到开挖至不同高程的渗流场，并由渗流场推求各节点的渗透体力，再利用各开挖过程的渗透体力计算防渗墙的应力变形。计算中充分考虑土体与岩体不同的物理力学性质，覆盖层、Ⅰ-2层、Ⅱ-1 层、Ⅱ-2 层、塑性混凝土防渗墙采用 E-B 模型，而岩体主要采用线弹性 E-u 模型，模拟各开挖过程，研究防渗墙的变形及应力动态演变规律和极值，通过防渗墙不同模量及墙体间接触劲度系数 K_s 的方案比较，对参数进行敏感性分析。

(2) 方案的拟定及渗流场分析。

下面主要研究新增防渗墙的结构特性，针对设计院提供的参数，结合工程实际，通过实验对防渗墙的模量数 K 及 Goodman 单元的切向劲度系数 K_s 的组合，拟定 6 个方案，各方案参数对照见表 5.6。

表 5.6　各方案参数对照

新增防渗墙参数	破坏比 R_f	模量数 K	切向劲度系数 K_s	体积模量数 K_b
方案 1	0.95	6800	6000	3000
方案 2	0.95	9000	6000	4000
方案 3	0.95	15000	6000	7500
方案 4	0.95	6800	1400	3000
方案 5	0.95	9000	1400	4000
方案 6	0.95	15000	1400	7500

由于篇幅限制，下面仅给出边坡开挖至 360 m 高程(最终开挖高程)时有防渗墙或无防渗墙的压力水头等值线图，见图 5.2。

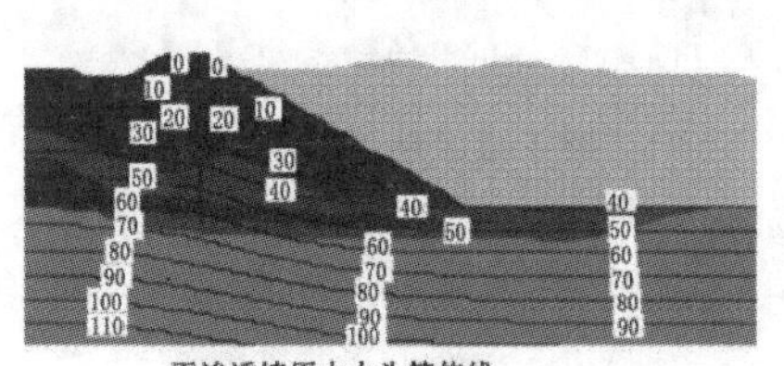

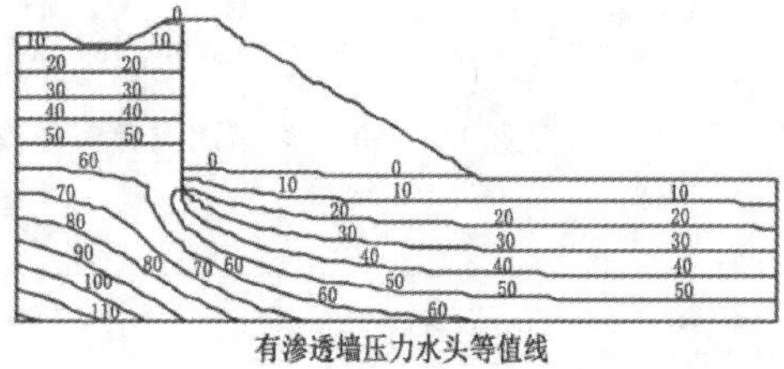

图 5.2　无防渗墙/有防渗墙压力水头等值线图(单位:m)

无防渗墙时，坝体浸润线分布与一般土石坝的类似，出逸点位置在开挖高程 392 m 以后基本不变，为 404～405 m。说明无防渗墙时，浸润线位置高程变化主要发生在Ⅱ-2层,下游水位及其下伏各地层对其影响很小;随开挖高程增加,出逸点与下游水位差进一步增大。

加设防渗墙后,由于防渗墙阻水作用,墙前的浸润线进一步抬高,墙后的浸润线跌落明显,出逸点明显降低,各开挖高程和防渗墙各种 K 值情况下,由于防渗墙离入渗边界较近,防渗墙前浸润线高程基本一致,且与上游水位相近,约为 423.9 m。

(3) 各方案防渗墙的结构特性研究。

由于篇幅限制以及各方案变形规律的相似性,下面仅给出方案 1 开挖至不同高程时防渗墙的变形演变过程,见图 5.3。其他各方案防渗墙的变形极值见表 5.7,由方案 1 防渗墙的变形规律可以看出,防渗墙的水平向变形随着开挖深度的增加逐渐增大,当开挖至 360 m 高程时,最大变形量约 10.1 cm,出现在防渗墙的顶部。

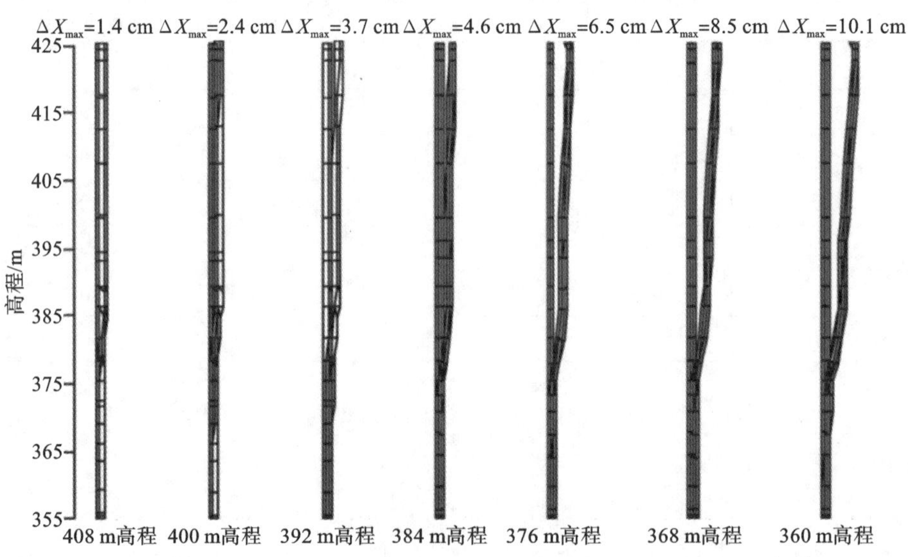

图 5.3 开挖至不同高程时防渗墙的变形(方案 1 放大 40 倍)

表 5.7 各方案特征值表

方案	参数	防渗墙	极值
方案 1	$K=6800, K_s=6000$	最大水平向位移/cm	10.1
		防渗墙最大拉应力/MPa	−0.07
		防渗墙最大压应力/MPa	1.5

续表

方案	参数	防渗墙	极值
方案 2	$K=9000, K_s=6000$	最大水平向位移/cm	10.08
		防渗墙最大拉应力/MPa	−0.11
		防渗墙最大压应力/MPa	1.5
方案 3	$K=15000, K_s=6000$	最大水平向位移/cm	10.1
		防渗墙最大拉应力/MPa	−0.5
		防渗墙最大压应力/MPa	1.5
方案 4	$K=6800, K_s=1400$	最大水平向位移/cm	12.45
		防渗墙最大拉应力/MPa	0.05
		防渗墙最大压应力/MPa	1.5
方案 5	$K=9000, K_s=1400$	最大水平向位移/cm	12.4
		防渗墙最大拉应力/MPa	−0.03
		防渗墙最大压应力/MPa	1.5
方案 6	$K=15000, K_s=1400$	最大水平向位移/cm	12.44
		防渗墙最大拉应力/MPa	−0.31
		防渗墙最大压应力/MPa	1.5

由于篇幅限制以及各方案应力变化规律的相似性，下面仅给出方案 1 第一级和最后一级开挖时防渗墙两侧的应力变化曲线，见图 5.4 及图 5.5。其他各方案的应力特征值见表 5.7。

方案 1～方案 6 的分析要点如下。

①对比分析方案 1～方案 3 的计算结果可以看出，防渗墙 E-B 模型中参数 K 值对防渗墙的变形影响不大，三种方案的水平向变形均在 10.0 cm 左右。

②对比分析方案 1～方案 6 的计算成果可以看出，方案 4～方案 6 的水平向变形均在 12.4 cm 左右，可见在其他参数相同的条件下，随着 K_s 值减小，防渗墙的水平向变形增大。

③方案 1～方案 6 的计算结果表明，防渗墙 E-B 模型参数 K 值对防渗墙的应力影响较大，随着 K 值增大，方案 1～方案 3 的防渗墙的拉应力水平递增，其极值由方案 1 的 −0.07 MPa 变为方案 3 的 −0.5 MPa；方案 4～方案 6 的最小主应力由方案 4 的 0.05 MPa 压应力变为方案 6 的 −0.31 MPa 拉应力；同时各方案中拉应力极值均出现在砾卵石夹砂与岩溶角砾岩交界处（约 373 m 高程），

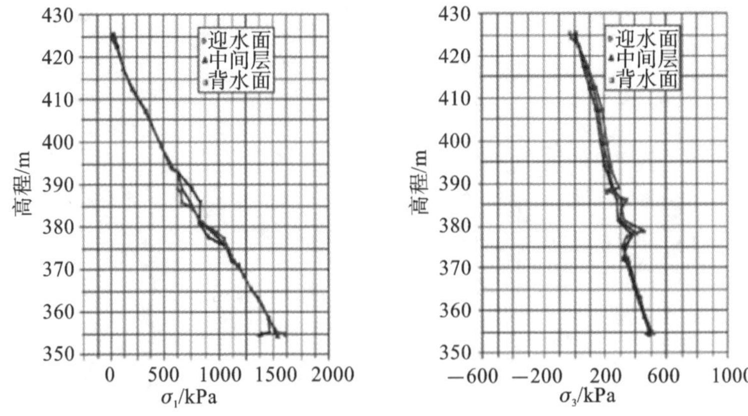

图 5.4　开挖至 408 m 高程时防渗墙上、中、下游面 σ_1/σ_3 随高程变化曲线图（压为正，拉为负）

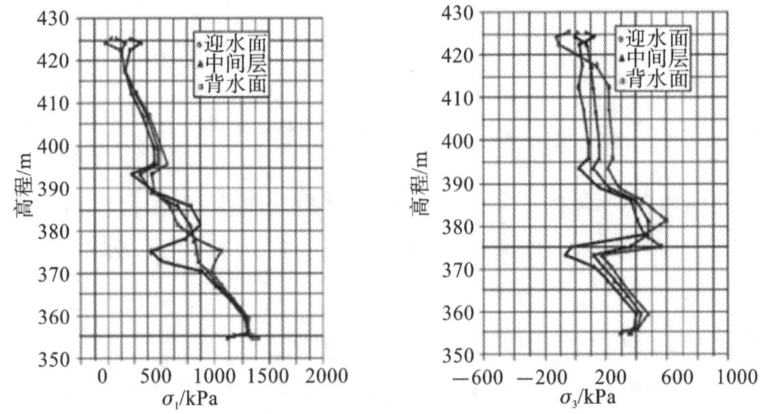

图 5.5　开挖至 360 m 高程时防渗墙上、中、下游面 σ_1/σ_3 随高程变化曲线图（压为正，拉为负）

这主要是因为砾卵石夹砂与岩溶角砾岩模量相差较大。

④对比分析方案 1～方案 6 的计算结果可知，K_s 值对防渗墙的应力水平有一定影响，在其他参数相同的条件下，随着 K_s 减小，拉应力水平有所降低，但变幅不大。

⑤防渗墙的迎水面及背水面的大主压应力极值均出现在防渗墙的底部，量值约 1.5 MPa，最小值一般出现在防渗墙的顶部，且背水面局部出现拉应力，但量值较小。

⑥综合方案 1～方案 6 的计算结果可知，方案 1、方案 2、方案 4 和方案 5 防渗墙拉应力极值小于 0.3 MPa 控制标准，方案 3 和方案 6 防渗墙上游面的拉应力相对较大，极值分别达到−0.5 MPa 和−0.31 MPa，对应模量系数 15000(弹模 2.0 GPa)塑性混凝土防渗墙抗压强度已达 6 MPa 左右，其抗拉强度可达 0.6 MPa 以上，因此仍没有超过拉应力控制水平，这表明设计工况下新墙的工作性态是安全的。

4. 参数敏感性分析

E-B 模型在国内外广泛运用 30 多年，大量成果表明，取样制样、实验仪器、实验方法与过程等诸多因素使参数变化较大，*K* 值可成倍甚至成量级相差，用于计算结果的差别也较大。本节分别增减各参数，考查各参数对沙湾深基坑塑性混凝土防渗墙结构特性的影响(考查某一参数时，其余参数保持不变)，计算结果见表 5.8，并可以得到图 5.6 所示曲线。

表 5.8　各参数变化对防渗墙结构特性影响

参数	变化幅度	防渗墙最大拉应力 /kPa	拉应力变化率 /(%)	防渗墙最大变形 /cm
K 值	*K*+20%*K*	555.6	9.21	10.096
	K+10%*K*	540.22	6.19	10.09
	K	508.75	—	10.09
	K−10%*K*	494.27	−2.85	10.097
	K−20%*K*	465.53	−8.50	10.098
C 值	*C*+20%*C*	533.35	4.84	10.096
	C+10%*C*	518.75	1.97	10.097
	C	508.75	—	10.096
	C−10%*C*	504.41	−0.85	10.097
	C−20%*C*	501.92	−1.34	10.097
ϕ 值	ϕ+20%ϕ	539.7	6.08	10.096
	ϕ+10%ϕ	534.73	5.11	10.097
	ϕ	508.75	—	10.096
	ϕ−10%ϕ	498.99	−1.92	10.097
	ϕ−20%ϕ	477.01	−6.24	10.097

续表

参数	变化幅度	防渗墙最大拉应力 /kPa	拉应力变化率 /(%)	防渗墙最大变形 /cm
K_s 值	$K_s+20\%K_s$	511.47	0.53	10.007
	$K_s+10\%K_s$	510.25	0.29	10.049
	K_s	508.75	—	10.096
	$K_s-10\%K_s$	506.89	−0.37	10.15
	$K_s-20\%K_s$	504.62	−0.81	10.21
R_f 值	R_f	508.75	—	10.096
	$R_f-10\%R_f$	532.99	4.76	10.097
	$R_f-20\%R_f$	537.01	5.55	10.097

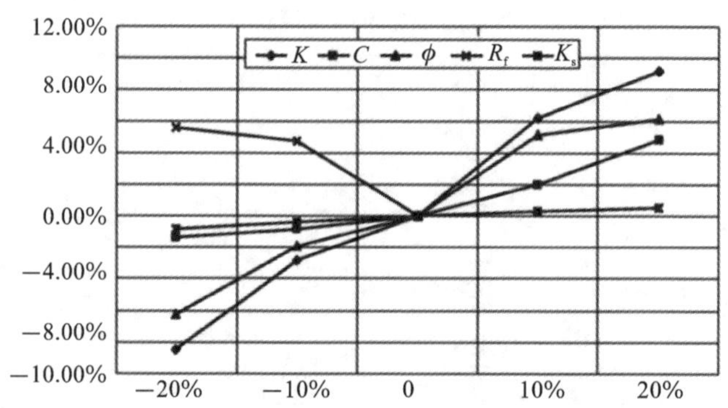

图 5.6 各参数对防渗墙拉应力影响规律图

从表 5.8 和图 5.6 可以看出,K、C、ϕ 和 K_s 的增加将导致防渗墙的最大拉应力增加,其中 K 值的变化对防渗墙最大拉应力的变化影响最大。随着 R_f 的增加,防渗墙迎水面的拉应力减小,但幅度不是很大。防渗墙的最大变形量与 K、C、ϕ、R_f 的关系不大,但 K_s 值对防渗墙的变形有一定影响,随着 K_s 的增加,防渗墙的变形减小,但幅度不大。通过以上分析可知,对防渗墙应力和变形影响最大的两个参数是 K 值和 K_s 值,同时也可以发现 K 值和 K_s 值对防渗墙的应力与变形的影响与"3. 沙湾深基坑防渗墙结构特性研究"一致,故在工程的实际应用中应着重对防渗墙的模量数 K 和 Goodman 单元的切向劲度系数 K_s 进行研究。

5. 研究结果

以上通过采用 E-B 模型，模拟塑性混凝土防渗墙在边坡开挖过程中应力和变形的动态演变过程，对 6 个方案的塑性混凝土防渗墙结构特性进行研究，可以发现 6 个方案应力水平都没有超过拉应力控制水平，这表明设计工况下新墙的工作性态是安全的，同时也应加强防渗墙塑性混凝土配合比试验，优化模强比，以降低防渗墙上游面的应力水平。

通过对 E-B 模型和泥皮单元各参数的敏感性分析可以发现对塑性混凝土防渗墙应力和变形影响较大的两个参数是塑性混凝土防渗墙的模量数 K 和 Goodman 单元的切向劲度系数 K_s，同时也说明以上 6 个方案对 K 值和 K_s 值进行重点分析的合理性。

5.2.2　薄体墙防渗施工

1. 工程概况

安谷水电站工程位于四川省乐山市安谷镇境内大渡河干流上，为大渡河干流下游梯级开发中的最后一级。电站采用混合式开发方式，水库正常蓄水位高程 398.00 m，电站装机容量 772 MW，最大坝高 30.7 m，厂后接长约 9.5 km 尾水渠。水库区水工建筑物主要有左右岸副坝，右岸副坝长约 4.7 km，左岸副坝长约 10.3 km。左右岸副坝及尾水渠左堤均采用混凝土防渗墙防渗。其中库区左右岸副坝为 C25 常态混凝土防渗墙，墙厚 60～80 cm；尾水渠左堤为塑性混凝土防渗墙，墙厚 40 cm，墙体嵌入基岩深度均为 1.0 m。

尾水渠防渗墙工程地质情况如下：渠道沿线主要为右岸现代河床、漫滩、心滩，局部地段为Ⅰ级阶地地貌单元，地形起伏不大，地面高程 360～376 m。渠道沿线地层大多为第四系冲积层（Q_4^{2al}、Q_4^{1al}），岩性为砾卵石夹砂、砂壤土等，覆盖层下伏基岩为白垩系下统夹关组（K_{1j}）中厚层～薄层砂岩夹泥岩薄层。无强风化，弱风化带厚 5～11 m。

尾水渠沿线地层主要为第四系松散堆积层所覆盖，岩性以砾卵石夹砂为主，覆盖层厚度一般为 10～20 m。砂砾卵石层渗透系数 $K=2.5\times10^{-3}\sim5.3\times10^{-1}$ cm/s，平均值 $K=2.9\times10^{-2}$ cm/s，属强～中等透水层。

防渗墙因其施工工艺简单易行、防渗性能可靠，在水利水电工程中广泛应用。造孔成槽是防渗墙施工的第一个环节，也是施工中至关重要的一个步骤。

本工程防渗墙成槽主要采用钻劈法、钻抓法和抓取法三种工艺。

2. 钻劈法成槽

钻劈法是防渗墙施工最古老、最原始的成槽方法之一，其工作原理是利用钢绳冲击钻机提升钻头产生重力势能，对砂卵石地层形成较大的冲击力来击碎砂卵石；特点是施工方法简单易行，适用于各种覆盖层地层，特别是覆盖层中孤漂卵石等大粒径物质成分含量较高或分布较集中时更为适用。施工时沿防渗墙轴线划分不同长度的槽段，相邻两个槽段分一、二期先后施工，每个槽段按槽长划分若干个主孔和副孔，常见的以三主两副和四主三副居多；成槽方式采用钢绳冲击钻机分主、副孔钻进，当相邻两个主孔钻进一定深度后，再劈打副孔；施工过程中采用黏土泥浆固壁，造价低廉。钻孔过程中钻碴须采用抽砂筒抽除，因此施工效率较慢，造孔成槽时间较长，对工期影响较大。

3. 钻抓法成槽

使用冲击钻机钻凿主孔，抓斗抓取副孔，可以两钻一抓，也可以三钻两抓或四钻三抓，形成不同长度的槽孔。本工程施工过程中既有三钻两抓，也有四钻三抓成槽，槽段长度为 7.6 m。三钻两抓法 1、3、5 号主孔长度均为 0.4 m，与墙体厚度一致，二抓和四抓副孔长度均为 2.2 m，四钻三抓法 1、3、5、7 号主孔长度为 0.4 m，与墙体厚度一致，二抓、四抓和六抓长度分别为 2.4 m、1.2 m 和 2.4 m。采用钻抓法成槽能充分发挥两种机械的优势，冲击钻机的凿岩能力较强，可钻进不同岩性的地层，先钻主孔为抓斗开路作铺垫，抓斗抓取副孔的效率较高，所形成的孔壁也较平整，抓斗在副孔施工中若遇到漂(孤)石等大粒径物质，可随时换上冲击钻机重凿。此法比单用冲击钻机成槽工效提高 2～3 倍，地层适用性也较广，同时主孔的导向作用也能有效防止抓斗造孔时发生偏斜。据统计，采用钻抓法施工时，单台抓斗 24 h 成槽面积可达 40～50 m^2(墙厚 40 cm)。钻抓法成槽一般采用膨润土浆液做护壁泥浆，后期清孔换浆时限相对较短，但成本较高，工程造价也相对较高。当砂卵石地层中孤漂卵石含量较多或粒径较大时，抓斗不能进行抓掘作业，会频繁采用冲击钻机反复重凿，对施工进度亦有一定影响；在下伏基岩面起伏较大或基岩卧坡较陡以及基岩强度较高的地段，抓斗难以抓掘，槽孔嵌入基岩深度也难以满足设计要求，一般也需要冲击钻机进行重凿。

4. 抓取法成槽

安谷水电站尾水渠左堤防渗墙采用一道 40 cm 的塑性混凝土防渗墙，防渗

墙底部嵌入岩石至少 1.0 m，最大深度 35 m，本工程具有轴线长、槽孔浅、工期短等特点。大渡河水流湍急，尾水渠沿线地层主要为第四系松散堆积层所覆盖，岩性以砾卵石夹砂为主，覆盖层厚度一般为 10～20 m，而且含有大量漂石。抓取法使用抓斗直接单抓或多抓成槽，该工法是非常成熟的施工工艺，相比钻劈法和钻抓法，大大提高了施工工效。

抓取法亦称纯抓法，即使用抓斗直接抓取成槽，可以单抓成槽，也可以多抓成槽。单抓成槽即一次抓取一个槽孔，形成的槽段较短，由于目前常用的抓斗最大张开度仅为 2.8 m，槽段太短会导致接头管埋设增多，对后期工序影响较大，所以除迫不得已一般不采用单抓成槽。多抓成槽分主、副孔施工，每个槽段由三抓或多抓形成。本工程施工过程中均采用三抓成槽，槽长 7.6 m；一抓和三抓为主孔，长度均为 2.8 m，等于抓斗的最大张开度；二抓为副孔，长度为 2.0 m，略大于主孔的 2/3 长度。施工次序为先抓取一、三抓主孔，后抓取二抓副孔。一、三抓主孔在抓取过程中，二抓副孔的砂卵石能对槽壁起到支撑作用。抓取法多适用于细颗粒地层，当砂卵石层中孤漂石等粗颗粒物质含量较高或分布较集中时，对施工影响较大，甚至出现无法抓取的现象，反而会影响施工进度。尤其是在大江大河干流中、上游地段，砂卵石地层内粗粒径成分含量往往较高，有时还会出现大量孤漂石集中分布的情况，因此在这些区域建议不采用此法，否则可能会导致事倍功半的后果。另外，抓取法和钻抓法成槽一样，在成槽过程中一般也采用膨润土浆液做护壁泥浆，清孔换浆时限相对较短，成本较高，工程造价也相对较高；当下伏基岩面起伏较大或基岩卧坡较陡以及基岩强度较高时，抓斗在基/覆接触面附近难以抓掘成槽，也不能进行嵌岩作业，这时仍需要冲击钻机进行重凿或采用其他方式配合，方能保证墙体嵌入基岩的深度满足设计要求。

以下介绍抓取法成槽的具体施工工艺与质量控制。

1）抓取法施工工艺

（1）修建施工平台。

在本项目中采用抓斗纯抓，节省了钻机平台及倒碴平台排碴沟的建造。修建施工平台包括导向槽的开挖及混凝土浇筑。为了保证交通通道以便防渗墙施工时抓斗有充足的施工场地，在抓斗平台修建宽 11 m 的施工平台及 4 m 的交通便道。

（2）施工设备选择。

安谷水电站尾水渠左堤防渗墙工程具有轴线长、槽孔浅、工期短等特点。为优质、高效完成本工程，拟投入 12 台重型液压抓斗施工。

(3) 槽孔划分。

槽孔划分的基本要求是:尽量减少墙段接头,有利于快速、均衡、安全施工。但鉴于该工程墙体过浅、地层复杂且采用的是抓斗纯抓成槽,将尾水渠左堤防渗墙分为 444 个槽段。

(4) 固壁泥浆。

在制浆过程中要注意泥浆比重变化必须控制在最小范围内,制备好的泥浆存放于储浆池中,储浆池的泥浆应满足一个槽孔连续施工所需泥浆量。为避免泥浆沉淀,储浆池须经常用泥浆泵抽排,使泥浆保持流动性、均匀性。在同一槽段钻进中,为适应不同地质情况,防止塌方,应注意调整泥浆的性能和配合比。

(5) 挖槽及施工控制。

①挖槽施工。为保证成槽质量及孔形质量,施工工艺选取抓取法成槽。使用抓斗是金泰 35 以上的重型抓斗,具有自动纠偏、挖掘能力强、闭斗力大等特点,故能保证高质量、高效率地挖槽。该项施工的关键在于防止孔壁塌孔。

②清孔换浆。将孔内含有大量砂粒与岩屑的泥浆更换成质量合格的泥浆,还要把孔两端已浇筑混凝土表面附着的岩屑和泥皮刷洗干净,以保证墙体混凝土、相邻两墙段的竖直接缝、墙底与基岩接触带的质量。本工程清孔换浆采用气举反循环法。气举反循环法借助空压机输出的高压风进入排碴管经混合器将液气混合,利用排碴管内外的密度差及气压来升扬排出泥浆并携带出孔底的沉碴,其主要设备包括空压机、排碴管、风管和泥浆净化机。

③成槽验收。成槽验收分为终孔验收和清孔验收两项。终孔验收内容包括槽宽、槽深、孔位、孔形、基岩岩样与槽孔嵌入基岩深度等。本工程终孔验收采用抓斗斗体充当重锤法,利用相似三角形原理推算孔底偏差是否超标。清孔验收内容包括孔内泥浆性能、孔底淤积厚度和接头孔孔壁刷洗质量等。

(6) 混凝土浇筑。

混凝土浇筑是施工的最后一道工序,也是防渗墙施工的主要工序,因此混凝土浇筑施工必须满足下列质量要求:浇筑高度、技术性能指标必须满足设计要求;墙体要均匀、完整;不得存在夹泥、断墙、孔洞等严重质量缺陷。开始浇筑时,一定要保证两套导管均匀下料,确保混凝土面均匀上升。浇筑结束时,应及时拔出导管,清理并冲洗导管、溜槽、储料斗等浇筑设备。

2) 质量控制

(1) 浇筑混凝土前造孔质量检查。

本工程设计墙厚 0.4 m,Ⅰ期槽两端的主孔孔斜率指标为不大于 0.3%,其

他槽孔孔斜率不大于 0.4%，遇有含孤石、漂石的地层及基岩面倾斜度较大等特殊情况时，孔斜率按 0.6%控制，相邻孔不得异向；整个槽孔孔壁应当平整，无梅花孔、探头石和波浪形小墙等。

(2) 浇筑混凝土前清孔质量检查。

槽孔终孔验收合格后，进行清孔换浆工作。

①孔内泥浆性能指标。

使用特制的取浆器从孔底以上 0.5 m 处取试验泥浆，试验仪器有泥浆比重秤、马氏漏斗、量杯、秒表、含砂量测量瓶等。槽孔清孔换浆结束后 1 h，孔内泥浆应达到下列标准：膨润土泥浆比重≤1.15 g/cm^3；膨润土泥浆黏度(马氏漏斗)32～50 s；膨润土泥浆含砂量≤4%。

②孔内淤积厚度。

孔内淤积厚度采用测针和测饼进行测量。测量结果应达到小于 10.0 cm 的标准。

③接头孔刷洗质量。

Ⅱ期槽在清孔换浆结束之前，用刷子钻头清除二期槽孔端头混凝土孔壁上的泥皮。结束标准为刷子钻头上基本不再带有泥屑，刷洗过程中，孔底淤积不再增加为准。在清孔验收合格后 4 h 内浇筑混凝土，如因下设预埋件不能按时浇筑，则重新按上述规定进行检测，如不合格应重新进行清孔。

(3) 墙体质量检查。

检查方法包括混凝土拌和机口或槽口随机取样法、钻孔取芯法、钻孔压(注)水试验、芯样室内物理力学性能试验。本工程墙体理论厚度仅为 0.40 m，采取墙体钻孔取芯和注水试验风险较大，成功率低，且易对墙体造成破坏。本工程采取下设预埋管声波对穿法检测。

5.2.3　超深墙防渗施工

1. 工程概况

沙湾水电站位于四川省乐山市葫芦镇上游约 1.0 km 处，为大渡河干流梯级开发的第一级，电站以发电为主，装机容量为 480 MW。枢纽采用混合开发方式，即建坝壅高水位为 15.5 m，厂后接长为 9015 m 的尾水渠，尾水渠利用落差为 14.5 m。

沙湾水电站厂房基坑覆盖层最大开挖深度为 77.98 m(高程 340.02～418

m)，当基坑开挖至 388 m 高程时，围堰渗水量突然增大，开挖被迫停止并重做防渗墙。在围堰第二道防渗墙施工中采用了多项新技术，克服了地质条件复杂、施工难度大等困难，按期完成了施工任务。

2. 地质条件

厂房基坑覆盖层深厚，上部为第四系全新统现代河流冲积堆积层（Q_4^{2al}），下部为第四系上更新统冲、洪积堆积层（Q_3^{al+pl}）。第四系现代河流冲积堆积层分为两层，上部为漂砾卵石夹砂，厚度为 30.0～31.0 m，下部为砾卵石夹砂，厚度为 4.8～14.8 m。第四系上更新统冲、洪积堆积层厚为 0～16.2 m，为砾卵石夹砂。高程为 389～394 m 层中分布冰水堆积体之孤块石夹黏土层透镜体，孤块石直径为 0.5～2.0 m，个别直径超过 2.0 m。该透镜体层结构较为松散，孤块石间有架空现象，容易成为地下水集中渗漏的通道。

3. 防渗墙施工技术

由于地质条件复杂，防渗墙施工采用以钻劈法为主、以抓斗施工设备为辅的成槽工艺。

(1) 预灌浓浆施工技术。

根据探明的地质资料，对存在较大渗漏通道的部位采用预灌浓浆堵塞渗漏通道，防止防渗墙施工时槽内泥浆大量漏失，避免塌孔现象发生。

灌浆分两序进行，自下而上分段施工。钻孔采用 SM-400 型钻机跟管钻进，孔径为 114 mm，灌浆采用套管内静压注浆法，段长为 1 m，压力为浆柱静压力。浆液采用水泥黏土浆和水泥黏土砂浆两种，浆液配合比见表 5.9。

表 5.9 预灌浓浆浆液配合比

灌注浆液			水泥黏土浆				水泥黏土砂浆			
水固比		3∶1	1∶1	0.7∶1	0.5∶1	0.5∶1	0.5∶1	0.5∶1	0.5∶1	0.5∶1
配合比	水泥	1	1	1	1	1	1	1	1	1
	黏土	1	1	1	1	1	1	1	1	1
	水	6	2	1.4	1	1	1	1	1	1
	水玻璃	—	—	—	—	0.05	0.1	—	0.05	0.1
	粉细砂	—	—	—	—	—	—	0.5	0.5	0.5
灌注量/L		150	300	600	900	900	1200	1500	2000	3000

①预灌浓浆工艺流程。

预灌浓浆工艺流程具体如下:钻孔至终孔深度→提取钻具→提升套管 1 m→灌注第一段→提升套管 1 m→灌注第二段……反复进行至本孔结束,封孔。

②大孔隙处理措施。

灌注上述浆液效果不显著时,可采取以下措施。

在套管口安设漏斗,人工投入砂砾石(最大粒径为 10 mm),用 0.5∶1 级纯水泥浆(掺加 5%水玻璃)引导砂砾石对大孔隙进行充填,直至封堵住其渗漏通道为止。

采用限流(10 L/min)、间歇措施,间隔时间为 4 h、8 h、24 h,即第一次间歇 4 h,第二次间歇 8 h,第三次间歇 24 h。

③灌浆结束标准。

当灌浆吸浆率<5 L/min,即可结束本段灌浆,如结束时的灌注浆液水固比为 0.5∶1,应用水稀释浆液后,再提升 1 m 套管,进行上一段的灌浆。直至超出漏失层以上 1 m,即可结束本孔的灌浆工作。

(2) 预爆解除集中大漂石。

在大漂石比较集中的部位,防渗墙施工之前,采用爆破方式对防渗墙轴线上大漂石进行破碎解除,以加快槽孔施工进度。本工程预爆施工结合预灌浓浆进行,预灌浓浆钻孔时,对钻孔中遇到的大漂石位置进行记录。预灌浓浆施工从孔底逐段提升套管,灌至大漂石位置时,安装爆破筒引爆解除大漂石。

(3) 钻进中孤石的处理。

防渗墙造孔中遇孤石与漂卵石时,工效低、易产生孔斜,是施工的难点,对孤石与漂卵石采取以下处理措施。

①槽内钻孔爆破。

在槽内下置定位器,采用 SM-400 型全液压钻机跟管钻进,快速穿透孤石、漂卵石。钻到规定深度后,提出钻具,安装爆破筒,提起套管,引爆爆破筒解除孤石与漂卵石。岩石段每米长装药量为 2～3 kg,多个爆破筒采用毫秒雷管分段爆破,以确保槽孔安全。通过钻孔爆破可快速钻穿孤石与漂卵石。

②聚能爆破。

在孤石、漂卵石表面下置聚能爆破筒进行爆破,爆破筒聚能穴锥角为 55°～60°,装药量一般为 3～6 kg,最大装药量为 8 kg。二期槽内爆破时应在爆破筒外面加设一个屏蔽筒,以减轻爆破冲击波对已浇筑墙体的破坏。槽内聚能爆破可快速解除孤石与漂卵石,施工干扰很小。

(4) 细砂层钻进。

造孔钻进过程中如遇细砂层，进尺很慢而且易塌孔，一般采取向孔内投放含石子黏土球的措施来加快钻进速度和防止流砂塌孔，黏土球中石子含量为 34%～40%，石子粒径为 20～60 mm。

(5) 漏浆、塌孔处理技术。

①漏浆处理：造孔过程中，如遇少量漏浆，则采用加大泥浆比重、投堵漏剂等方式处理。如遇大量漏浆，采用回填黏土重新钻进，投放锯末、水泥、稻草或高水速凝材料进行堵漏处理，并改冲击反循环钻进为冲击钻挤实钻进，确保孔壁、槽壁安全。

②塌孔处理：造孔中发现有塌孔迹象，首先提起钻头，采用回填黏土、柔性材料或低标号混凝土进行处理；如槽内塌孔严重，可浇筑固化灰浆后重新造孔。

(6) 槽孔孔斜快速检测技术。

槽孔的孔斜率是槽孔建造质量的主要控制指标，一旦发生孔斜超标，须回填石料、重新造孔，误工误时。沙湾水电站槽孔施工过程中采用 DM-684 型超声波孔斜测定仪测量孔斜，可以快速、准确地反映出整个槽段的孔形质量，及时采取纠偏措施。

(7) 接头孔处理技术。

槽孔分两期施工，一期槽段长 6.0 m，二期槽段长 6.4 m，墙段连接采用液压拔管机冷拔接头管方法施工。该工艺具有接缝可靠、施工效率高、节约墙体材料等优点，是防渗墙接头处理的先进技术。据统计，采用接头管法比套打法每平方米防渗墙节约混凝土 0.098 m^3、节约工时 0.49 个。

沙湾水电站围堰第二道防渗墙平均深度为 60 m，最大深度为 80 m，总面积为 58796 m^2。防渗墙于 2006 年 5 月中旬开始施工，由于采用多项新技术，保证了施工高效、快速进行，在不到 6 个月时间内完成施工任务，为深基坑开挖赢得了宝贵的时间。

5.3 软岩长缓坡开挖施工技术

相关地质资料显示，安谷水电站厂房基坑、尾水反坡段下伏基岩顶面高程 357.98～367.67 m，为 $K_{1j}^{②}$ 中厚层夹薄层状砂岩及泥岩薄层，岩体无强风化，弱风化带厚 10～12 m。新鲜岩体饱和抗压强度 12.7 MPa，为软岩。在高程 347.0 m 以下为 $K_{1j}^{①}$ 薄层状砂岩夹中厚层砂岩及泥岩薄层，强度较低，饱和抗压强度为

4.2 MPa，属极软岩，完整性差，为厂基地基持力层。尾水渠道沿线地层大多为第四系冲积层（Q_4^{2al}、Q_4^{1al}），岩性为砾卵石夹砂、砂壤土等，覆盖层下伏基岩为白垩系下统夹关组（K_{1j}）中厚层～薄层砂岩夹泥岩薄层。无强风化，弱风化带厚 5～11 m。因岩石强度低，层理、节理发育，尾水反坡段坡比为 1∶4，衬砌厚度为 70 cm，尾水渠岩石边坡坡比为 1∶1.6，衬砌厚度为 15 cm。

红砂岩属于软岩，具有强度低、孔隙率大、胶结程度差、暴露后在极短时间内易风化、遇水易泥化等特点。在长缓边坡成形施工过程中若不采取行之有效的技术措施，易造成开挖边坡成形质量差、超挖严重、边坡清理工程量大、施工成本高等问题。经过对大面积多层次低强薄层状极软岩开挖施工技术研究得出，对施工参数进行调整优化，选择合理的施工工法及施工机械，优化爆破参数，达到高质量快速施工是可行的。

5.3.1　预裂方案

1. 造孔

预裂爆破实践表明，预裂面壁面的超欠挖和平整度主要取决于钻孔精度。预裂孔的偏差直接关系到边坡面的超欠挖，安谷水电站尾水坡坡比为 1∶1.6，与地面水平夹角为 32°，最大坡长 18 m。造孔倾角过大，超过了常规自行式造孔设备最大调整角度。对于非自行式造孔设备，因上部覆盖层为软弱砂卵石，钻机固定难度大，孔斜控制难度也较大。长缓坡造孔质量控制成为预裂爆破效果的关键。

经过生产试验确定，选用 QYDZ-165-1 型露天液压潜孔钻机造孔。为满足坡比设计要求，同样须对滑架油缸进行改进，增加油缸行程，调整滑架摆角范围。

2. 爆破设计

(1) 预裂孔孔距 a 确定。

取经验公式，如式(5.1)所示。

$$a = (7 \sim 12)D \tag{5.1}$$

式中：a——炮孔孔距，mm；

D——钻头直径，mm。

采用 QYDZ-165-1 型露天液压潜孔钻机造孔，钻头直径为 90 mm，故 a＝630～1080 mm。岩体预裂面无强风化，考虑岩体软弱夹层，强度较弱，故弱风化岩石取小值 800 mm,微、新岩石取大值 1000 mm。

(2) 线装药密度 Q_x 确定。

基坑岩体主要为砂岩,根据生产性试验结果,预裂线装药密度 Q_x 取 300～350 g/m 进行设计。

(3) 装药结构。

底部 0.4～0.6 m 加强装药 2～3 倍,炮孔顶部 1～2 m 线装药密度适当减小,孔口段用炮泥、砂或岩粉堵塞 1.0～1.5 mm。

(4) 单响药量。

预裂孔最大单响药量应通过试验确定,当爆破振动超过规定时,根据预裂部位的具体情况进行串联分段起爆,降低单响药量。

(5) 预裂爆破工艺。

①钻孔:清除钻孔孔口部位的浮碴和积水,严格按所布孔位造孔。开钻时应徐徐加压,钻进 30 cm 后,对钻杆倾角进行校核并在钻进过程中保持不变。

②钻孔质量标准为:钻孔倾角误差不大于 1.5°,孔位偏差不大于 5 cm。

③装药结构与装药:预裂孔采用间隔装药的结构形式,用导爆索起爆。装药时将 ϕ32 标准药卷与导爆索一起间隔绑在一根竹片上,形成所需长度的药串。

④炮孔堵塞:预裂孔留 1.0～1.5 m 不装药,用炮泥、砂或岩粉堵塞。若孔内无水,孔口用岩粉堵塞,不用捣实,让孔内的能量适当释放一部分,以控制近孔口药包爆炸时不致产生爆破漏斗。若孔内有水,先用风管将孔内的水吹出再装药,孔口用炮泥堵塞密实,防止预裂孔内出现水耦合现象。

5.3.2 机械开挖

安谷水电站采用低水头、长尾水渠的布置方式,而河谷平原地带人口密集,特别是尾水渠沿线,沿河布置有安置点、交通桥梁等,如罗安大桥横跨尾水渠,桩基置于弱风化岩。基础石方开挖中,传统机械开挖能力有限,且施工进度难以保证。采用爆破开挖方式,受建筑物及构筑物影响,须对开挖施工方案进行优化。

1. 岩体抗压试验

通过对极软红砂岩样品进行物理性能试验,结果如表 5.10 所示。

通过抗压试验不难发现,样品抗压强度为 5.5～12.4 MPa,整体强度偏低;样品在浸泡 24 h 后,平均抗压强度下降 2 MPa。试验证明,红砂岩具有遇水软化的特性。

表 5.10　极软红砂岩抗压强度检测结果

样品状态	样品编号	长/mm			宽/mm			面积/mm^2	荷载/kN	强度/MPa
		1	2	平均值	1	2	平均值			
湿	S-1#	50	53	51.5	49	47	48.0	2472	25.93	10.49
	S-2#	48	48	48.0	49	50	49.5	2376	21.78	9.17
	S-3#	47	49	48.0	50	50	50.0	2400	29.74	12.39
	S-4#	47	50	48.5	49	52	50.5	2449	14.37	5.87
	S-5#	48	49	48.5	47	49	48.0	2328	13.66	5.87
	S-6#	50	48	49.0	50	49	49.5	2426	16.04	6.61
干	G-1#	47	46	46.5	50	52	51.0	2372	16.61	7.00
	G-2#	49	49	49.0	50	51	50.5	2475	44.49	17.98
	G-3#	49	47	48.0	50	52	51.0	2448	14.75	6.03
	G-4#	47	49	48.0	50	54	52.0	2496	18.97	7.60
	G-5#	48	47	47.5	49	51	50.0	2375	29.45	12.40

2. 岩体声波检测

具体检测方法与检测数据同第 4 章 4.2.2 节“软岩开挖”中“①岩体声波检测”的相关内容。

3. 机械松土开挖施工方法

机械松土开挖施工方法选用大面积极软岩机械松土作业法。

(1) 机械选择。

按极软岩不同强度、不同区域划分，结合基础面开挖施工方法，选用推土机松土器和挖掘机松土器(加改挖掘机小臂)。推土机松土器应用于大面松土、集碴，如尾水渠底板部位；挖掘机松土器应用于边坡或边角处理。本工程选用 CAT D11R 重型推土机，挖掘机松土器选用 1.8 m^3 斗容改装，并加改挖掘机小臂。

(2) 作业方法。

具体作业方法同第 4 章 4.2.2 节“软岩开挖”中“(2) 机械破碎开挖施工方法”的相关内容。

(3) 施工效率及适用范围。

具体施工效率及适用范围同第 4 章 4.2.2 节“软岩开挖”中“(2)机械破碎开挖施工方法”的相关内容。

(4) 作业配套措施。

选用大功率推土机,因破碎率较高,块径小,受机械行走影响及渗水,开挖碴料极易泥化,加大了装运难度。为保证施工进度及良好的文明施工形象,自卸汽车密封性要好,并加强道路维护力度。

5.4 尾水渠生态护坡技术

5.4.1 国内外生态护坡治理模式

近年来,随着社会经济的发展,人们对生态环境的认识和要求不断提高,传统水利护坡形式的弊端已逐步为公众所认识,生态护坡技术逐步得到广泛关注。生态护坡集防洪效应、生态效应、景观效应和自净效应于一体,代表着护坡技术的发展方向,在国内外都得到了广泛的应用。

1. 国外研究现状

早在 20 世纪 50 年代,德国遵循植物化和生命化的原理对莱茵河进行河道整治,“近自然河道治理工程”在莱茵河治理工程得到了实施。1965 年 Emst Bittmann 用芦苇和柳树在莱茵河上进行了植物护岸试验。20 世纪 70 年代末期,德国治理莱茵河的护岸方法在瑞士得到了继承和发展,“多自然河道生态修复技术”被提了出来。

美国曾采用可降解纤维编织袋装土堆积在新泽西州雷里斯坦河岸岸坡上,并在台阶式的岸坡上种植植物。船行波严重的淘刷导致美国得克萨斯州科波斯克里斯提航道两岸岸坡形成了较大面积的崩塌,多次治理均未取得理想效果,最后采用了混凝土连锁块的护岸形式,取得了较好的效果。

20 世纪 90 年代初,日本提出利用木桩、竹筏、卵石等天然材料修建“生态河堤”的护岸方法。此护岸方法具有一定的强度、安全性、耐久性,同时为生物创造了良好的生存环境,保护了自然景观。加拿大、德国、日本北海道曾采用类似于“生态河堤”的芦苇护坡,该方法的可靠性已经经过了实际洪水的考验、证实。

南威尔士的布雷克诺克郡和蒙默思郡运河利用椰子纤维卷护岸技术，成功阻止了水流对岸坡的侵蚀，并在运河两侧形成了一道独特的水边风景带。椰子纤维卷护岸技术为运河周围的野生动植物提供了栖息地，取得了良好的生态效果。实践证明，这种护岸技术维护简单，且所用材料最终都会被风化、降解，不会形成二次污染。因此，英国兰戈伦运河航道也采用了椰子纤维卷护岸技术。

越南滨海城市广义省年降雨量大，运河岸坡冲蚀严重，由于岸坡土壤为砂性土，运河水流速度大，采用过的刚性护岸结构均未取得理想效果。后来，通过两年的实验检测了采用香根草草皮护岸的可能性。实践结果也证实了香根草护岸相较于混凝土等刚性护岸的优越性，缓解了岸坡冲蚀严重的局面，取得了良好的生态和环境效益，大幅度降低了工程造价费和维护费。

2. 国内研究现状

我国对生态型护坡技术的研究起步较晚，近几年在充分吸收国内外河道整治和其他领域生态护坡经验和研究成果的基础上，逐渐开始对生态型护坡技术进行研究，并取得一定的成绩。

国家“863”计划专项资助项目成果《河道生态护坡关键技术及其生态功能》在理论研究和工程实践的基础上，将生态护坡技术划分为三类：全系列生态护坡、土壤生物工程和复合式生物稳定技术。季永兴、刘水芹等综合分析了城市原有河道护坡结构及其对环境水利和生态水利的影响，在吸取国内外有关城市河道整治和其他领域生态护坡经验的基础上，提出对城市河道整治坡面采用生态护坡结构的建议，探讨了不同材料的生态护坡结构新方法。赵良举通过对多孔植被混凝土的研究和实践应用，结合生态护坡概念，提出适用于城市河道生态护坡的多孔植被混凝土生态护坡技术方案。夏继红、严忠民综合分析了国内外生态河岸带研究进展与发展趋势，认为近年来我国已经开始研究城市河流的“生态型护岸术”，并已经提出了多种生态型护岸结构形式。王洪霞等在浙江省宁波市河道生态护坡设计实践基础上，总结出“直立式河岸”和“自然式护岸”两大生态护坡形式，并比较详细地介绍了两种形式在宁波当地应用的断面、配置的植物等。《浅议河道整治中的植物护坡技术》一文从植物护坡机理、河道植被护坡的应用特点、河道植被的选择及设计原则三方面谈论了该技术。孙宇、周德培、张俊云等提出了河道植物护坡的应用技术以及植物护坡的设计原则。韩玉玲、岳春雷等阐述了植物措施在河道生态建设应用的理论基础，提出了不同类型河道物种选择及植物群落构建的原则和技术要点，建立了河道植物和河道植物群落综合评价指标体系，推荐了河道生态建设常用优良植物种类和健康稳定的植物群落模式，并进行了典型案例剖析和植物措施应用效益分析。陈海波阐述了网格反滤生物组合护坡技术在“引滦入唐”工程中的应用，分析了工程损坏的原因，具体论述了网格反滤生物组合护坡技术及其护坡效果。胡海泓介绍了漓江旅游区工程治理所采用的生态型护坡技术的应用及其前景，并根据试验结果给出了石笼挡墙、网笼垫块护坡、复合植被护坡等生态型护坡的适用范围。

表 5.11 所示为目前国内主要应用的边坡生态防护技术。

表 5.11　目前国内主要应用的边坡生态防护技术

护坡方法		适用范围						
		土质坡	岩质坡	坡比				
				>1:1	1:1	0.75:1	0.5:1	<0.3:1
行栽植草护坡		√		√	√	√		
OH 液植草护坡		√		√	√	√		
土工网垫植草护坡		√	√	√	√	√	√	
七工格栅植草护坡		√	√	√	√	√	√	
蜂巢式网格植草护坡		√	√	√	√	√		
客土喷播	喷混植生护坡		√	√	√	√	√	√
	生态基材护坡		√	√	√	√	√	√

5.4.2　尾水渠生态护坡技术及其与传统护坡的比选

1. 生态护坡技术

在提倡人与自然和谐相处的今天，边坡治理从过去仅注重安全、经济的治理模式向保持边坡自然特征的生态模式转变，生态护坡的出现顺应了人与自然共生的要求。生态护坡是以综合多个学科为技术手段，利用植物根系固土原理和茎叶的水文效应来保证边坡稳定，同时利用植物的茎叶和花果达到绿化和美化环境的作用。目前，在尾水渠边坡防护中采取的生态护坡技术主要包括植草护坡、生态袋护坡、生态石笼护坡、骨架植草护坡和加筋麦克垫护坡等，如图 5.7 所示。

（1）植草护坡。

在生态岸坡防护工程中，经常采用狗牙根、香根草等纯草本植物进行岸坡防

(a) 植草护坡　　(b) 生态袋护坡

(c) 生态石笼护坡　　(d) 骨架植草护坡

(e) 加筋麦克垫护坡

图 5.7　不同类型生态护坡技术

护，植被茎叶可以起到减缓近岸水流流速、美化环境，以及促进渠道水陆生态平衡的作用，植物的根系也可以起到加固和制约土体的效果，通过种植植被可以有效防止水流对岸坡土壤的冲蚀，并增强渠道岸坡的整体稳定性。

（2）生态袋护坡。

生态袋是以聚丙烯（PP）为原材料，采用双面熨烫针刺无纺布加工而成，具有良好的抗紫外线性能、耐用性、透气性和透水不透土性等。该护坡技术是在袋中按一定配合比装入种植土和肥料等植被生长所需的基质，然后通过连接扣等组件将各袋子连接成一体，并在侵蚀较严重的坡脚处采取结合石笼护脚的方法共同维护生态岸坡的稳定，通常在实际工程中可根据坡面形态堆叠成阶梯形式。比如，生态袋护坡方案在三峡大坝上游偏岩子消落带的实践应用，实现了消落带的生态修复，减少了消落带的水土流失，加强了库岸的边坡稳定，提高了岸坡的景观效果，对维护三峡库区生态平衡具有重要意义。

(3) 生态石笼护坡。

相比于其他护岸结构，生态石笼具有超强的抗水流冲刷性能，能够抵抗流速高达 8 m/s 的水流冲刷，适用于流速大、岸坡渗水多、侵蚀严重的缓坡河岸。采用块石填充石笼网，形成具有较好的柔性、整体性、耐冲刷性、透水性和自排水性的三维结构体，能适应比较大的岸坡变形。通过在块石间空隙中种植植被能够促进渠道周围的生态系统平衡，为河流中的生物提供良好的栖息环境以及有机物，并且可以起到缓冲水流对岸坡的冲击、促进泥沙淤积等作用。比如上海金泽水库的水位变动带护坡就采用了生态石笼护坡技术，不仅遵循了自然规律，一定程度上还改善了人为因素对大自然生态环境的破坏情况，同时也具有很强的功能性，具有造价经济、施工简单等优点。

(4) 骨架植草护坡。

骨架植草护坡是指“工程＋植物”一体化的防护设计，其基本结构就是在混凝土、水泥、石块等硬质材料做成的骨架内种植植物。该防护类型中，骨架具有良好的稳定岸坡的功能，而植物可以满足岸坡生态景观的要求。

(5) 加筋麦克垫护坡。

加筋麦克垫为加筋的三维网垫，采用锚固系统固定在坡面，主要防止土层受风力和降雨侵蚀，并且与植物根系交织在一起，增加附着能力，对植物的根系起到永久加筋作用。加筋麦克垫护坡可以有效减少降雨对坡面的冲刷、侵蚀，其形成的植被可美化景观环境，相比传统的削坡、挂钢筋网喷射混凝土支护，可以降低边坡支护成本。加筋麦克垫护坡适用于永久裸露的边坡，边坡坡度宜在 75°以下，整体边坡稳定性良好，稳定，无滑动、崩塌风险的边坡；适用于淹没线以上的边坡防护，淹没线以下植物不能成活。比如江西省宜春市飞剑潭水库泄洪隧洞出口段边坡就应用了加筋麦克垫护坡技术，加筋麦克垫为加筋的三维网垫，采用锚固系统固定在坡面。植物采用五种草籽混播，保证每个季节植草均保持旺盛长势，植物根系与加筋麦克垫交织在一起，有效保护了边坡，防止了边坡岩土体受风力和降雨侵蚀，支护后经过多次暴雨侵袭，但边坡仍旧保持稳定，达到了稳

定边坡及绿化景观的效果，边坡与周围植被融为一体，起到了生态护坡的作用。

2. 生态护坡与传统护坡的比选

(1) 传统护坡的优缺点。

传统护坡工程通常是指采用水泥、混凝土、石料等为主要护坡材料，以经济、安全为目标，站在力学的角度上进行稳定边坡设计的护坡类型。目前，在尾水渠边坡防护工程中主要采取的传统护坡措施包括干砌块石护坡、混凝土护坡两种。

传统的尾水渠护坡工程设计上往往只片面注重边坡稳定、防洪、航运、排涝以及水土保持等功能，很少考虑护岸与河流之间的生态关系。传统护岸主要采用水泥和混凝土等无机硬质材料作为建筑材料，虽能有效增加岸坡稳定性，减少岸坡水土流失，在防治岸滩侵蚀、洪水决堤、漫溢及保障人类社会、生命和经济财产安全等方面发挥着一定的水利功效，但传统护坡在经过长时间使用后，护坡材料不断老化，硬质材料强度降低，坡面将重新遭受破坏，须经常性维修，成本较高，并且其护坡材料硬质化的特点，不能很好地承担渠道水体与周边陆地生态环境之间缓冲段的过渡功能，使得土壤与动物、植物、微生物之间的有机联系被切断，弱化岸边周围生态系统结构的整体性，影响河流生态系统的稳定性，水体的纳污、自我净化和恢复的能力消失殆尽，违背了生态环保与可持续发展的理念。

(2) 生态护坡的优缺点。

在生态岸坡防护工程中，植被的存在能够恢复由于人类工程活动所破坏的生态环境，改善河流廊道栖息地环境，维持生态平衡，其茎叶根系还可以提高岸坡的抗侵蚀能力和抗滑稳定性。但植被护坡也有一定的局限性，首先，生态护坡在理论研究方面尚浅，缺乏系统性的指导；其次，由于植被需要一定的生长周期，在生长初期，植被茎叶根系不发达，难以起到显著的护坡效果；再次，植被生长需要与之相适宜的土壤气候条件，需要进行后期养护；最后，由于植被根系所能深入土体的深度有限，所以植被只能维护边坡浅层土体的稳定，对坡体深层土体的防治作用微乎其微。植物对边坡的影响与边坡稳定性判断如表 5.12 所示。

表 5.12　植物对边坡的影响与边坡稳定性判断

植物对边坡的影响	是否有利于边坡稳定
茎叶截留降雨，减少坡面雨水渗流	是
植被重量增加了边坡自重	不确定
植物根系增大了土体孔隙率，提高了土层渗透性能	否

续表

植物对边坡的影响	是否有利于边坡稳定
植物根系包裹表层土体颗粒，减少冲蚀，茎叶可阻止离散颗粒流失	是
根系加固土体，提高土体抗剪强度	是
将风荷载传递给边坡	否
根系吸水蒸腾蒸发，降低土层孔压	是

(3) 主要功能比较。

传统护坡能够有效地防止水流对边坡的侵蚀冲刷，维护边坡稳定，但在工程建设中没有考虑到边坡在生物、环境及景观上的要求。生态护坡是在传统护坡基础上的改进，在护坡功能方面，生态护坡不但能发挥传统护坡维持边坡稳定的作用，还能弥补传统护坡在改善环境和生态平衡方面的不足，所以，传统护坡与生态护坡在护坡功能方面既有相似也有不同(表 5.13)。

表 5.13　传统护坡与生态护坡主要功能比较

功能	传统护坡	生态护坡
防止坡面侵蚀	坡面采用片石、喷混防护	坡面覆盖植被
浅层加筋	加筋土	草本、小型灌木的根系
深层锚固	锚杆	木本植被的深根
维持生态平衡	无	植被根系、茎叶和花果

(4) 经济效益比较。

目前，我国在河道、尾水渠以及高速公路边坡防护中采用的方法有传统护坡、生态护坡，也有两者相结合的综合防护措施，根据资料调查统计出各种防护的经济指标如表 5.14 所示。

表 5.14　各种边坡防护经济指标

名称	厚度/cm	单价/(元/m^2)	备注
混凝土护坡	25～30	300	纯混凝土
浆砌片石护坡	35～50	250	
挂网喷混护坡	10	130	
喷播植草护坡	8	80～100	
纯生物方法护坡	—	8～10	

由表 5.14 中可以看出，纯生物方法护坡防护成本低于传统护坡与生态护坡

相结合的防护工程，两者均远低于单一的传统工程防护成本。

5.4.3　生态护坡技术在安谷水电站建设中的运用

1. 工程概况

大渡河安谷水电站工程是大渡河干流梯级开发中的最后一级，坝址位于乐山市市中区与沙湾区接壤的安谷河段生姜坡，距上游沙湾水电站约 35 km，下游距乐山市区 15 km。大渡河安谷河段的洲岛密布，水生生态、陆生生态和湿地生态交织，生态敏感。“电站的建设必须兼顾湿地生态与河坝环境的保护与修复”，这条刚性要求对安谷水电站的建设者无疑是巨大挑战。电站采用一级混合开发方式，即建坝壅水高度 20.0 m，河床式厂房，厂后接长约 9450 m 的尾水渠，尾水渠利用落差 15.5 m。安谷河段主要地层条件为砂卵石覆盖层，以上游砂卵石筑坝与下游深挖尾水渠相结合的方式获取水头，在左岸副坝(10640 m)、长尾水渠、导流明渠等堤、坝建筑物形成大面积的砂卵石坡面，采取常规的护坡方式，如干砌石、浆砌石、混凝土面板等防护形式达不到建设“生态、环保、绿色”电站的要求。通过技术与理念创新，对堤坝坡面采用新型绿色环保的支护方式，不仅达到了固坡排水的技术要求，也将建设生态、绿色、环保电站的理念付诸实践。

2. 加筋麦克垫植草护坡技术

(1) 加筋麦克垫性能。

泊滩堰明渠段(泊放 0+058.00～泊放 0+508.00 m 段)右侧覆盖层边坡原设计方案采用锚杆加 5 cm 厚混凝土喷护，通过设计优化与论证，右侧覆盖层边坡优化调整为采用加筋麦克垫防护。加筋麦克垫的孔隙，有利于结构后填土中孔隙水的排出，降低土体中孔隙水压力，保证土体的抗剪强度，有利于整个结构的稳定；加筋麦克垫的孔隙水为水体流动创造了条件，实现了水与土体的自然交换，这使植被的自然生长成为现实。加筋麦克垫的原材料为镀高尔凡六边形双绞合钢丝网，抗腐蚀性强，寿命周期长。加筋麦克垫防护工程施工简单快捷，适应性强，特别是在土质、地基基础较差地段修建防护工程，可缩减地基处理费用，降低施工成本。表 5.15 所示为加筋麦克垫技术参数。图 5.8 所示为加筋麦克垫绿化示意图。

表 5.15　加筋麦克垫技术参数

	聚合物		聚丙烯
聚合物指标	单位面积的密度	g/m^2	475
	熔点	℃	150
	密度	kg/m^3	900
	抗 UV 性	—	稳定
加筋性能	类型	—	镀高尔凡六边形双绞合钢丝网
	网孔型号	cm	6×8
	钢丝直径	mm	2.2
	最小镀层量	g/m^2	230
力学特征	聚合物抗拉强度	kN/m	1.5
	加筋网面抗拉强度	kN/m	35
	聚合物剥离强度	N/cm	3
物理特征	单位面积的密度	g/m^2	1680
	空隙指数	%	>90
	名义厚度(2 kPa)	mm	12
	土工垫颜色	—	黑色
	长度/卷	m	25
	宽度/卷	m	2
	面积/卷	m^2	50

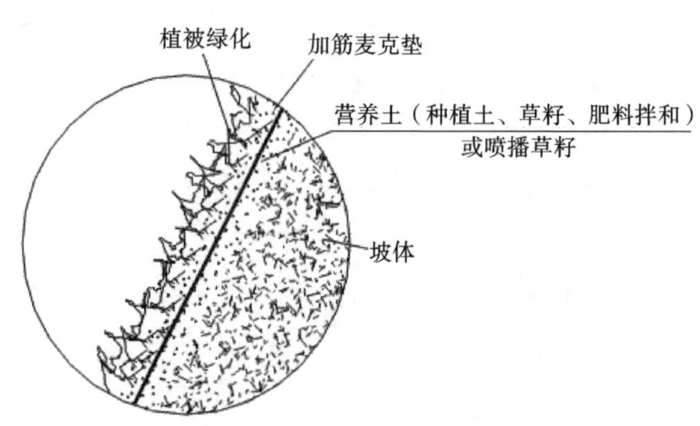

图 5.8　加筋麦克垫绿化示意图

(2) 加筋麦克垫植草护坡施工技术。

①清理坡面。施工前对边坡进行全面检查,并进行平整清理,尽可能清除不利草籽生长的石块和建筑垃圾等杂物,对较坚硬的土质边坡还要适当刨松为喷播作业做好准备。同时清理危险松动的石块和浮土,以免发生滑坡等危险,保证喷播后不出现滑坡垮塌。

②加筋麦克垫铺设。按照相关技术要求,在坡面清理完成后,打设放样桩,固定卷材短边一侧,预留搭接长度,相邻的加筋麦克垫之间搭接 6 cm,并用锚钉锚固;防护范围边界处加筋麦克垫须埋入锚固沟,用 U 形钉固定,填充碎石。

③配合种植基材。按事先确定的配种方案和一次施工面积所需草籽,选用干燥松散的页岩配以植物纤维、有机肥料一起粉碎均匀混合。

④喷播前准备。做好机械、人员、材料准备;除种子外应将黏合剂、保水剂、复合肥、无纺布等材料准备齐全。

⑤喷播。将种植基材中加入黏合剂、保水剂、复合肥并混入一定比例的清水,溶于喷播机内,经过机械充分搅拌,形成均匀的混合液,开始喷射种植基材。喷播利用水流原理,通过高压泵的作用,将混合液高速均匀地喷播到已处理好的坡面上,形成均匀的覆盖物保护草种层,多余的水渗入土中。喷射种植基材时应不露网、不漏喷,厚度适中。然后在基材中加入适量种子均匀地喷播在坡面上。

⑥盖无纺布。无纺布的主要作用是减少坡面水分蒸发,改善种子发芽生长环境,防止鸟类啄食种子,同时还可以减轻强降水(大雨)对种子的冲刷。采用 18 g/m^2 以上的无纺布,平整地盖于喷播后的坡面,布与布之间应有 5 cm 的搭接,并于搭接处用铁丝钉或竹签固定在坡面上。

⑦养护。在喷播完成后,夏天晴天早晚养护两次。养护应把握好尺度,水应浇透但不能使坡面垮塌,半肥后应在养护时加入尿素肥。

⑧揭无纺布。大约两周之后,当草苗长至 3～5 cm 时应趁阴天或下午 3 时以后,及时掀去无纺布,经一夜露水提苗,使幼苗能尽快适应大自然的气候环境。因草苗幼嫩经不起阳光暴晒和恶劣气候影响,无纺布不能过早掀开,过晚掀开则会造成草苗生长畸形。

3. 框格梁植草护坡技术

为满足生态环保要求,安谷水电站对尾水渠两侧马道以上内坡衬砌进行调整,将原设计方案中内坡两侧马道以上的浆砌石衬护调整为生态护坡(预制混凝土框格梁植草护坡)。框格梁采用 C20 混凝土,生态护坡与面板护坡交界面铺设土工布，土工布采用 400 g/m^2，厚度≥1.7 mm，垂直渗透系数为 $k\times(10^{-3}\sim10^{-1})$cm/s($k$=1.0～9.9)；框格梁接头部位采用二期混凝土回填；砂质壤土回填后播撒适合当地生长的草籽，或者直接植草，或者栽种水生植物等，并且须适时进行洒水、覆盖薄膜等方面的养护。图 5.9 所示为框格梁植草护坡示意图。

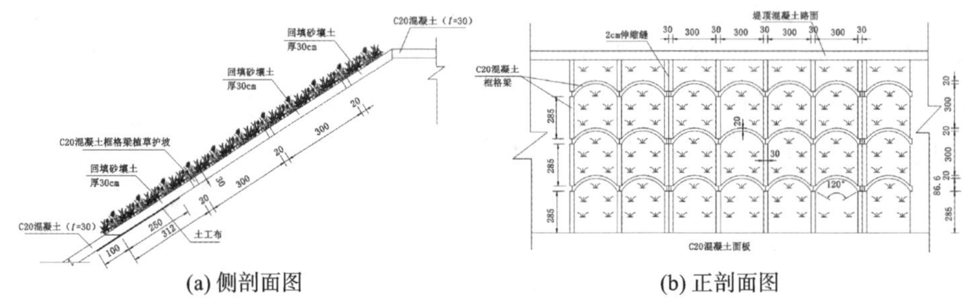

(a) 侧剖面图　　(b) 正剖面图

图 5.9　框格梁植草护坡示意图(尺寸单位:cm)

混凝土框格梁采用定型模板在预制场进行预制，待具备吊装条件后，由平板运输车运至施工现场并采用汽车吊进行吊装。吊装前，对坡面进行清理，并测量打设放样桩，绷线进行安装。安装完成后，对框格梁节点位置进行二期混凝土回填。覆土完成后，进行液压喷播，即将草籽(按约 25 g/m^2 喷播)和促使其生长的附着剂、木纤维、肥料、生长素、保温剂及水按一定比例混合搅拌，形成均匀混合液，通过液压喷播机均匀喷洒于坡面上并进行养护。

4. 三维植物网植草护坡技术

安谷水电站在左侧河网保护与河流生态环境营造中，对河道边坡采用自然坡比，营造自然生态面貌，对河道坡面采用三维植物网植草护坡技术。三维植物网性能应符合下列要求：单位面积质量≥350 g/m^2，厚度≥14 mm，纵横向拉伸强度≥2 kN/m，纵横向延伸率≤30%，抗冲流速≥4 m/s。

(1) 边坡处理：将边坡上杂石碎物清理干净，将低洼处回填夯实平整，确保坡面平顺。

(2) 铺设三维网：将三维植物网由上至下铺于坡面上，网与坡面保持平顺结合。三维网铺于坡顶时须延伸 40～80 cm，埋于土中并压实。将三维网自下而上用 ϕ6 以上的 U 形钢筋固定，U 形钢筋长 15～30 cm，宽约 8 mm，U 形钢筋间距 1.5～2.5 m，中间用 8＃U 形铁钉辅助固定。三维植物网铺设完毕，用泥土均匀覆盖，直至不出现空包，确保三维植物网上泥土厚度不小于 12 mm。然后将肥料、生长素、黏固剂按一定比例混合均匀，施洒于表层。肥料为氮∶磷∶钾＝

1∶1∶1的复合肥及有机肥，肥量为 30～50 g/m^2。

(3) 喷播：覆土回填完毕，进行液压喷播。

(4) 覆盖：喷播施工完成之后，在边坡表面覆盖无纺布，以保持坡面水分并减少降雨对种子的冲刷，促使种子生长。若温度太高，则无须覆盖，以免病虫害的发生。

(5) 养护管理：喷草施工完成之后，须定期进行养护，直到草坪成坪。待草长至 5 cm 左右，即可揭开无纺布。

第 6 章　施工技术总结

6.1　安谷水电站施工组织管理

6.1.1　工程项目与工作内容

四川省大渡河安谷水电站厂坝枢纽土建及金属结构安装工程项目的主要工作内容包括(但不限于)如下。

(1) 施工导流和水流控制工程。

(2) 泄洪冲沙闸工程。

(3) 储门槽坝段工程。

(4) 左岸副坝(桩号 9+730 下游侧)工程。

(5) 泄洪渠(桩号 0+000～0+971.50)工程。

(6) 尾水渠(桩号 0+000～0+800)工程。

(7) 厂房前池工程。

(8) 厂房尾水反坡段工程。

(9) 电站厂房工程。

(10) 升压站工程。

(11) 船闸一期外导墙工程。

(12) 泊滩堰取水闸与船闸左导墙连接段工程。

(13) 泊滩堰重力坝工程。

(14) 沐龙溪沟沉沙池工程。

(15) 右岸护坡工程。

(16) 永久公路工程。

(17) 水保环保工程。

(18) 谢坝清理工程。

(19) 房屋建筑工程。

(20) 闸门及其启闭机安装工程。

为完成上述工程项目所需要的施工期水流控制、供电、供水、供风、通信、照明、砂石生产、混凝土拌制、钢筋加工、模板加工、机械修配加工、汽车保养、仓库、办公及生活福利、废水处理、场地排水等临时设施，除枢纽一、二期围堰，枯期分流围堰，前期导流建筑物维护由发包人委托其他人负责导流建筑物设计外，其余部分均由承包人自行设计、施工、维护和管理。

本标承担施工的各主要建筑物布置简介如下。

左岸非溢流坝(混凝土面板堆石坝)长 70.99 m，坝顶宽度为 8 m，最大坝高 28.7 m，为砂卵石填筑混凝土面板坝；闸坝段长 234.0 m(含右端 16.0 m 长的储门槽段)，其中泄洪冲沙闸段长 218.0 m，共 13 孔；储门槽段为混凝土重力坝，最大坝高 40.7 m。泄洪冲沙闸为开敞式有坎宽顶堰型，单孔净宽 12.0 m；厂房坝段紧靠左侧泄洪冲沙闸，布置在右岸的主河道，由主机间、安装间、副厂房、主变室及 GIS 楼、进水池、尾水渠、厂区防洪墙及进厂公路等组成，厂内安装 4 台轴流转桨式水轮发电机组，单机引用流量 644 m^3/s，单机容量 190 MW，另外，为充分利用泄洪渠内泄放的生态流量，增加一台小机组布置于厂房左端，引用流量64.9 m^3/s，装机容量 12 MW，总装机容量 772 MW；船闸段沿坝轴线长 42.0 m，右岸与接头坝相接，左与厂房坝段相接，船闸主要由上游引航道、上闸首、闸室、下闸首及下引航道等组成(船闸采用分期实施方案，本标主要承担一期上游外导墙的施工)；导墙末端与连接坝相接，连接坝轴线长 212.10 m，采用碾压砂卵石坝，塑性混凝土心墙防渗，心墙厚度 60 cm，坝顶高程 400.70 m，宽 13.0 m，上下游坡比 1∶1.6，上游坡采用 C25 混凝土面板护坡。连接坝右端接泊滩堰进水闸(本标不承担)，闸轴线长 16 m，与右岸重力坝相接；右岸重力坝段轴线长 40.32 m，坝顶高程 400.70 m，坝顶宽 10.0 m，上游坡为直立面，下游坡比 1∶0.7，基础置于弱风化岩体上，最大坝高 21.70 m。

左岸副坝(混凝土面板堆石坝)轴线长 10640.78 m(本标承担桩号 9＋730 以下的坝段施工)，与枢纽左岸非溢流坝相接。坝顶宽度为 6 m，最大坝高 28.70 m，为砂卵石填筑混凝土面板坝。

尾水渠全长 9450 m(本标承担桩号 0＋000～0＋800 的渠段施工)，以厂房反坡段末点为尾水渠起点“尾 0＋000.00”桩号，左堤在桩号尾 0＋000～尾 0＋169.00 段和右堤在桩号尾 0＋000～尾 0＋150.00 段采用重力式 C15 混凝土挡墙，其余段堤身采用砂卵石混凝土面板坝结构设计。

对原右岸河床自泄洪冲沙闸海漫末端至尾水渠出口进行疏浚，形成泄洪通道，为保证滩地居民 20 年一遇的防洪标准，沿泄洪渠左岸修建防洪堤，堤距约 400 m(距右岸尾水渠左堤)，堤轴线长 8846.69 m(本标承担桩号 0＋000～0＋971.50 的渠段施工)，堤身采用砂卵石填筑。

6.1.2 施工的重点、难点分析及对策

1. 工程施工进度控制是本标施工的重点

本标工程暂按 2012 年 3 月 1 日开工计划，2015 年 7 月 31 日完工，相对总工期 41 个月。合同文件对各控制性节点工期做了明确的界定，特别是发电厂房工期尤其紧张，从 2012 年 10 月底主机段开始混凝土浇筑到 2013 年 7 月底厂房进口一线到顶，有效工期仅 9 个月，上升最大高度达 73 m，月平均上升 8 m，最大月上升高度达到 12 m。最大混凝土月浇筑强度达 5.88 万 m^3，而且本标与相邻标段存在多次相互交面。本标处于整个工程的关键线路上，本标能否按期完成关系到总体发电目标能否按期实现。因此，要实现控制性节点工期，必须针对高峰强度高、历时长的特点，采取相应的技术措施，进行科学的施工规划，确保本标工程控制性节点工期的实现。

(1) 由参加过类似工程的项目班子管理团队、技术人员，确保对工程项目的高效、科学决策，为实现节点工期控制目标把握好方向。

(2) 大量的施工机械设备及一批有着与本标类似经验的施工队伍可迅速进驻本工程，从资源上保证对本项目的支持。

(3) 充分利用项目部专家咨询小组的力量，对工程大流量深水截流、深厚覆盖层基础处理、高强度土石方挖填、混凝土施工等关键环节采取主动控制措施，防患于未然。针对施工中的重大疑难技术问题，及时聘请与项目部有密切联系的国内水电资深专家前来咨询，确保决策的科学合理性。

(4) 充分发挥项目部的项目施工管理优势和现场优势，积极处理好与地方和相邻标段的关系，确保高标准、高质量、安全高效地完成本标工程施工。

2. 截流施工是本标施工重点与难点

根据调整后的工期安排，2014 年 2 月 20 日进行二期主河床截流，采用已完工的泄洪冲沙闸进行泄流，截流设计流量 2200 m^3/s，截流水深达 8.6 m。根据类似工程经验，对单戗、双戗截流进行水力学计算，优选确定采用双戗堤截流方案，最大流速达 5.75 m/s，最大单宽功率 132.55 [(t · m)/(s · m)]，截流龙口段

抛投总量约 9 万 m^3，合龙历时 36 h，最大小时抛投强度达 2500 m^3/h。而工程枢纽明渠河床覆盖层厚度 16.5～20 m，抗冲流速低，在截流前需要完成上下戗堤龙口段护底工作，施工难度较大。龙口段截流备料约 12.6 万 m^3，其中大部分为特殊料物，准备工作量大。

因此，如何确保顺利进行二期河床截流按期完成，是保证按期发电的关键所在，是工程施工的重点与难点。

(1) 成立以项目经理、总工程师等为决策层的截流施工工作组，下设技术组、施工组、资源组、后勤组，各专业组在截流领导工作组的统一指挥下行动，确保高效、正确的决策，并从管理上、技术上、后勤上等方面形成对截流施工的强力支持。

(2) 提前完成截流水力学模型试验，根据试验成果设计详细的截流施工方案及应急预案，对截流可能发生的情况作出合理科学的预估判断，在截流施工时根据实际情况灵活选择应对措施，做到有备无患。

(3) 做好截流备料工作，特别是备足大块石、钢筋石笼、预制混凝土四面体等料物，这些料物是确保顺利合龙的基础。在一期围堰拆除过程择机完成龙口护底工作，截流戗堤预进占后做好防冲保护。根据截流期间流域水文气象情况，选择最佳时机进行截流合龙，确保一次截流成功。

(4) 对截流备料场、戗堤等施工重点部位做好详细的施工规划，对机械设备的布置、运行线路作出详细的说明，并在截流前向相关作业组进行深入的技术交底工作，使各专业组及相关人员分工合理、明确，确保截流施工有条不紊地进行。

(5) 对截流施工主干道路及其他通向截流备料场的道路实行交通管制，与截流无关的车辆限制进入本段道路，截流机械设备服从统一调度，以保证截流施工道路的畅通。

3. 砂石混凝土系统设计、建安及运行与管理是本标施工的重点

本标混凝土总量 192 万 m^3，系统需满足高峰期混凝土浇筑月强度 13.4 万 m^3 的需要，而发包人提供的施工场地有限，成品料场容量有限。按招标文件要求，砂石混凝土系统设计、建安及运行与管理均由本标自行负责。而发包人为工程所提供的料源均为本标开挖区天然砂卵石料，属特细砂料源，天然砂石料难以满足设计要求，需要掺加人工砂；同时料源开挖受汛期水位及其他不可控因素影响大，需要在汛前备料才能满足高峰期施工需要。因此，选用合理的砂石骨料生产工艺，满足混凝土配合比要求，保证砂石骨料及混凝土供应强度，是本标施工

的重点。

（1）采用“冷水拌和”工艺设计，该技术成果在沙湾、新政等工程的预冷混凝土生产中成功应用，完全可以满足本标混凝土温控要求。

（2）参加砂石混凝土系统的设计、建安技术管理人员，均从项目部参加过沙湾、新政、长洲、龙滩、阿海等工程的人员中抽调，满足投产的控制性工期要求。

（3）充分利用现有地形条件，合理布置拌和楼、水泥罐、粉煤灰罐、砂石骨料罐、污水处理设施等，将拌和楼尽可能布置在原始基础上，以保证系统的运行安全。拌和楼、空压机、运输设备、给料设备等优先选用项目部已成功应用的新设备，确保系统的稳定运行。

（4）制定科学的砂石混凝土系统运行管理制度，每月定期保养与维修，安排项目部有丰富大型砂石混凝土生产系统管理经验的人员参与本系统的运行管理，确保满足本标段混凝土浇筑施工需要。

（5）合理安排开挖施工进度，尽可能提高开挖料直接进入砂石骨料筛分系统的比例，减少料场二次开挖量，节约施工成本。根据混凝土浇筑施工进度安排，在汛期提前作好砂石骨料的备料工作，确保汛期混凝土浇筑需要。

4. 混凝土施工是本标施工的重点

本标混凝土主要集中在发电厂房、泄洪冲沙闸及尾水渠等部位，分布面广，战线长，混凝土总工程量达 192 万 m^3，高峰施工时段为 2012 年 11 月—2013 年 7 月，高峰期施工强度达 13.4 万 m^3/月。其中，发电厂房最大浇筑高度达 73.7 m，浇筑月均上升高度近 8 m，混凝土浇筑高峰强度达 5.88 万 m^3/月，需要生产能力强的多种设备联合入仓才能满足高峰期强度要求。同时，发电厂房混凝土结构复杂，模板工程量大，质量标准高，且招标文件对节点工期进行了明确规定。因此，选用合理的混凝土施工机械布置尤其重要，确保混凝土施工进度与质量是本标施工的重点。

（1）根据发电厂房、泄洪冲沙闸等不同部位结构特点及混凝土浇筑强度选用相应的入仓设备。对泄洪冲沙闸、厂房基础等部位，混凝土选用 MQ900B 门机、S1000K32 塔机作为主要入仓设备，并辅以长臂反铲入仓，以满足浇筑高度高、入仓强度高的施工需要。对于尾水渠、厂房前池、导墙等面积大、入仓强度低的部位，则以四方履带吊及长臂反铲入仓为主，以适应强度高、范围广的施工特点。

（2）根据不同部位结构特点，采用相应的模板形式。大面部位以悬臂大模

板为主，闸墩采用定型钢模板，尾水渠、左副坝等大面积斜坡部位则以拉模为主，发电厂房蜗壳、肘管等异形曲面部位则以整体定型组合模板为主，以适应各部位结构特点及混凝土面光滑平整度要求。

(3) 对混凝土进行合理分仓分层，基础强约束区分层厚度小于 2 m，脱离约束区分层厚度小于 3 m，并根据结构特点适当调整。

(4) 做好基础灌浆、机电埋件安装等相关专业的配合工作。基础灌浆、埋件安装安排在混凝土施工间隙进行，尽量少占或不占直线工期，确保按计划达到防洪度汛形象面貌要求。

(5) 采用跳仓浇筑方式，合理安排各相邻机组段或坝段浇筑仓的施工顺序，确保均衡连续施工。优化混凝土配合比设计，减小水泥水化热温升。将项目部在三峡、龙滩工程中先进的混凝土温控技术应用在本标工程中，确保混凝土拌和质量。

(6) 严格控制混凝土浇筑温度及最高温度，做好混凝土浇筑过程中的保温保湿工作。高温季节对混凝土运输自卸汽车、料罐采用保温被包裹，降低运输过程中的温度回升；混凝土入仓后及时进行振捣，防止热量倒灌；采用仓面喷雾，降低仓面温度，防止水分过度散失。冬季浇筑的混凝土拆模后及时覆盖保温被，对已形成的孔洞口在冬季来临前及时进行封堵，避免温度骤降而产生混凝土裂缝。

5. 土石方规划与平衡是本标施工的重点

合同按尾 0＋800 桩号为分界线进行标段划分后，Ⅰ标段区域内砂卵石直接利用量 580 万 m^3，而开挖量 590 万 m^3，略小于开挖量；Ⅱ标段区域内砂卵石开挖量 980 万 m^3，直接利用量仅为 150 万 m^3，有大量富余。因此，土石方平衡过程中，两个标段土石方生产组织、质量保证、协调等问题凸显。

因此，做好本标土石方规划与平衡，合理规划开挖时段，尽可能采用开挖料直接进入筛分系统或填筑区，确保达到甚至超过要求有用料的质量与数量是施工的重点，是节省工程投资的关键。

(1) 首先对开挖区进行地形复勘，复核开挖工程量是否与设计量相符合，并做好碴料场规划；检测填筑料与混凝土骨料是否能够满足相关质量指标，若不能达标则提前作好施工预案，确保满足本工程施工需要。

(2) 根据实际揭露的地质情况，合理安排砂卵石料、弃碴料、有用料的开挖程序，尽可能不同类料物分别开挖、运输与堆存，禁止混合，提高利用率。对不同开挖区的不同料物流向进行详细的规划，并严格按规划实施。

(3) 土石方规划与平衡方案与混凝土砂石骨料生产相结合,合理安排施工进度,尽量减少料物的倒运工程量,节省施工成本。

(4) 做好填筑料的备料及质量检测与控制工作,确保达到设计质量要求。加强混凝土骨料生产安排,汛前做好毛料的备料工作,满足汛期或汛后施工需要。

(5) 编制由 AG2011/C-1-Ⅱ标段外运毛料进入本标段筛分系统和回填区域的毛料补充总计划;施工期,及时编制季度、月补充毛料计划报监理人审批,作为 AG2011/C-1-Ⅱ标段的毛料供应依据;根据 AG2011/C-1-Ⅱ标段开挖区域揭示的毛料质量等可变因素及时调整补充毛料计划。

(6) 为接受 AG2011/C-1-Ⅱ标段供应到本标段指定区域的毛料做好充分的工序衔接安排工作,保证运输到指定位置的毛料及时被利用或者有堆存场地,实现按需调用毛料,避免毛料重复倒运。

6. 施工协调与配合是本标施工的重点

本标施工期间,左岸副坝标、尾水渠标、机电安装标等标段均在同步施工,与本标存在工程面移交、填筑料运输,以及共用施工道路等情况。另外,本标施工战线长,与居民区相距较近,开挖爆破、物料运输对居民区存在一定的干扰。同时本标内部土石方开挖、基础处理、混凝土浇筑、金属结构安装等各专业工种之间也存在相互移交工作面的情况。因此,施工协调与配合是本标施工的重点。

(1) 加强与相邻标段,特别是左岸副坝标、机电安装标的联系沟通,提前做好详尽可行的施工计划,确保根据生产进度计划做好相互之间的协调,以保证各方的影响降到最小。

(2) 加强与业主、设计、监理等单位的沟通,统一认识,积极为工程的顺利开展献计献策。加强与相邻标段的协调,从整个工程大局出发,尽可能为相邻标段提供方便,为整个工程施工创造一个和谐的大环境。

(3) 根据现场地形条件、控制性工期要求进行合理的分区,减少相邻部位的干扰,提高施工效率。土石方开挖分为相对独立区域进行,可以单独形成工作面,开展多工作面同时施工,有利于提高开挖强度,加快施工进度。合理安排各区施工进度,做到整个施工区域的统一与协调。

(4) 根据施工进度安排,提前做好砂石骨料、填筑料的备料工作,为汛期施工创造有利条件。根据河流的水文预报,汛前按要求及时拆除枯期围堰,汛后及时进行基坑清理与排水,确保安全度汛与快速恢复施工。

7. 环保、水保是本工程施工的重点

本工程地处大渡河流域下游，是长江上游主要的生态保护区，一旦发生环境污染，将直接对下游的生产生活用水产生影响。因此，环保、水保是本工程施工的重点。

(1) 组织上，项目经理是环保、水保第一责任人，由一名副经理分管环保、水保工作，由安全环保部具体负责实施。

(2) 建立健全环保、水保管理制度，明确各级管理人员、施工队伍的职责，制定相应的奖惩办法，确保环保、水保措施的实施。

(3) 在临时施工营地内设置地埋式污水处理设施，将生活污水处理达标后排放。混凝土生产系统产生的污水，同样采用地埋式污水处理站处理达标后排放。对砂石系统筛分产生的废水经沉淀处理后尽量回收再利用。

(4) 对开挖碴料严格按照业主指定的碴场分层堆存，不得乱堆乱弃，并对有用料及土料采取有效的保护措施，如土料堆存场采用彩条布遮盖防护，防止污染与流失。

(5) 对施工临时营地及辅助设施布置场地进行必要的绿化，形成的土质边坡，采取人工种植草皮或其他有效的封闭措施，防止发生水土流失。同时场区按 20 年一遇洪水标准布置排水明沟。

(6) 加强对燃油机械设备的维护保养，使发动机在正常、良好状态下工作，以减少废气排放；选用技术上可靠的汽车尾气净化器，使尾气排放达标；及时更新耗油多、效率低、尾气排放严重超标的设备及汽车。

6.1.3　主要施工技术方案

1. 施工总平面布置

(1) 施工道路。

本标的场外道路及场内主干道可以满足对外交通联系需要，其余施工道路分期布置。一期施工道路主要是满足一期围堰填筑、基坑开挖、混凝土浇筑、金属结构安装等施工交通需要，除发包人提供的主要道路外，另修建进入泄洪冲沙闸上游及厂房前池的 14＃道路，进入厂房基坑及泄洪冲沙闸消力池的 13＃、15＃施工道路，进入船闸导墙及右岸护坡的 10＃施工道路。以上施工道路使用时间长，车流量大，均按双车道道路设计。

二期施工道路主要满足二期截流施工，并满足左岸副坝及下游防洪堤填筑需要，使用时间相对较短，主要有17＃、18＃、19＃道路。特别是截流施工道路，车流强度很高，施工期需要进行交通管制。

(2) 办公生活营地。

根据工程施工进度计划的安排及满足各工种的施工需要，预计施工高峰人数为2500人，预计总建筑面积14980 m^2。

根据工期情况在左岸业主营地后修建办公楼及部分住宿营地1，建筑规模按容纳150人设计，总面积约6600 m^2，共有6幢宿舍、1幢办公室、1幢食堂，该营地在2011年10月1日投入使用。在右岸沐龙溪场地1内修建施工生产生活营地3，建筑规模按容纳1500人设计，总面积为76000 m^2。在泊滩堰涵洞进口下游、砂石厂上游修建金属结构加工厂及营地，在罗安大桥右桥头修建辅助生产加工营地2，前期泊滩堰施工住房作为右岸副坝施工营地。

(3) 主要施工辅助场地。

场地1：布置临时混凝土系统、试验室、混凝土预制厂及施工队伍生活营地等。

场地2：布置右岸砂石系统、金属结构拼装及堆放场。

场地3：布置机械修配厂及停放场，现场调度中心，钢筋、模板、木材、现场作业队辅助仓库等。

场地4：布置综合仓库及油库，主要存放五金器材、劳保用品、办公物资、周转性材料等。

场地5：布置项目部办公及生活营地。

场地6：布置右岸施工作业队营地。

(4) 施工供风。

根据工程施工特点及施工安排，采用集中供风与移动分散供风相结合。厂坝基坑在上游围堰与开挖坡口线之间布置一座80 m^3/min集中供风站，在右岸布置一座40 m^3/min集中供风站，另外再考虑3台17 m^3的油动空压机供风。

(5) 施工供水。

根据现场实际提供的供水条件和施工要求，高峰用水量为1830 m^3/h，在右岸泊滩堰390 m高程修建一座500 m^3的水池供水，在390.0 m以上高程增设增压泵供水。砂石系统及混凝土系统施工用水取自泊滩堰，在390 m高程平台布置一座200 m^3的水池供水。

(6) 施工供电。

施工高峰供电负荷 13000 kW。本标在指定的 3 个 10 kV 终端杆接线至各变电所降压供电。根据本标各部位施工用电设备的布置情况和负荷类型，设置 11 个变电所，就近向施工区各用电点供电，备用柴油发电机总功率为 1250 kW。

(7) 砂石骨料混凝土拌和系统设计、建安、运行与管理。

砂石加工系统按满足混凝土浇筑高峰月强度 13.4 万 m^3 的粗、细骨料供应能力考虑，并考虑一定的富裕量，系统成品料生产能力约 880 t/h，其中人工砂生产能力约 286 t/h，毛料处理能力约 1200 t/h。采用以天然筛分为主，人工破碎为辅的生产工艺。

混凝土生产系统设计生产总量约 192 万 m^3，根据工程进度计划，混凝土浇筑高峰月强度为 13.4 万 m^3。根据工程特点，选用 1 座 HZ120-2F3000 自落式拌和站，1 座 HL240-4F3000 自落式拌和楼，一座 HL240-2S3000L 强制式拌和楼，拌和生产能力 600 m^3/h，高峰月生产能力达 18 万 m^3/月以上，设备保证系数 1.42。

2. 施工期水流控制方案

(1) 导流度汛标准。

本合同的导流建筑物级别为 4 级，枢纽一、二期建筑物导流设计洪水标准为 20 年一遇，枯期分流围堰导流设计洪水标准为 10 年一遇。

(2) 截流时段与标准。

本工程截流时段为 2014 年 2 月 20 日，设计标准为 2 月下旬重现期 10 年的旬平均流量(考虑上游沙湾电站调峰)Q=2200 m^3/s，同时考虑左岸汉河分流 460 m^3/s，设计截流流量按 Q=1740 m^3/s。相应上游水位 386.8 m，下游水位 379.95 m。

(3) 截流方案。

本工程采用左岸汉河及一期已完建泄洪闸分流，从左岸向右岸双戗立堵截流方式。双戗堤布置在枢纽导流明渠进口部位，上戗堤预进占 960 m、下戗堤预进占 405 m，采用一期围堰拆除料进行填筑，并做好防冲裹头；上戗堤预留龙口宽度 120 m，下戗堤预留龙口宽度 110 m。防渗墙施工平台滞后截流戗堤 20～30 m 跟进，合龙后及时形成防渗墙施工平台。

根据双戗堤截流水力学计算，截流龙口最大落差 8.6 m，龙口的最大平均流速 5.75 m/s，最大单宽功率 132.55 [(t・m)/(s・m)]。截流龙口段预计抛投总量约 9 万 m^3，合龙历时 36 h，最大小时抛投强度达 2500 m^3/h。截流戗堤上游截流戗堤顶宽为 24 m，下游截流戗堤顶宽为 20 m，上、下游及堤端边坡均为 1∶1.5，堤头设 4～5 个卸料点，按 4～5 辆汽车同时卸料考虑，配置 32 t、25 t 自卸汽车共 96 辆。

截流龙口段计划备料约 12.6 万 m^3（考虑流失损失），备料系数 1.3～1.5。上游围堰填筑总量约 77.5 万方，下游围堰填筑总量 14.9 万 m^3（围堰布置及结构设计由发包人提供，工程量为预估值，其中，龙口段上戗堤 41 万 m^3、下戗堤 14.1 万 m^3）。截流备料场为左岸 1＃碴场，在左岸回填造地区布置截流龙口段特殊料物备料堆存场及设备停放场。

截流挖装设备主要选用 1.6～2.7 m^3 的反铲和装载机，大石选用 CAT365 液压挖掘机、ZLC50D 装载机等挖装，中块石及石碴料等选用 CAT365 液压挖掘机、CAT365 液压挖掘机、CAT330 液压挖掘机、ZLC50D 装载机等挖装，混凝土四面体、钢筋石笼等选用 16 t/25 t/50 t 的汽车吊吊装。运输设备主要选用 32 t/25 t 自卸汽车，配置 36 台 32 t、60 台 25 t 自卸汽车共 96 辆(6 台备用)，推土机 7 台(T320 推土机 2 台，TY220 推土机 5 台)、挖装设备 30 台(CAT365 液压挖掘机 5 台，CAT345 液压挖掘机 6 台，CAT330 液压挖掘机 15 台，ZL50C、ZLC50D 装载机各 2 台)、汽车吊 9 辆(QY16 汽车吊 4 台、QY25 汽车吊 4 台、QY50 汽车吊 1 台)。

(4) 基坑排水。

本标基坑排水分一、二期排水，每期又分初期排水与经常性排水。一期厂坝基坑主要为基坑经常性排水，高峰强度 7659.4 m^3/h，采用 21 台水泵(其中:6 台为厂区二级泵站，倒水泵站两座共计 2 台水泵，备用 4 台)。二期基坑初期排水量 52 万 m^3；基坑经常性排水高峰强度 3752 m^3/h，采用 8 台水泵(其中 2 台备用)。

(5) 围堰拆除。

本标工程围堰拆除相对复杂，枯期分流围堰需多次拆除与填筑。一期围堰在 2013 年 10 月 1 日开始上游围堰拆除，拆除总量约 14.2 万 m^3，用于填筑二期截流戗堤。2014 年 5 月完成二期围堰拆除，拆除工程量为 60 万 m^3，碴料运往枢纽导流明渠。

(6) 向下游供水。

在下闸蓄水过程中，承包人应采用监理工程师批准的下游供水措施，供给下游的供水量不得小于 150 m^3/s。

3. 土石方工程施工

本标土石方开挖总量约 800 万 m^3，其中厂房基坑开挖深度最大达 54 m，主要为石方开挖。土石方开挖主要在 2012 年 3 月—2014 年 9 月施工，施工工期 31 个月，土方开挖强度高达 112 万 m^3/月，石方开挖高峰强度 20 万 m^3/月。填筑工程量约 320 万 m^3，填筑主要集中在左副坝及护坡部位，在 2012 年 5 月—2014 年 10 月施工，施工工期 30 个月，土石方填筑强度为 36 万 m^3/月。

厂坝枢纽基坑分区进行开挖，主要采用 ROC-D7 液压钻机、CM351 高风压钻机造孔，梯段爆破，梯段高度 6～10 m；开挖碴料主要采用 CAT345 型(1.8 m^3)反铲、CAT330 型(1.6 m^3)反铲挖装 25 t 自卸汽车运输。

开挖碴料除部分直接用于主体工程填筑外，砂卵石有用料部分直接运至砂石系统，其余部分运往备料场或碴场。

4. 混凝土工程施工

本标段混凝土工程量 192 万 m^3，主要分布在泄洪冲沙闸、电站厂房、尾水渠、船闸一期导墙，施工时段为 2012 年 5 月—2015 年 2 月，月浇筑高峰强度为 13.4 万 m^3，发生在 2013 年 4 月。

泄洪冲沙闸混凝土总量为 29.9 万 m^3，主要集中在基础 383 m 高程以下部位。主要采用 1 台 MQ900B 门机和 1 台 MQ600B 门机垂直运输入仓，长臂反铲入仓辅助。混凝土施工时段为 2012 年 5 月—2013 年 12 月，月浇筑高峰强度为 2.48 万 m^3。

发电厂房混凝土总量为 78.1 万 m^3，其中主机间 63.4 万 m^3。混凝土主要集中在水轮机层以下部位。采用 4 台 MQ900B 门机、2 台 S1000K32 塔机垂直运输入仓及长臂反铲入仓辅助，厂房下部基础混凝土及尾水渠反坡段、厂房前池大面积部位以长臂反铲入仓为主。施工时段为 2012 年 11 月—2014 年 11 月，月浇筑高峰强度为 5.88 万 m^3，发生在 2013 年 2 月。

尾水渠混凝土总量为 38.5 万 m^3，混凝土浇筑主要采用四方履带吊、EX250 长臂反铲入仓。

船闸一期导墙混凝土总量为 17.8 万 m^3，采用 EX250 长臂反铲进行浇筑。

5. 金属结构安装施工

本标段大型金属结构安装为发电厂房、泄洪冲沙闸金属结构设备安装等。

金属结构安装总工程量 11985 t,其中,泄洪冲沙闸门安装 3347 t,发电厂房闸门安装 8673 t。

施工时段为 2013 年 8 月—2014 年 9 月,施工时间为 13 个月,月平均安装强度 1000 t。高峰月安装强度为 1500 t,2013 年 9 月—2014 年 1 月为泄洪冲沙闸工作弧门安装时段。金属结构主要吊装设备:MQ900B 门机、MQ600B 门机、S1000K32 塔吊,100 t 汽车吊、40 t 龙门吊、25 t 汽车吊各 1 台。

6. 基础处理施工

(1) 基础防渗工程。

0.8 m 厚的防渗墙主要采用“两钻一劈、平行钻进法”成槽,0.4 m 厚的防渗墙采用“两钻一抓法”成槽,墙体混凝土浇筑全部采用“直升导管法”,槽段连接采用“接头管法”;高喷灌浆采用高风压履带潜孔钻机偏心跟管钻进、2 管法旋喷。

0.8 m 厚防渗墙施工安排:一期上、下游围堰防渗墙施工在 2011 年 8 月底之前完成,泄洪冲沙闸段基础防渗墙安排在 2012 年 3 月至 5 月施工,二期上游围堰在 2014 年 3 月截流前完成预进占段防渗墙,龙口段防渗墙在截流后安排 2 个月进行施工,左岸上游副坝防渗墙在 3 个月时间施工。0.4 m 厚防渗墙施工安排:尾水渠左堤防渗墙在 2012 年 11 月至 2013 年 4 月,在枯期基坑内完成施工。高喷灌浆施工安排:二期下游围堰高喷灌浆安排在围堰截流后,施工总工期为 50 天,高峰强度约 1.1 万 m/月。

(2) 钻孔与灌浆工程。

钻孔与灌浆主要工程量:固结灌浆为 26268 m,帷幕灌浆为 13310 m。

固结灌浆安排在垫层混凝土浇筑后的间歇期进行施工,主要工程量集中在厂房基础部位,该部位月施工高峰期强度为 17572 m/月,单日施工强度高达 800 m/天,主要采用 CM351 高风压露天潜孔钻机结合 XZ-30 潜孔钻机钻孔,卡塞法灌浆。按 1 台 CM351 钻机配 4 台灌浆泵,钻灌工效为 160 m/天;2 台 XZ-30 钻机配 1 台 3SNS 灌浆泵,钻灌工效为 40 m/天。高峰期拟投入 4 台 CM351 露天高风压潜孔钻机,12 台 XZ-30 潜孔钻机,22 台 3SNS 灌浆泵,总工效为 880 m/天,满足高峰期施工强度要求。

帷幕灌浆安排在固结灌浆或防渗墙施工完毕后,占用直线工期,高峰期施工强度为 2792 m/月,单日施工强度为 94 m/天。采用地质钻机配金刚石钻头回转钻进成孔,自上而下分段卡塞灌浆。按两钻一泵为一组的配置,每组施工工效为 15 m/天。拟投入 7 组设备即 14 台 XY-2PC 地质钻机和 7 台 3SNS 灌浆泵,总

工效为 105 m/天，满足施工强度要求。

6.1.4　施工程序

1. 施工总程序及其分析

本工程于 2012 年 3 月 1 日开工后，将利用前期资源立即进行一期围堰内土石方开挖，利用开挖料进行砂石骨料生产，并逐步完善临建设施，做好开挖区风水电布置。力争在 2012 年 4 月 30 日完成泄洪冲沙闸消力池基础开挖，转入消力池底板混凝土施工，以确保 2012 年 5 月 1 日第一仓混凝土浇筑这一节点的实现。厂房基础开挖较深，确保 2012 年 10 月 30 日完成基坑开挖，转入混凝土浇筑。

2012 年 5 月，泄洪冲沙闸消力池混凝土开始浇筑，同时进行闸底板基础防渗墙施工，2012 年 7 月开始闸底板混凝土浇筑。泄洪冲沙闸混凝土分层浇筑，全线上升，至 2013 年 9 月完成闸墩混凝土浇筑和坝顶交通桥安装，转入启闭机和闸门安装，保证 2014 年 1 月底泄洪冲沙闸具备运行条件。

根据控制性工期要求，厂房基坑 2012 年 10 月 30 日完成土石方开挖，进行混凝土施工。经过分析，本标厂房施工工期紧张，特别是厂房进口段混凝土施工，强度极高，施工时主要采用长臂反铲和门塔机入仓，以保证满足入仓强度要求。厂房施工时，按照 1＃机组和 3＃机组、2＃机组和 4＃机组的顺序间隔施工，并控制相邻机组间的高差。2013 年 7 月，浇筑至桥机大梁以上，向桥机安装提供工作面，2013 年 8 月，4 台机组进口闸墩相继浇筑到顶，开始进行坝顶双向门机安装和进口闸门安装，保证 2014 年 1 月底具备挡水条件。厂房主机间混凝土在依次向座环安装交面，完成座环安装后再进行蜗壳、水轮机、发电机层等混凝土浇筑，浇筑按照交面先后顺序从 1＃～4＃依次进行，保证 1＃机组和小机组为首台发电机组。尾水闸门和门机安装在设备到货后进行，在首台机组发电前完成。

2013 年 2 月，提前进行二期截流围堰填筑，以便提前进行预进占段防渗墙施工，同时在 2 月拆除一期围堰，利用泄洪冲沙闸过流，在二期围堰保护下，施工上游副坝和下游防洪堤。

2012 年 10 月，第一次填筑枯期分流围堰后，在枯期分流围堰保护下，完成尾水渠左堤防渗墙施工，汛期来临前拆除枯期分流围堰，尾水渠和泄洪渠河道过流。2013 年 10 月，枯期分流围堰第二次填筑完成，在其保护下施工尾水渠左堤面板并进行尾水渠开挖。2014 年汛前完成尾水渠左堤面板施工，拆除枯期分流围堰后，利用尾水渠左堤挡水，形成尾水渠施工基坑，进行尾水开挖和混凝土施工，直至 2014 年首台机组发电前完工。

右岸护坡水下部分在 2012 年 3 月—2012 年 12 月施工完成，以免上游副坝施工导流形成水位壅高造成影响。其他部位如船闸外导墙、泊滩堰重力坝、泊滩堰至船闸外导墙连接段、沐龙溪沉砂池等，根据主体工程施工强度情况灵活穿插施工，调节施工高峰，保证均衡生产。

2015 年 7 月 31 日，各台机组相继具备发电条件，本标主体工程全部完工，逐渐进入尾工处理和工程竣工验收移交阶段，全部尾工处理和验收移交完成，本标工程完工。

本标施工程序的确定完全符合控制性工期的要求，阶段性工程形象面貌满足控制工期要求，部分超前节点目标，满足导流程序的需要。根据本程序编制施工进度计划，主要部位的施工强度比较均衡，高峰期生产强度受控。

2. 各分部工程施工程序

(1) 施工导流及水流控制程序。

进场后，立即展开一期基坑大面开挖，确保早日实现混凝土施工。

2012 年 10 月，开始进行枯期分流围堰第一次填筑，2013 年 4 月拆除；2013 年 10 月，再进行枯期分流围堰第二次填筑，2014 年 4 月拆除。

2014 年 1 月，泄洪冲沙闸具备运行条件，厂房坝段具备挡水条件，此时拆除一期围堰，进行二期截流施工。二期围堰戗堤预进占提前施工，并及时形成防渗施工平台开始进行防渗墙施工，二期截流前完成龙口段以外部分围堰填筑和防渗墙施工。龙口截流后，利用开挖料及时进行围堰加高，并完成防渗墙施工，围堰闭气，开始基坑抽水。2014 年 5 月，二期基坑形成施工条件，施工上游副坝和下游泄洪渠防洪堤。2014 年 9 月，拆除二期上下游围堰。

由于一期上下游围堰有 2012 年和 2013 年两个汛期的度汛任务，平时做好围堰防护工作，避免回旋水流毁坏围堰，发现问题及时处理，基坑雨水、渗水和施工废水集中排放。

(2) 泄洪冲沙闸施工程序。

泄洪冲沙闸共 13 孔，单孔闸从上游向下游依次为闸墩、斜坡段、消力池、海漫及防冲槽。

泄洪冲沙闸在进场做好施工准备后，立即进行开挖，开挖碴料用于施工场地

回填。至 2012 年 4 月底完成该部位开挖，于 2012 年 5 月 1 日进行混凝土浇筑，2013 年 8 月浇筑完成，转入闸门和启闭机安装，2014 年 1 月全部完成，具备运行条件。

(3) 电站厂房工程施工程序。

电站厂房基坑在开工后立即进行土石方开挖，2012 年 10 月 30 日完成全部开挖施工，从 1＃机组开始进行混凝土施工，下部混凝土和基础固结灌浆各机组分别施工，完成后逐层进行上游闸墩、下游胸墙、尾水闸墩和主机间座环以下混凝土浇筑。2013 年 8 月，厂房进口闸墩相继浇筑到顶，开始进行坝顶门机安装和拦污栅、检修门、工作门等金属结构安装，2014 年 1 月，进口金属结构安装全部完成，具备挡水条件。

2014 年 5 月，尾水门机和闸门等金属结构设备交货，开始进行安装，2014 年 10 月首台机组发电前施工完成。

主机间混凝土在座环安装完成交面后，按照 1＃(含小机组)、2＃、3＃、4＃的顺序依次进行浇筑。

(4) 金属结构安装工程施工程序。

本标金属结构安装总量约为 1.5 万 t，一期埋件施工和土建一期混凝土施工同步进行，坝顶门机、检修门、拦污栅、叠梁门等结构安装均在闸墩浇筑到顶后进行，完成坝顶门机安装后利用坝顶门机辅助进行检修门、拦污栅等安装。

(5) 尾水渠施工程序。

根据水流控制安排，在 2012 年 3 月—2012 年 9 月，主要进行一期围堰内尾水渠开挖和渐变段混凝土挡墙施工，2012 年 10 月—2013 年 4 月主要施工左堤防渗墙，2013 年 10 月—2014 年 4 月主要施工左堤面板并进行尾水渠剩余部分开挖。

(6) 其他部位施工程序。

其他部位工程量较小，厂房前池、船闸外导墙和尾水反坡段在厂房施工期间穿插进行，对厂房浇筑进行调节，均衡生产。其他部位在不影响主体工程的前提下灵活安排施工。

6.1.5　组织机构设置与人、机资源配置

1. 组织机构的设置

结合本工程的实际情况和类似工程的施工经验，按照现代项目法施工原则

组建"中国水利水电第七工程局有限公司安谷水电站厂坝枢纽土建及金属结构安装工程项目经理部(以下简称项目部)",项目部直属公司管理。

选聘技术水平高、施工管理经验丰富的人员组成项目部决策层和管理层,负责本合同工程的实施;从公司抽调长期从事土石方工程、混凝土工程、基础处理、拌和楼运行、金属结构机电安装等相关专业的施工、管理工程技术人员、技术工人,按专业组建施工队伍承担本合同工程项目的施工任务。主要管理、施工人员将由参加过新政、沙湾、糯扎渡、阿海等国内大型工程的人员组成,他们既有丰富的施工经验,又具备驾驭气势宏大的施工场面的能力,他们将是高效、优质地完成本工程强有力的保证。

项目部将按管理层和作业层分离的原则组织本合同工程的施工。根据项目部施工进度计划,高峰期施工人数为 2500 人左右。具体的施工现场组织机构图见图 6.1。

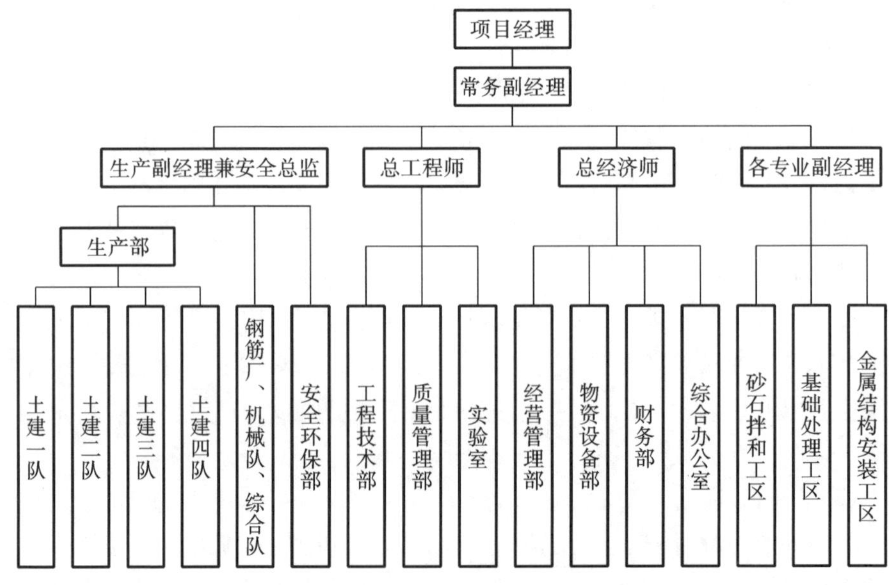

图 6.1　施工现场组织机构图

2. 人力资源配置

按照施工总进度计划安排,结合本工程实际情况,为保证工程施工强度和施工进度,项目部在本标工程高峰期投入的施工人员为 2500 人。各年度劳动力投入计划见表 6.1。

表 6.1　各年度劳动力投入计划

人数		工种										合计	
		管理人员	技术人员	机械及起重工	驾驶员	土石挖填人员	混凝土施工人员	混凝土拌和人员	基础处理人员	金属结构安装人员	普工	人数	人工工日数
2011 年	12	86	68	16	18	8	60	55	32	0	90	433	13423
2012 年	1	86	68	16	18	8	60	55	32	0	90	433	13423
	2	86	68	16	18	58	60	55	32	0	90	483	14973
	3	86	168	186	189	800	64	46	120	0	430	2089	64759
	4	86	168	186	189	800	84	46	122	0	630	2311	71641
	5	86	168	186	189	800	230	54	122	0	430	2265	67950
	6	86	168	186	189	600	320	96	122	0	430	2197	68107
	7	86	168	186	220	600	320	96	186	0	600	2462	73860
	8	86	168	186	220	600	420	96	186	0	80	2042	24504
	9	86	168	186	258	300	620	96	186	10	80	1990	61690
	10	86	168	186	258	300	620	96	186	10	180	2090	60610
	11	86	168	186	258	300	620	96	186	10	180	2090	64770
	12	86	168	186	202	300	620	96	186	32	180	2056	61680
2013 年	1	86	168	186	202	300	620	96	186	32	180	2056	63736
	2	86	168	186	168	300	620	96	186	32	180	2022	60660
	3	86	168	186	158	300	620	96	186	32	420	2252	69812
	4	86	168	186	158	300	620	96	186	32	420	2441	75671
	5	86	168	186	158	400	422	96	186	168	420	2290	68700
	6	86	168	186	189	584	386	96	186	168	451	2500	77500
	7	86	168	186	189	600	386	96	122	168	430	2431	72930
	8	86	168	186	189	600	386	96	122	168	430	2431	75361
	9	86	168	186	189	600	386	96	122	168	430	2431	75361
	10	86	168	186	189	600	386	96	122	168	430	2431	68068
	11	86	168	176	156	600	386	96	122	168	410	2368	73408
	12	86	168	176	156	420	516	96	122	168	410	2318	69540

续表

人数		工种										合计	
		管理人员	技术人员	机械及起重工	驾驶员	土石挖填人员	混凝土施工人员	混凝土拌和人员	基础处理人员	金属结构安装人员	普工	人数	人工工日数
2014年	1	86	168	176	156	420	516	96	122	40	410	2190	67890
	2	86	168	176	156	420	516	96	122	40	410	2190	65700
	3	86	168	176	156	420	488	96	122	40	360	2112	65472
	4	86	168	146	156	420	372	96	122	129	360	2055	63705
	5	86	168	146	156	420	372	96	122	129	360	2055	61650
	6	66	168	132	242	420	372	96	20	129	360	2005	63705
	7	66	166	132	242	420	372	96	20	129	360	2003	60090
	8	66	166	108	156	420	372	96	20	129	360	1893	58683
	9	66	142	72	156	420	372	96	20	129	210	1683	52173
	10	66	142	72	156	420	294	96	20	129	210	1605	44940
	11	66	142	72	156	420	294	96	20	129	210	1605	49755
	12	66	142	72	156	420	294	96	20	129	210	1605	48150
2015年	1	31	92	24	60	200	92	26	20	10	210	765	23715
	2	31	92	0	0	0	0	26	20	10	80	259	8029
	3	31	92	0	0	0	0	26	20	10	80	259	8029
	4	31	92	0	0	0	0	26	20	10	80	259	8029
	5	31	92	0	0	0	0	0	20	10	80	233	7223
	6	31	92	0	0	0	0	0	20	10	80	233	7223
	7	31	92	0	0	0	0	0	20	10	80	233	7223
总计												76154	2486199

3. 主要施工机械设备配置

(1) 主导设备配置原则。

针对本工程的特点，根据施工技术总体规划原则及施工总进度安排，结合项目部现有施工机械设备的状况配置施工设备，合理配置施工资源，选用配套设

备，实施施工资源的动态管理，确保本工程优质、高效完成。

(2) 主要施工机械设备配置计划表。

投入本合同工程的主要施工设备见表 6.2。

表 6.2　投入本合同工程的主要施工机械设备

编号	设备名称	型号及规格	数量	制造厂名	购置年份	进场时间
一	土石方机械					
1	液压钻机	ROCD7	2	阿特拉斯	2009	2012.4
2	高风压钻机	CM351	4	成都中凿	2009	2012.4
3	潜孔钻	QZJ100B	10	济南金庄	2010	2012.4
4	装载机	ZL50C	5	广西柳工	2009	2012.2
5	装载机	ZL50	3	徐工	2007	2012.2
6	液压反铲	CAT320	6	美国卡特	2010	2012.2
7	液压反铲	CAT330	25	美国卡特	2010	2012.2
8	液压反铲	CAT345	2	美国卡特	2009	2012.2
9	反铲	PC220	2	小松	2007	2012.2
10	反铲	EX250	10	日本日立	2010	2012.5
11	振动碾	YZJ18	3	山推	2010	2012.2
12	蛙式打夯机	BW75S	10	德国宝峨	2009	2012.2
二	基础处理设备					
1	冲击钻机	CZ-6D	154	河北宏源	2009	2012.2
2	电焊机	交流 25 kVA	155	成都电机	2007	2012.2
3	液压抓斗	SH350	1	三一重工	2009	2012.2
4	液压履带潜孔钻	A66CB	5	阿特拉斯	2009	2012.10
5	高风压空压机	XRS415MD	5	阿特拉斯	2009	2012.10
6	高风压空压机	VHP750	4	英格索兰	2008	2012.2
7	地质钻机	XY-2PC	12	重庆探矿	2008	2012.2
8	潜孔钻机	QZJ-100D	6	成都哈迈	2008	2012.10
9	旋喷机	XL-50	7	西安探矿	2009	2013.8
10	高速制浆机	5.0 m^3	5	自行研制	2011	2011.10
11	高速制浆机	NJ-600	7	杭州钻机	2008	2013.8

续表

编号	设备名称	型号及规格	数量	制造厂名	购置年份	进场时间
12	储浆搅拌机	1.0 m^3	7	杭州钻机	2008	2011.10
13	配浆搅拌机	JJS-2B	20	杭州钻机	2008	2011.10
14	高压灌浆泵	3SNS	24	黑旋风	2009	2011.10
15	高喷灌浆泵	XP-90	7	天津聚能	2009	2013.8
16	灌浆自动记录仪	HT-Ⅱ	10	中大华瑞	2009	2011.10
17	振动除砂机	ZX200	3	北京	2009	2011.10
18	液压拔管机	YBTG360	3	成都	2008	2011.10
19	泥浆泵	3PN	25	四川西昌	2007	2011.10
20	排水泵	IS80-125	20	上海革新	2007	2011.10
三	混凝土机械					
1	拌和楼	HZ120-2F3000	1	杭机江河	2009	2011.10
2	拌和楼	HL240-2S3000L	1	郑州水工	2009	2011.10
3	拌和楼	HL-240-4F3000	1	郑州水工	—	2012.4
4	高架门机	MQ900B	2	吉林水工	2009	2012.6
5	高架门机	MQ900B	2	吉林水工	2009	2012.6
6	高架门机	MQ900B	1	吉林水工	2009	2012.3
7	高架门机	MQ600B	1	吉林水工	2009	2012.4
8	塔机	S1000K32	2	沈阳三建	2009	2012.9
9	履带吊	四方	1	辽宁抚顺	2009	2011.10
10	卷扬机	5 t	16	河南崇鹏	2010	2011.10
11	拉模	—	6	—	—	2011.10
四	运输设备					
1	自卸汽车	10 t	50	东风汽车		2012.5
2	自卸汽车	15 t	30	东风汽车	2010	2012.5
3	自卸汽车	20 t	30	山东济南	2010	2012.5
4	自卸汽车	25 t	110	山东济南	2010	2012.3
5	混凝土搅拌车	6.0 m^3	6	东风	2008	2012.10
6	平板汽车	10 t	2	重庆重汽	2010	2012.10

续表

编号	设备名称	型号及规格	数量	制造厂名	购置年份	进场时间
7	罐车	3.0 m^3	2	成都勤宏	2009	2013.9
8	罐车	6.0 m^3	2	成都勤宏	2009	2013.9
9	拖车	50 t	2	重庆重汽	2009	2012.11
10	半拖挂车	40 t	1	二汽	2007	2012.11
11	载重汽车	18 t	1	二汽	2009	2012.11
12	载重汽车	5 t	2	二汽	2009	2012.11
五	起重设备					
1	汽车吊	110 t	1	—	—	2012.11
2	龙门吊	40 t	1	乌江	2006	2012.9
3	汽车吊	50 t	2	上海浦沅	2009	2012.11
4	汽车吊	25 t	7	上海浦沅	2009	2011.10
5	汽车吊	16 t	2	上海浦沅	2008	2011.10
6	汽车吊	8 t	2	徐州	租赁	2011.10
六	加工机械					
1	电磁振动给料机	GZG1103	13	海安联源	2006	2011.9
2	圆振动筛	2YKR2460H	2	海安联源	2006	2011.9
3	圆振动筛	2YKR1437	1	南昌矿山	—	2011.9
4	电磁振动给料机	GZG903	37	海安联源	2006	2011.9
5	颚式破碎机	C110	2	南昌矿山	—	2011.9
6	圆锥破碎机	S3800C	2	美着矿山	2004	2011.9
7	除铁器	RCDY-8	2	山特维克	2008	2011.9
8	圆锥破碎机	HP300M	2	西玛特	2006	2011.9
9	立轴冲击式破碎机	B8100	2	海安联源	2006	2011.9
10	立轴冲击式破碎机	RP109	1	美着矿山	2008	2011.9
11	除铁器	RCDY-8	2	南昌矿山	—	2011.9
12	螺旋洗砂机	FC-15	4	南昌矿山	2006	2011.9
13	直线筛	ZKR1022	4	南昌矿山	2006	2011.9
14	圆振动筛	2YKR2460	3	海安联源	2006	2011.9

续表

编号	设备名称	型号及规格	数量	制造厂名	购置年份	进场时间
15	圆振动筛	3YKR2460	6	美着矿山	2008	2011.9
16	螺旋洗砂机	FC-15	2	贵州承智	2008	2011.9
17	直线筛	ZKR1022	2	西玛特	2006	2011.9
18	电动弧门	800 mm×800 mm	14	南昌矿山	—	2011.9
19	电磁振动给料机	GZG1103	13	南昌矿山	2006	2011.9
20	圆振动筛	2YKR2460H	2	南昌矿山	2006	2011.9
21	圆振动筛	2YKR1437	1	海安联源	—	2011.9
22	电磁振动给料机	GZG903	37	海安联源	2006	2011.9
23	颚式破碎机	C110	2	—	2006	2011.9
24	圆锥破碎机	S3800C	2	—	—	2011.9
25	除铁器	RCDY-8	2	—	—	2011.9
七	辅助设备					
1	单级单吸离心泵	IS65-50-160	6	长沙泵业	2005	2011.10
2	单级单吸离心泵	IS125-100-200	7	长沙泵业	2005	2011.10
3	一体化空压机	GA250-8.5	3	阿特拉斯	2004	2011.10
4	油动移动式空压机	P600	3	英格索兰	2005	2011.10
5	变压器	630 kVA/10/0.4 kV	1	成都二变	2006	2011.10
6	箱式变压器	630 kVA/10/0.4 kV	1	成都二变	2006	2011.10
7	箱式变压器	1250 kVA/10/0.4 kV 1500 kVA/10/6.3 kV	1 1	成都二变	2006	2011.10
8	箱式变压器	1250 kVA/10/0.4 kV 500 kVA/10/6.3 kV	1 1	成都二变	2006	2011.10
9	箱式变压器	1250 kVA/10/0.4 kV 630 kVA/10/6.3 kV	1 1	成都二变	2006	2011.10
10	变压器	1250 kVA/10/0.4 kV	2	成都二变	2006	2011.10
11	变压器	1250 kVA/10/0.4 kV	1	成都二变	2006	2011.10
12	变压器	1600 kVA/10/0.4 kV 1250 kVA/10/0.4 kV	4 2	成都二变	2006	2011.10

续表

编号	设备名称	型号及规格	数量	制造厂名	购置年份	进场时间
13	变压器	630 kVA/10/0.4 kV	1	成都二变	2006	2011.10
	箱式变压器	1250 kVA/10/0.4 kV	1	成都二变	2006	2011.10
	箱式变压器	630 kVA/10/0.4 kV	1	成都二变	2006	2011.10
14	柴油发电机	400V、50 kW	1	山东潍坊	2005	2011.10
15	柴油发电机	400V、300 kW	4	山东潍坊	2004	2011.10
16	单级离心泵	250S39	5	—	2006	2011.10
17	单级双吸离心泵	250S39A	3	—	—	2011.10
八	实验设备					
1	数字式压力试验机	DYE-2000	1	无锡建筑仪器厂	—	—
2	数显液压万能试验机	WES-1000	1	无锡建筑仪器厂	—	—
3	数显鼓风干燥箱	101-3A	2	—	—	—
4	自落式混凝土搅拌机	SM-100	1	无锡建筑仪器厂	—	—
5	锚杆检测仪	BS-Ⅰ系列	1	—	—	—
6	台式工程钻机	Z1Z-200e	1	—	—	—
7	全自动养护室控制仪	BYS-Ⅱ	1	—	—	—
8	混凝土回弹仪	ZC3-A	1	—	—	—
9	水泥胶砂搅拌机	JJ-5	1	—	—	—
10	混凝土贯入阻力仪	HG-80	1	—	—	—
11	电动勃氏透气比表面积仪	DBT-127	1	—	—	—
12	分析电子天平	FA2004	1	—	—	—
13	直读式含气量测定仪	—	1	—	—	—
14	光电式液塑限测定仪	GYS-2	1	—	—	—
15	混凝土容重筒	50 L	1	—	—	—
16	混凝土试模(塑料)	150 mm×150 mm×150 mm	100	—	—	—

续表

编号	设备名称	型号及规格	数量	制造厂名	购置年份	进场时间
17	混凝土试模	100 mm×100 mm ×100 mm	10	—	—	—
18	抗冻试模(塑料)	100 mm×100 mm ×400 mm	6	—	—	—
19	混凝土抗劈拉垫条	5 mm×5 mm ×200 mm	1	—	—	—
20	砂料筛	大 ϕ300	2	—	—	—
21	石子筛	大 ϕ300	2	—	—	—
22	土壤筛	大 ϕ300	2	—	—	—
23	混凝土极限拉伸试模	—	8	—	—	—
24	砂浆试模	70.7 mm×70.7 mm ×70.7 mm	20	—	—	—
25	抗渗试模(塑料)	175 mm×185 mm ×150 mm	6	—	—	—
26	千分表	H 31042/H 31811	2	—	—	—
27	箱式电阻炉	SX-5-12	1	—	—	—
28	胶砂试体成型振实台	ZT-96	1	—	—	—
29	电动抗折仪	KZJ-5	1	—	—	—
30	水泥细度负压筛析仪	FSY-150	1	—	—	—
31	水泥胶砂流动度测定仪	TZ-345	1	—	—	—
32	数控水泥混凝土标准养护箱	SHBY-40B	1	—	—	—
33	强制式单卧轴混凝土搅拌机	SJD-60	1	—	—	—
34	混凝土振动台	100CM2	2	—	—	—
35	沸煮箱	FZ-31A	1	—	—	—
36	液压式万能试验机	—	1	—	—	—
37	电子天平	JY50001	1	—	—	—
38	电子天平	JA2003	1	—	—	—
39	电子记重秤	ACS-A	2	—	—	—

续表

编号	设备名称	型号及规格	数量	制造厂名	购置年份	进场时间
40	TCS电子计价台秤	MC-Ⅲ	1	—	—	—
41	水泥净浆搅拌机	NJ-160	1	—	—	—
42	直联便携式空气压缩机	ZB-0.11/7(8)	1	—	—	—
43	标准振筛机	ZBSX-92	1	—	—	—
44	电子计价仪表	TCS-300	1	—	—	—
45	混凝土拌和物维勃稠度仪	HCY-A	2	—	—	—
46	干湿度计	—	2	—	—	—
47	数控标准电动击实仪	DZY-Ⅲ	1	—	—	—
48	相对密度仪(细)	KC-83	1	—	—	—
九	测量设备					
1	水准仪	SET2110	5	索佳	—	—
2	全站仪	BⅡ-20	1	索佳	—	—
3	全站仪	TCR1201	2	莱卡	—	—
4	全站仪	TCR802	1	莱卡	—	—

6.1.6　大型设备布置及运行管理

1. 主要机械设备的布置

主要施工机械布置部位见表 6.3。

表 6.3　主要施工机械布置部位统计表

编号	型号	布置高程、桩号	用途	使用时段	备注
1#门机	MQ900B	EL368 坝纵 0+522.75	储门槽坝段、安装间等	2012.11—2013.8	
2#门机	MQ900B	EL362.886 坝横 0-18.391	厂房坝段进水口基础、底板、闸墩混凝土浇筑，金属结构安装	2012.10—2013.8	
3#门机	MQ900B	EL362.886 坝横 0-18.391	厂房坝段进水口基础、底板、闸墩混凝土浇筑	2012.10—2013.8	

续表

编号	型号	布置高程、桩号	用途	使用时段	备注
4＃门机	MQ600B	EL379.2 坝横0－07.5	泄洪闸坝段底板、 闸墩混凝土浇筑	2012.7— 2013.8	
5＃门机	MQ900B	EL374.11 坝横0＋49.5	泄洪闸段底板、闸墩、 消力池边墙混凝土浇筑， 辅助5＃小机组浇筑施工、 金属结构安装	2012.6— 2014.2	
6＃门机	MQ600B	EL400.70 坝纵0＋19.08	厂房坝段主机间下部 混凝土浇筑， 辅助前池底板浇筑	2013.9— 2014.12	6＃门机为4＃门机2013年4月拆除后二次安装
7＃门机	MQ900B	EL362.886 坝横0－18.391	厂房坝段进水口基础、 底板、闸墩混凝土浇筑	2012.11— 2013.8	
1＃塔机	S1000K32	EL336.7 坝横0＋101.7	主机间、尾水闸墩、 尾水反坡段挡墙、 金属结构安装	2012.2— 2014.5	
2＃塔机	S1000K32	EL336.7 坝横0＋101.7	主机间、尾水闸墩、 尾水反坡段挡墙、 金属结构安装	2012.2— 2014.5	

2. 设备运行与管理

(1) 设备运行管理总体要求。

①项目部在充分借鉴各兄弟单位和公司的设备管理经验的基础上，结合本工程施工现场的机械运行相互干扰大的客观条件，从实际出发，建立一整套综合和专项设备管理制度，并在应用中逐步予以健全、完善。

②成立完善的设备管理组织机构，明确各级各类人员设备管理职责。

③成立专门的作业队负责门塔机的运行及维修，实行定岗定员，三班作业。所有操作人员均从有丰富经验的门塔机运行人员中挑选，并经过专门培训，具有有关部门颁发的上岗操作证；配备足够的专业维护人员，且维护人员必须经过严格的培训，具有系统机械及电气安全运行、维护管理方面的相关专业知识；能够

处理使用过程中遇到的各种故障。

④根据设备说明书、工地现场情况及以往运行经验制定详细的操作规程、交接班制度、设备管理办法等各种规章制度，保证设备的完好率与利用率。

⑤按照设备的有关规定，认真做好维护保养工作；检修维护过程中，只使用厂家、设备监理推荐或指定的油料及零配件。

⑥根据生产情况及设备状况为门塔机配备原装总成备件，当设备突然发生故障时立即把总成换上以恢复生产，再修复换下来的总成备用。

⑦专业维修人员及设备管理人员对门塔机实行定期与不定期的检查，坚决杜绝设备“带病工作”情况的发生，正确处理设备维护与施工生产之间的关系。

(2) 大型机械设备运行安全问题分析及预防措施。

上述施工设备主要用于为建设安谷水电站吊运混凝土、材料、机具等。规格上有大有小，形式上有固定的也有移动的，投入时间有前有后，其生产作业区域广、设备集中、场地狭窄，流水连续作业。虽然各个设备相对独立操作，但是，它们经常需要协同作业，尤其是由于它们工作区域重合，吊臂纵横交错，有时甚至产生吊臂之间或吊索(吊钩)与吊臂之间相互受限。群机工作环境复杂，其运行的安全问题非常突出。为保证这些大型设备安全运行，根据安谷水电站工程的特点，提出针对性的预防措施。

①设备安全运行控制难点。

a. 在实际施工生产中，设备交叉作业相当频繁，相互干扰严重，且多数情况下难以达到设备防碰撞允许的最小安全距离，给设备的安全指挥与操作造成了很大的困难。

b. 安谷水电站施工设备种类较多，设备性能先进，能熟练掌握和应用的操作与维护力量普遍薄弱，难以充分保证设备安全运行所必需的人力资源。

②设备布置及安装施工管理。

a. 布置上均匀合理，创造最佳安全工作环境。

项目部在大型施工机械设备的布置上，比较充分地考虑了多种机械设备之间的干扰和防碰撞问题，重点对门塔机布置进行研究。

b. 部位上、时段上重点防范，保证全局安全。

根据不同部位、不同时期的现场情况及各种施工设备的特点，抓住重点研究和制定相应的措施，保证安全生产。

2012 年 1 月—2013 年 4 月，混凝土浇筑强度大，各种机械设备均投入施工，现场施工场地狭窄，交叉作业干扰的矛盾突出。因此，要求安全环保部门、物资设备部门和工程部门了解相关设备的使用性能，加强现场施工设备的管理。在制定生产计划时应尽量避免设备的相互干扰和交叉作业，各部门要加强现场起重设备工况信息的沟通，协调设备安全运行。

(3) 设备安全运行规定。

施工机械布置密集、交叉作业多，设备施工环境复杂。为了确保施工设备的安全运行，根据工程的不同部位、不同时期和设备的变动情况制定详细的施工措施和安全规定。

①基本规定。

建立和完善相关管理部门，包括生产调度部门、安全环保部门、机电管理部门等。组建有安全监护人员、信号指挥人员及设备操作人员参加的现场防碰撞安全体系，随时检查和处理机械运行安全问题。

生产调度部门必须了解相关设备的使用性能，在制定生产计划时应尽可能避免设备相互干扰和交叉作业，各设备运行单位前方调度部门必须安排专职值班调度员 24 h 值班，以便及时沟通起重设备工况信息，协调设备安全运行。

设备操作人员及信号指挥人员，必须经过培训并取得有关部门颁发的资质证书方可上岗，“安全哨”人员必须经过培训，了解相关设备的使用性能和掌握相关安全知识后方可上岗。

建立三级通报制度。三级通报制度是指施工单位的前方生产调度部门、设备运行的项目二级机构、各台起重设备运行班组等直接负责设备调度和操作的三级机构之间实行相互的通知、通报和报告制度。现场施工时应限定各台施工设备的作业区域，一般情况下各台设备只能在限定的区域内作业。因生产需要，须进入相邻标段或其他设备的工作区域作业时，首先必须进行“三级通报”并得到生产调度部门或运行项目二级机构的许可，以及相关设备的回应后，方可进入。三级通报制度要求，大型起重设备作业前或作业过程中要改变工况或位置并可能与相邻设备产生干涉时，生产调度部门应制定总体计划并通知设备运行单位，及时进行调度和调整；设备运行单位应明确各台起重设备的工作任务和要求，并安排足够的专职安全人员和指挥人员；各台起重设备在运行过程中应严格按照设备操作手册或规程和上级的指令进行作业，及时报告设备安全情况，遇到问题时及时向上级请示，并服从指挥。

在起重设备交叉作业的部位，必须设置足够的专职安全人员。各台设备的副操作员、地面信号指挥人员，应各尽其责，认真监护，以确保设备运行安全。

传递信号的指挥人员之间应严格执行交接哨规定。仓外(或取料点)信号指

挥人员负责吊物(或大钩)起升后进入仓面(或卸料点)前的设备起升、变幅、回转及大车的行走,并负责向仓面(或卸料点)信号指挥人员通报相邻设备的情况。仓面(或卸料点)信号指挥人员在仓面(或卸料点)范围内负责设备起升、变幅、回转及吊物的就位,若需要大车行走则应与仓外(或取料点或大车附近安全哨)信号指挥人员联系,根据现场情况妥善处理。在交接哨未完成前,信号指挥人员严禁停止信号指挥。

地面信号指挥人员与仓面信号指挥人员严格分工,做到指挥信息不间断,不留死角,保证设备指挥通畅。

相邻设备存在工作范围交叉时,两机任意部位(含工作臂、平衡臂、转台后部配重、供料线等)之间的水平或垂直安全距离必须大于 10 m。否则应停止动作,采取特别措施妥善处理。但采取特别措施后的最小安全距离不应小于 2 m。

施工标段内的设备,作业中除应执行本规定外,还应执行本单位内部的有关规定。若大型起重设备运行环境发生较大变化,施工承包人应及时补充设备防碰撞安全运行规定或修改专门规定,并及时报送设备监理工程师,以便协调。

流动设备进入起重设备的作业区域作业时,必须配备通信工具。使用单位应安排指挥人员负责设备的协调、通报及通知避让等工作。

施工承包人必须为各台大型起重设备配备足够相应规格的通信工具。设备相互的通报一般应使用公用频道,紧急情况时,可切入对方专用频道。与起重设备生产无直接关系的报话内容,严禁通过该设备频道传送,以避免频道被占用而影响设备运行安全。

设备进行大件吊装作业时,使用单位在作业指导书中应明确防碰撞措施,并做好相邻设备避让的协调工作。

完善设备的各种警示装置及警示牌,如设置门塔机的行走报警装置,加强夜间照明,挂设霓虹灯等。

设备运行单位应定期检查设备的安全限位和安全保护装置,如制动器、夹轨器、高度和行走限位器、锚定装置、大车终端限位车挡等,确保设备限位保护装置的安全可靠。

严格执行设备操作规程,雨天、雾天能见度不足时,应停止作业。如遇六级以上(含六级)大风和雷雨等恶劣天气,应采取相应防护措施。

各施工承包人应千方百计地避免设备碰撞事故的发生,一旦发现存在碰撞的安全隐患,不管是设备自身的原因还是调度、协调上的问题,都应尽全力及时处理,避免事故的发生。首先,各施工承包人应仔细分析设备布置及周边的干扰因素，确定设备安全运行的区域，尽量避开干扰和干涉；其次，各生产调度部门在制定生产计划尤其是混凝土浇筑计划时，应充分考虑标段之间存在的干扰和干涉，事前进行良好沟通，设法避开交叉作业。

②起重设备防碰撞专门规定。

a. 标段内相邻设备的防碰撞规定。

标段内设备均由各施工承包人根据设备的技术特性和操作运行手册的要求，制定相应的防碰撞措施，并负责内部协调。

b. 固定设备及障碍物的防碰撞规定。

起重设备作业时，对固定设备（如供料线、支撑柱等）、障碍物（已浇坝块模板、钢筋等）必须避让并保持有效安全距离。

现场设备布置改变或设备工作范围延伸时，施工总承包人应及时分析设备的干扰和干涉状况，重新确定相关设备的工作范围和限制条件。

6.1.7 施工技术管理体系与质量保证措施

1. 施工技术管理体系

安谷水电站厂坝枢纽土建及金属结构安装工程施工技术管理实行项目经理领导下的项目总工程师（项目技术负责人）负责制，项目总工程师负责本工程项目的施工技术管理工作，其归口管理职能部门是工程部，项目部对所承建的工程项目施工技术进行全面有效管理。

项目部下属各作业队（厂）根据项目部机构设置情况，设立相应的技术负责人并配备足够的技术人员，配合项目部搞好施工技术管理工作。技术管理体系详见图 6.2。

2. 质量保证措施

（1）组织措施。

调集具有类似工程施工经验、技术力量强、设备过硬的施工队伍投入本标段工程施工，以高素质的施工队伍、精良的施工设备和雄厚的技术力量保证工程质量。

建立健全“横向到边，纵向到底，控制有效”的质量保证体系。设质量管理部、中心试验室，各作业队设专职员，班组设兼职员。施工中严格实行“三检制”，形成各作业队、班组、作业人员质量自保体系。

中国水利水电第七工程局有限公司安谷水电站厂坝枢纽土建及金属结构安装工程项目经理部

项目经理

项目常务副经理

项目部安全生产委员会

专家咨询委员会

决策层

总经济师　项目技术负责人（项目总工）　项目生产副经理兼安全总监　各专业副经理

工程技术部　测量队　经营管理部　质量管理部　竣工资料室　试验室　安全环保部　物资设备部　财务部　综合办公室　财务部　砂石拌和工区　基础处理工区　金属结构安装工区

管理层

作业队负责人

作业队技术员

作业层

图 6.2　技术管理体系

(2) 管理措施。

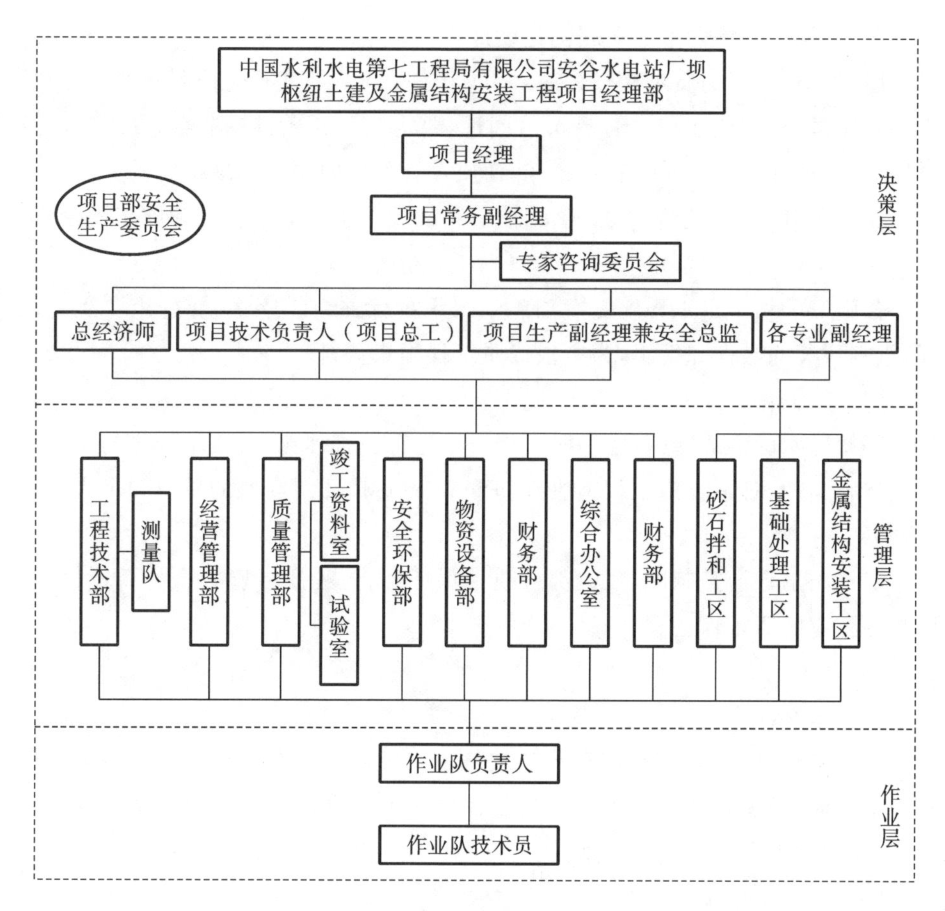

积极推行全面质量管理，依据 PDCA 循环控制原理，通过计划(P)、实施(D)、检查(C)、处置(A)四个阶段，使工程质量逐步提升，实现预期质量目标。

从每个环节上全面控制工程质量，从源头抓起，实现施工图设计、材料采购、施工组织准备、检测设备标定计量、施工过程检验试验、工程质量验收、工程竣工与交付、工程回访与维修的全过程控制，保证质量总目标的实现。

(3) 技术措施。

坚持设计文件图纸分级会审和技术交底制度。重点部位由总工程师、主管工程师审核；一般部位由专业工程师审核，每份图纸必须经过两名以上技术干部审核并填写审核意见。技术人员在严格审核的基础上向作业队进行施工方案交底、设计意图交底、质量标准交底、创优措施交底，并有记录。施工技术人员应认真核对现场，并与建设单位一起优化设计。

制定切实可行的质量检查程序，使每个施工环节都处于受控制状态，每个过程都有质量记录，施工全过程有可追溯性，要定期召开质量专题会，发现问题及时纠正，以推进和改善质量管理工作，使质量管理走向国际标准化。

技术资料和施工控制资料翔实，能够正确反映施工全过程并和施工同步，同时满足竣工验收的要求。

各施工区和重点工程编制专项施工组织设计并组织落实，抓好重要工艺流程、重点环节的摄像和编辑，为申报优质工程积累资料。

(4) 资金措施。

坚持优质优价的原则，定期对工程质量进行检查评比，对质量较优的单位和个人实施奖励，对不合格工程坚决推倒重来，对造成质量问题的单位和个人严加惩处。

实行质量保证金制度，预留部分质量保证金，工程质量验收合格后返回，否则扣除相应的质量保证金。

(5) 会议制度。

①技术交底会。

单项工程开工前由工程部组织，按施工组织设计(施工措施)对作业人员进行技术交底，质量管理部有关人员及全体作业人员参加。对于大型项目和关键项目，项目经理和总工程师参加。

②月、季、年质量总结会。

质量管理部负责编写月、季、年质量总结报告，并组织召开会议。所有主要领导及有关部门负责人参加。

③质量专题会。

质量专题会由总工程师或质量管理部视工程施工具体情况安排。

(6) 作业人员培训制度。

①项目部负责根据施工活动的实际需要，及时组织满足施工需求数量且合格的特种作业岗位操作者进入施工现场参加施工活动，并对特种作业岗位操作者进行动态管理，保证其有效性。

②项目部负责根据施工活动的实际需要，及时组织满足施工需求数量且合格的非特种作业岗位操作者进入施工现场参加施工活动。

③项目部负责对非特种作业岗位操作者进行控制，实行动态管理。具体负责组织对进入施工现场参加施工活动的非特种作业岗位操作者的技能水平考核

和评定，并存档有关记录。

④培训工作按工种不同分为工前教育、一般技术培训、特殊技术培训三种类型。培训方法根据实际情况可采用在岗培训（在岗培训期间只能从事非技术工种）和脱岗培训两种方式。

⑤外协队伍（含临时合同制工人）按其技能分为非技术工种、一般技术工种和特殊技术工种三种类型，将分别接受相对应的工前教育、一般技术培训、特殊技术培训。对承担非技术工种的外协队伍（含临时合同制工人），一般只进行工前教育即可上岗；对承担一般技术工种和特殊技术工种的民工队伍（含临时合同制工人），须接受相应的培训，经考核合格后方能上岗。

(7) 建筑材料、设备采购的质量控制。

①建筑材料、永久装置性器材和工程设备的采购部门，要按照工程项目合同文件中质量要求、技术标准的规定进行采购活动，因故需要调整质量要求、技术标准时，获得合同文件规定授权部门的同意，并更改书面文件后方可进行采购活动。

②材料和设备采购时必须订立采购合同，并且在合同中要有明确的质量要求和违约处罚条款。

③公司各级材料设备管理部门将通过改善管理手段，拓宽信息渠道，建立材料、设备信息库，及时掌握各类建材及设备的质量、价格信息，保证采购活动科学合理并满足工程需要。

④公司各级材料设备管理部门对于大宗材料的采购要实行邀请招标采购，招标邀请的单位应具有相应资质，并且其质量管理体系、供货业绩、社会信誉良好。

⑤进入施工现场的建筑材料、永久装置性器材和工程设备必须按照公司质量管理体系程序文件中的有关规定进行检验，经检验不合格的产品不得用于工程，并按程序文件中的有关规定处理。

(8) 工程质量三级检查验收制度。

①三级检查验收制度。

施工班组技术人员负责完工后的“初检”，并向专职人员提交施工记录及原始资料。

专职人员负责完工项目的“复检”，并向质量管理办公室提交施工记录、原始资料及验收申请报告。

质量管理部专职人员负责完工项目的“终检”，并向监理单位提交施工记录、原始资料、验收申请报告、质量检查记录、单元验收合格证等，申请监理工程师验收。监理工程师验收合格并签发单元验收合格证以后即可转入下一道工序施工。

②施工过程三检制度程序。

施工过程三检制程序示意图见图6.3。

(9) 质量奖罚制度。

制订质量考核奖惩办法，坚持实行施工质量与经济效益挂钩的制度，对重点项目设置质量特别奖。

(10) 施工过程质量控制流程。

施工过程质量控制流程见图6.4。

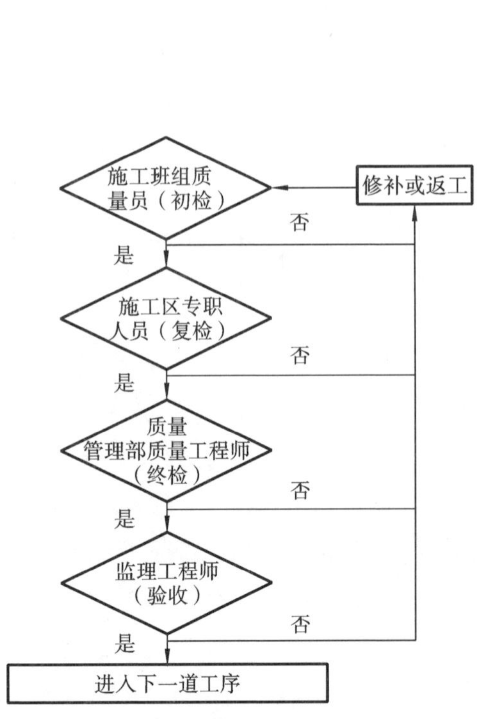

图6.3 施工过程三检制度程序示意图

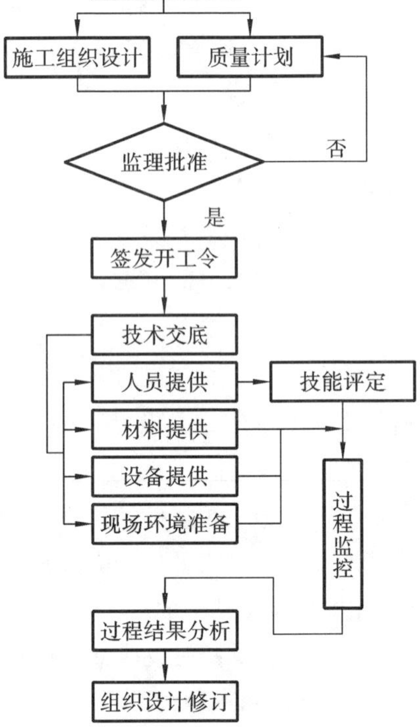

图6.4 施工过程质量控制流程

(11) 质量管理的具体措施。

为了更好地保证工程质量，在工程中标后，立即组织专门人员(有丰富的施工经验)，由总工程师牵头，质量管理部参加，参照国家及地方的有关要求，根据

招标文件及业主的有关要求，参考公司施工中执行的管理办法，编制具体的质量管理文件：

①《工程质量管理细则》；

②《质量保证体系文件》；

③《质量管理考核办法》；

④《混凝土施工导则》；

⑤《模板工程施工导则》；

⑥《混凝土单元工程验收细则》等。

其中，《工程质量管理细则》明确规定了各专业、工种及各道工序的技术、质量要求及违反规定的处罚办法，共分五个部分：

a. 质量缺陷、事故处理程序及权限；

b. 质量特别奖发放办法；

c. 土建工程；

d. 灌浆工程；

e. 金属结构制作安装工程。

《质量管理考核办法》明确规定各专业、工种、工序施工总体情况的奖罚办法。

为确保工程质量，提高施工工艺水平及施工人员质量责任心，鼓励创造优良质量，杜绝质量隐患，制定一系列的质量奖罚办法及三检人员考核奖罚制度等。各项奖罚制度细化到每一道施工工序，对各工序及操作人员、三检人员行为均作出详细的规定。并对一次验仓合格率、一次验收合格率、仓号优良品率等项目制定较高的标准，达到了重奖，达不到重罚。把奖罚权赋予三检人员，三检人员可对施工现场发现的任何一项不良工艺进行处罚；加大三检质量监控力度，对使用不良工艺的人员严格处罚，充分发挥质量管理部的作用，有效杜绝质量隐患。

6.2　技术亮点总结

大渡河安谷水电站距上游已建沙湾水电站约 35 km，距下游乐山市区 15 km，左岸有省道 103 公路，右岸有太平镇至安谷镇的公路，坝址经成都—乐山大件公路至成都市约 184 km，坝址经成乐高速公路至成都市约 138 km。电站采用混合开发方式，水库正常蓄水位 398 m，库容 6330 万 m^3，设计引用流量 2640.9 m^3/s，电站装机容量 772 MW，多年平均发电量 33.03 亿 kW·h。

安谷水电站厂坝枢纽施工导流与水流控制工程分为二期导流。一期厂坝枢纽工程(2012 年 3 月—2014 年 2 月),围右岸船闸、安装间、厂房、13 孔泄洪闸、接头坝等进行施工,采用全年导流方式,由左岸原河道和导流明渠过流,其导流设计流量 8940 m^3/s。枢纽二期围堰(2014 年 2 月—2014 年 6 月),进行左岸上游副坝和下游防洪堤施工,采用全年导流 20 年一遇洪水标准,由左岸原河道和泄洪冲沙闸过流,其导流设计流量 1870 m^3/s,受上游电站调峰影响,非正常情况下下泄流量可达 2360 m^3/s。通过前文的分析,可知安谷水电站河床二期截流施工组织难度很大。

大江截流施工技术因葛洲坝、三峡工程等大型工程截流的实施得到快速发展,加之大型机械设备日趋普遍,截流施工技术难度逐渐降低。简单地说,只要投入足够的大型设备、特殊料物,保证高强度抛投,截流是很容易成功的。但从安谷水电站建设以来,从导流标至枢纽标施工过程中,在复杂水系条件下,须克服不同边界条件,实施多次截流,如何在流量变化大、边界条件复杂的条件下实现截流设备及料物常规化,有效降低施工成本,并实现快速截流,一直是安谷水电站建设截流施工技术研究的重点。二期工程截流指标参数大,截流难度高,为确定导流明渠截流设计及行之有效的施工指导性方案,确保二期截流的顺利实现,对施工参数进行调整优化,选择合理的施工工法及施工机械,优化施工组织设计,对以后同类型截流施工方法的选择具有指导意义以及较高的技术价值。

6.2.1 覆盖层对截流影响性研究

对于深厚覆盖层河床截流,人们关心的覆盖层稳定性问题主要是指覆盖层的冲刷变形对截流戗堤稳定的影响问题、截流材料的增量问题以及覆盖层基础上的抛投料稳定问题。

对于淤积型覆盖层河床截流,因覆盖层抗冲流速小、龙口流速较大,龙口河床会产生较大的冲刷变形而影响截流安全,一般采取相应的护底措施,对覆盖层予以保护。因此,其研究重点是:①不护底时,覆盖层冲刷变形对截流的不利影响程度;②护底时,护底措施的有效性,涉及护底下游端覆盖层的溯源冲刷和护底两侧覆盖层淘刷对护底体系的安全影响问题。

1. 覆盖层特性分析

枢纽二期副坝围堰位于近坝段副坝右侧,枢纽明渠入口处,河床疏浚高程

378.00 m，经两个汛期河床再造过程，在右岸一侧形成冲刷沟，地面高程377.2～378.5 m。

图 6.5 所示为枢纽二期围堰地质纵剖面图。

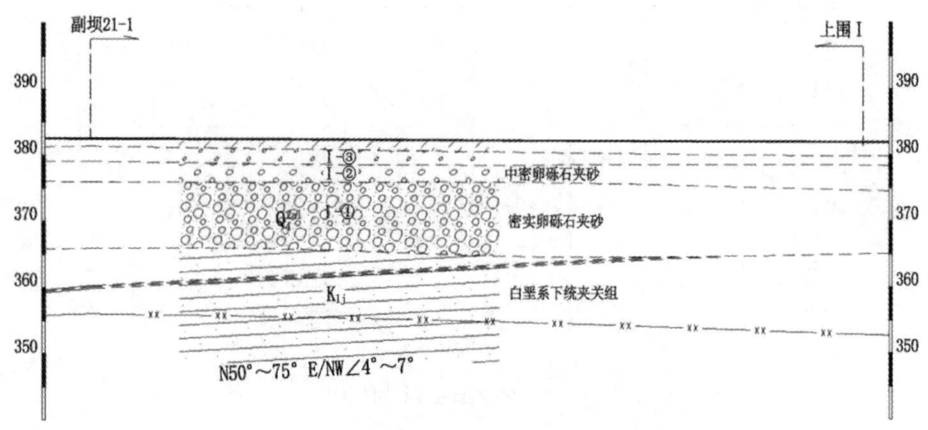

图 6.5　枢纽二期围堰地质纵剖面图

从图 6.5 剖面图可以看出，河床覆盖层为砂卵石层，厚度为 12～14 m，底界高程 364.9～367.9 m，砂卵石层属强透水层。下伏基岩为 $K_{1j}^{②}$ 砂岩夹薄层泥岩，其岩体无强风化，弱风化带厚度为 10～12 m，风化岩体上部为中等透水层，透水带厚度为 5～6 m，下部及新鲜岩体透水微弱。

表 6.4 所示为砂卵石筛分试验成果，图 6.6 为砂卵石级配曲线图。

表 6.4　砂卵石筛分试验成果

试样 粒径/mm	100	80	40	20	5	2	0.5	0.25
累计筛余 百分率/(%)	20.7	31.0	54.1	64.3	75.5	81.4	89.3	92.7

2. 龙口水流条件

安谷水电站位于大渡河梯级开发的最后一级，受上游沙湾水电站发电影响，二期截流虽选择在枯期进行，但下泄流量不再受径流条件变化影响，与上游电站发电机组有直接关系，而枯期往往是水力发电的高峰时期，机组同时发电时，最大下泄流量可达 2200 m³/s，且单日内受用电峰值影响，单日区间变化亦很大。根据截流专家咨询会意见：预进占戗堤防护流量标准为 1870 m³/s，合龙流量标

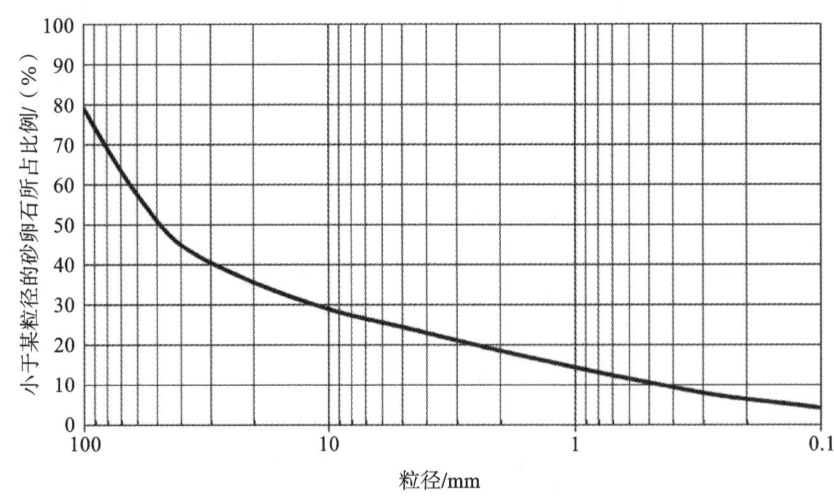

图 6.6　砂卵石级配曲线图

准为 1200 m^3/s。

分流建筑物分流量、龙口位置、进占方式、覆盖层特性均会影响龙口水力学条件。安谷水电站二期工程截流是利用已建泄洪冲沙闸进行分流，而闸室底板设计高程为 383.00 m，高于原始河床近 5 m，分流条件差，直接造成截流过程小流量、大落差的不利局面。加之床面覆盖层起动流速低、易冲刷，河道宽度大等先天不足影响，龙口力学指标高。

表 6.5 为进占水力学及粒径统计。

表 6.5　进占水力学及粒径统计

左右侧预进占总长度/m	316	336	356	376	396	416	436	456	476	496	516
河床宽度/m	280	260	240	220	200	180	160	140	120	100	80
渠道底板高程/m	378.00	379.00	379.00	379.00	379.00	379.00	379.00	379.00	379.00	379.00	379.00
河床水位高程/m	381.00	381.80	381.90	382.10	382.20	382.40	382.60	382.90	383.20	383.70	384.40
水深/m	3.00	2.80	2.90	3.10	3.20	3.40	3.60	3.90	4.20	4.70	5.40

续表

过水面积 A/m^2	853.50	739.76	708.61	696.42	655.36	629.34	595.44	568.81	530.46	503.13	475.74
湿周 X/m	290.82	270.10	250.46	231.18	211.54	192.26	172.98	154.06	135.14	116.95	99.47
水力半径 R/m	2.93	2.74	2.83	3.01	3.10	3.27	3.44	3.69	3.93	4.30	4.78
谢才系数 C	41.26	40.79	41.01	41.44	41.63	42.02	42.37	42.87	43.31	43.98	44.76
流量(11月上旬)Q /(m^3/s)	1870	1870	1870	1870	1870	1870	1870	1870	1870	1870	1870
流速 V /(m/s)	2.19	2.53	2.64	2.69	2.85	2.97	3.14	3.29	3.53	3.72	3.93
稳定粒径 d/m	0.13	0.17	0.19	0.20	0.22	0.24	0.27	0.29	0.34	0.38	0.42

注:本表计算结果按照明渠均匀流计算,其中流量未考虑冲沙闸分流流量,$i=0.003$,$n=0.029$,稳定粒径按照伊兹巴什公式计算,稳定系数 $K=1.20$。

表 6.6 为龙口水力学参数统计。

表 6.6 龙口水力学参数统计(下泄流量 1200 m^3/s)

上游龙口宽度 B/m	90	80	70	60	50	40	30	20	15	0
龙口分流量 Q_g /(m^3/s)	1070.65	1003.98	924.63	831.43	722.84	597.00	451.46	283.40	17.08	0.00
冲沙闸分流量 Q_d /(m^3/s)	129.35	196.02	275.37	368.57	477.16	603.00	748.54	916.60	1182.92	1200.00

续表

截流设计流量 Q/(m^3/s)		1200.00	1200.00	1200.00	1200.00	1200.00	1200.00	1200.00	1200.00	1200.00	1200.00
上游平均过水宽度 $B_{上}$/m		76.86	67.26	57.68	48.14	38.60	29.12	19.66	10.24	6.10	—
上游水位 $H_{上}$/m		383.63	383.83	384.04	384.27	384.50	384.76	385.03	385.32	385.75	385.78
下游水位 $H_{下}$/m		381.40	381.30	381.10	380.90	380.60	380.30	379.95	379.40	378.20	378.00
水位总落差设计比		初步设计落差比(上游：下游＝1.00) (取值仅为小于 1.0、大于 0.0 的数值,保留两位小数)									
戗堤龙口	流态	淹没流	非淹没流	非淹没流	非淹没流	非淹没流	非淹没流	非淹没流	非淹没流	非淹没流	淹没流
	临界水深 h_k/m	2.71	2.83	2.97	3.12	3.30	3.50	3.78	4.28	0.93	—
	水深 h/m	4.00	2.83	2.97	3.12	3.30	3.50	3.78	4.28	0.93	4.00
	落差 Z_1/m	3.13	3.33	3.54	3.77	4.00	4.26	4.53	4.82	5.25	5.28
	龙口平均流速 v/(m/s)	3.48	5.27	5.40	5.53	5.68	5.86	6.08	6.47	3.02	—
	单宽流量 q/(m^2/s)	13.93	14.93	16.03	17.27	18.73	20.50	22.96	27.68	2.80	—
	单宽功率 N/[(t·m)/(s·m)]	427.28	487.12	556.12	638.10	734.08	855.89	1019.44	1307.29	144.06	—

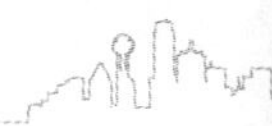

通过表 6.5 与表 6.6 计算对比，当河床束窄至 280 m 时，在相当流量条件下，覆盖层自身稳定性开始变弱，逐渐形成冲刷。

3. 覆盖层冲刷计算

（1）砂卵石起动流速。

根据长江科学院针对砂卵石的起动流速公式，起动流速计算见式(6.1)。

$$U_c = 1.08\sqrt{gd_{50}\frac{\gamma_s-\gamma}{\gamma}}\left(\frac{H_0}{d_{50}}\right)^{\frac{1}{7}} \tag{6.1}$$

式中：U_c——泥沙起动流速，m/s；

g——重力加速度，9.8 m/s^2；

d_{50}——床沙组成的平均粒径，m；

γ_s、γ——块石的容重和水的容重，t/m^3；

H_0——冲刷处水深，m。

从式(6.1)中可以看出，床沙粒径是起动流速的重要影响因素。天然河流的河床砂卵石粒径组成均属非均匀的，当砂卵石粒径级配均匀或级配较窄时，可采用式(6.1)进行近似计算。当级配较宽时，宽级配覆盖层在水流作用下，表层的极细粒径的泥沙在进占前或进占初期已被水流夹带走或冲走，表层卵石重新排列，形成粗化层。当水力条件持续增强时，粗化层的卵石颗粒开始起动，粗化层以下较小的卵石颗粒也被水流掀起而大量输移。

（2）截流龙口覆盖层冲刷深度。

①一般冲刷。

一般冲刷体现在覆盖层砂卵石中，小级配砂卵石抗冲流速小、龙口流速大，一般须采取护底措施。

一般冲刷深度计算参见《堤防工程设计规范》(GB 50286—2013)，顺坝及平顺护岸冲刷深度计算见式(6.2)和式(6.3)。

$$h_s = H_0\left[\left(\frac{U_{cp}}{U_c}\right)^n - 1\right] \tag{6.2}$$

$$U_{cp} = U\frac{2\eta}{1+\eta} \tag{6.3}$$

式中：h_s——局部冲刷深度，m；

H_0——冲刷处水深，m；

U_{cp}——近岸垂线平均流速，m/s；

U_c——泥沙起动流速，m/s；

U——行进流速，m/s；

n——与防护岸坡在平面上的形状有关，一般取 $n=1/6\sim1/4$；

η——水流流速不均匀系数，根据水流流向与岸坡夹角 α 按表 6.7 采用。

表 6.7 水流流速不均匀系数 η

α	≤15°	20°	30°	40°	50°	60°	70°	80°	90°
η	1.00	1.25	1.50	1.75	2.00	2.25	2.50	2.75	3.00

②局部冲刷。

截流戗堤进占相当于丁坝。

单向进占时，龙口为不对称水流形态，会在堤头产生绕流，形成挑流和水流下潜，而改变龙口的水流分布。宽龙口时，靠近堤头的一侧会形成绕流冲坑，远离堤头一侧的冲刷形态与一般河道相近。窄龙口时整个龙口均受到绕流作用的影响。

截流戗堤双向进占时，两侧堤头均产生绕流，龙口水流近似为对称水流，在龙口宽度较窄时，还会形成水流对撞，形成水舌。

龙口河床覆盖层的局部冲刷按《堤防工程设计规范》(GB 50286—2013)里推荐的局部冲刷公式，非淹没丁坝冲刷深度可按式(6.4)进行计算。

$$\Delta h = 27K_1 \cdot K_2 \cdot \tan\frac{\alpha}{2} \cdot \frac{v^2}{g} - 30d \tag{6.4}$$

式中：Δh——冲刷深度，m；

v——丁坝的行进流速，m/s；

K_1——与丁坝在水流法线投影长度 l 有关的系数，$K_1 = e^{-5.1\sqrt{\frac{v^2}{gl}}}$；

K_2——与丁坝边坡坡度 m 有关的系数，$K_2 = e^{-0.2m}$；

α——水流轴线与丁坝轴线的交角，当丁坝上挑 $\alpha>90°$ 时，应取 $\tan\frac{\alpha}{2}=1$；

g——重力加速度，m/s^2；

d——床沙粒径，m。

4. 覆盖层护底措施及其有效性研究

在深厚覆盖层河床上实施护底或平抛垫底，可提高河床的抗冲能力和糙度。

常见的护底材料有钢丝笼、四面体、杩槎体、混凝土六面体以及大石、特大石等。护底材料粒径计算时，其相关计算参数选择应按截流进占过程中遭遇的龙口水流条件及边界条件确定。

(1) 大石、特大石护底时。

石料比重大，稳定性好，在材料易于获得且运输成本较低时为首选。可按立堵截流扩展断面时的起动流速公式计算所需块体粒径，见式(6.5)。

$$V_{起动}=(1.2\sim1.35)V_{止动}=(1.2\sim1.35)\left(\frac{H}{D}\right)^{\frac{1}{7}}\cdot\sqrt{2g\frac{\gamma_s-\gamma}{\gamma}D}\cdot\left[0.65+0.35\left(\frac{\Delta}{D}\right)^{\frac{1}{2}}\right]\tag{6.5}$$

式中：H——块体稳定部位水深，m；

D——块体球化粒径，m；

Δ——床面突起高度，m；

g——重力加速度，m/s^2；

γ_s、γ——块石的容重和水的容重，t/m^3。

(2) 钢筋笼护底时。

钢筋笼护底时可按李学海博士等拟合的钢筋笼起动流速公式计算，见式(6.6)。

$$V=\left[0.65+0.80\left(\frac{\Delta}{D}\right)^{\frac{1}{2}}\right]\lambda^{\frac{1}{3}}\sqrt{2g\frac{\gamma_s-\gamma}{\gamma}D}\tag{6.6}$$

以上护底方式均为单体计算，在覆盖层护底时，单体抗冲能力强。但护底采用单个块体易发生冲刷破坏，须采用柔性措施，增强块体整体性。

(3) 刚性护底体系。

根据截流水力特性，安谷水电站二期截流采用刚性护底方式。

图 6.7 所示为龙口护底平面布置图，图 6.8 为龙口护底纵剖面图。

刚性护底对截流料物粒径影响对比如下：刚性护底形成后，河床条件可按基岩进行计算，其粒径按伊兹巴什公式进行计算，在同流速条件下，稳定系数可由 0.9 提高至 1.2，料物粒径减小 20%。计算可详见第 2 章 2.2.3 节“梳齿墩截流施工”中“1. 龙口护底技术”的相关内容。

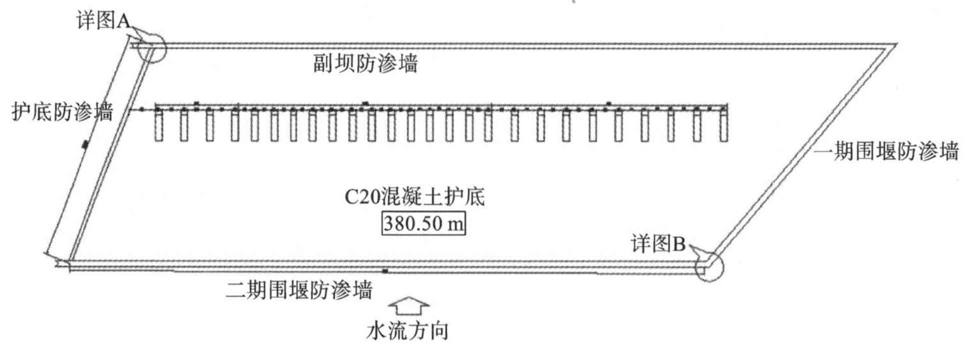

图 6.7　龙口护底平面布置图

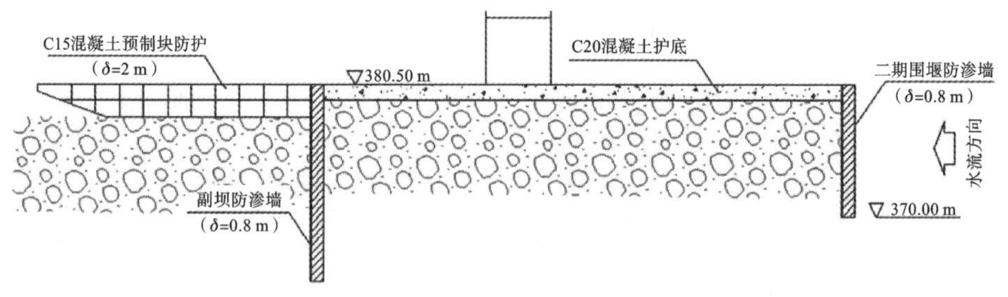

图 6.8　龙口护底纵剖面图

6.2.2　常用降低截流难度措施研究

常用的降低截流难度的措施主要包括减小龙口水力指标（截流流量 Q、截流落差 Z、龙口流速 V、水深 H）、增强块体稳定性等方面。

1. 减小龙口水力指标措施

分流条件是决定截流落差和截流难度的控制因素，取决于泄水建筑物的布置与规模、导流明渠的平面和断面尺寸、上下游围堰的拆除情况以及下游水位等。分流条件越好，截流最终落差越小，截流难度也越小。

（1）合理确定上下游围堰拆除高程及宽度，提高分流能力。

理论上讲，上下游围堰拆除越彻底，对提高分流能力越有利。但实际工程中，往往要兼顾围堰拆除的费用和工期。围堰水下拆除难度较大，费用较高，时间也很紧迫，合理确定上下游围堰拆除高程，既可获得较大的分流能力，又可节省工程投资并缩短工期。

(2) 采用双戗堤分担截流落差。

可详见第 2 章 2.2.3 节“梳齿墩截流施工”中“2. 截流拦石技术”的相关内容。

2. 增强截流块体抗冲稳定性措施

当块体容重 γ_s 和化引直径 D 已定、龙口水深 H 不变时，提高基面糙度，则抗冲稳定系数 K 值可提高 1.33 倍，可有效地增强截流块体的抗冲稳定性。

目前国内外截流工程减少抛投料物流失的工程措施通常有：①修建糙墩(坎)；②设置拦石(栅)桩等；③抛投大体积、大容重的块体形成拦石坎，加糙河床。

3. 降低截流难度的其他措施

(1) 利用水文预报降低截流流量。

利用现代科技手段，加强水文预报，综合考虑水文资料，可以更好地把握截流时机及合理确定截流标准，达到减小截流流量的目的。

(2) 利用梯级调度降低截流流量。

对于上游有已建好并投入运行的梯级电站的情况，当截流难度较大时，可通过上游梯级调节减小截流流量。由于电站发电以后，其发电时段由电网调度中心统一管理，且受发电利益影响，在梯级调度上难度较大。

6.2.3　新型截流建筑物研究

1. 高落差截流中常用堰型水力学研究

龙口护底施工中，通过抬高护底高程，可以减小龙口段水深，达到降低龙口落差的目的，如设置拦石坎。但拦石坎高程设置过高，会降低龙口泄流能力。而拦石坎通长设置，在宽明渠中，其工程量无疑会大大增加，加大施工成本。必须对拦石坎结构形式进行研究，以保证截流成功，并降低施工成本。

(1) 拦石坎。

拦石坎沉没于水下，类似于过水围堰，属于堰流，其泄流能力可按折线形实用堰进行计算。图 6.9 所示为折线形实用堰泄流示意图。

实用堰水力计算公式见式(2.4)。

式(2.4)中的侧向收缩系数 ε 还可通过式(6.7)来计算。

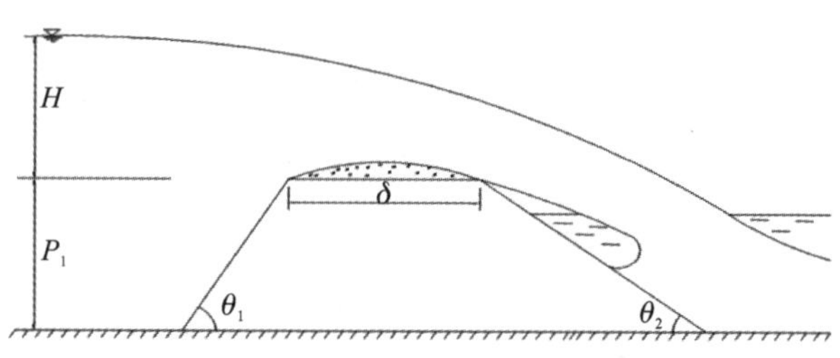

图 6.9　折线形实用堰泄流示意图

$$\varepsilon = 1 - 0.2[K_a + (n-1)K_p]\frac{H_0}{nb'} \tag{6.7}$$

式中：n——堰孔数；

H_0——堰顶全水头；

b'——单孔净宽；

K_a——边墩形状系数；

K_p——闸墩形状系数，因堰体无闸墩，其值可近似取为1.0。

流量系数 m 是反映堰的泄流能力的综合特征值，影响因素主要有堰顶厚度 δ、上游堰高 P、堰上水头 H、堰的上下游边坡坡度 S 和 S'。实践证明，要同时计入如此多的影响因素，从理论上讲求解 m 值是非常困难的。实际计算时，通常有两种方法：其一是按 δ/H、P/H、S、S' 值查表或使用内插法求得，其二是按 h_s/H（h_s 为下游水位超过堰顶的水深值）值的大小分成三种溢流状态，即完全溢流、不完全溢流、淹没溢流。

表6.8所示为折线形实用堰有关系数。

表 6.8　折线形实用堰有关系数

上游面坡度 S	下游面坡度 S'	自由出流流量系数 m	分界点 h_s/H
<0.6	0～3/4	$0.31+0.23H/P_1$	0.60
≈1	0～1.5	$0.29+0.32H/P_1$	0.45
≈1.5	0～3.0	$0.28+0.37H/P_1$	0.25

（2）拦石桩。

设置拦石桩后，当水流流经桩体之间时，产生类似于宽顶堰流的水流现象，其情形可按无坎宽顶堰进行计算。

宽顶堰与实用堰一样，也应考虑侧向收缩及淹没出流对其过流能力的影响，宽顶堰的水力计算公式仍可由式(2.4)来表达。

无坎宽顶堰堰流水力计算公式与普通宽顶堰堰流公式相同，但在计算中一般不单独考虑侧向收缩的影响，而是把它含在流量系数中一并考虑，即取 $m'=\varepsilon m$。则无坎宽顶堰的水力计算公式见式(6.8)。

$$Q=\sigma m'nb'\sqrt{2g}H_0^{\frac{3}{2}} \tag{6.8}$$

式中：Q——过堰流量，m^3/s；

σ——淹没系数；

n——宽顶堰溢流孔数；

b'——单孔闸孔宽度，m；

g——重力加速度，m/s^2；

H_0——堰头水深。

桩体通常为圆弧形，其流量系数 m' 值可由表6.9查得。

表6.9　圆弧形翼墙的流量系数 m' 值

r/b	b/B										
	0.0	0.1	0.2	0.3	0.4	0.5	0.6	0.7	0.8	0.9	1.0
0.00	0.320	0.322	0.324	0.327	0.330	0.334	0.340	0.346	0.355	0.367	0.385
0.05	0.335	0.337	0.338	0.340	0.343	0.346	0.350	0.355	0.362	0.371	0.385
0.10	0.342	0.344	0.345	0.347	0.349	0.352	0.354	0.359	0.365	0.373	0.385
0.20	0.349	0.350	0.351	0.353	0.355	0.357	0.360	0.363	0.368	0.375	0.385
0.30	0.354	0.355	0.356	0.357	0.359	0.361	0.363	0.366	0.371	0.376	0.385
0.40	0.357	0.358	0.359	0.360	0.362	0.363	0.365	0.368	0.372	0.377	0.385
≥0.50	0.360	0.361	0.362	0.363	0.364	0.366	0.368	0.370	0.373	0.378	0.385

注：r 为圆弧翼墙的半径；b 为堰孔净宽；B 为上游渠道底宽。

(3) 梳齿墩。

梳齿墩的相关计算可详见第2章2.2.3节“梳齿墩截流施工”中“2.截流拦石技术”的相关内容。

2. 常用堰型稳定性研究

(1) 拦石坎(折线形实用堰)。

拦石坎形似过水围堰，主要淘刷部位是拦石坎下游堰脚和下游河床，若拦石坎置于砂卵石覆盖层，受堰体渗透破坏影响，极易形成塌陷。拦石坎下过堰水流的衔接流态直接影响围堰下游河床的淘刷，与拦石坎下游平台设计以及结构形式密切相关，其合理性关系到拦石坎的稳定性。

拦石坎下游消能防冲段在堰体陡坡段的末端，此处水流流速较高，多属急流。下游河段的正常水流多为缓流。拦石坎出口消能段与拦石坎下游河床的水流多为底流、面流或挑流 3 种形态，其相应的消能形式则为底流消能、面流消能和挑流消能。一般而言，面流消能用于下游水位变化能力弱的场合，消能效果虽不如挑流消能和底流消能，但由于河床底部流速小，河床加固较为简单或无须加固。对于基岩裸露型的河床，采用面流消能、底流消能或挑流消能，基本上都能满足要求。但对于覆盖层比较深的河床，底流消能时河床冲刷面积大且冲坑距离堰脚近，挑流消能时河床冲坑深且冲刷量大，这两种消能方式都很可能影响拦石坎的稳定。鉴于以上原因，对于河床覆盖层较厚的河床，一般采用面流消能的形式。

①冲刷计算。

采用面流消能防护方式，拦石坎下游必须有足够的防护深度及防护宽度。水利部西北水利科学研究所根据混合流理论得出的冲坑经验公式，见式(6.9)。

$$T_d = \left(1 + 0.2k\frac{v_1}{v_a}\right)t_c \tag{6.9}$$

式中：T_d——最大冲深处水深，m；

v_1——入射处平均流速，m/s；

v_a——河床容许抗冲流速，m/s，其计算见式(6.10)；

t_c——界限水深，m；

k——河床特性系数，对较强基岩取 $k=0.1$，软弱基岩取 $k=0.2\sim0.3$，软基河床取 $k=0.4\sim0.5$。

$$v_a = 2.1\sqrt{g\left(\frac{\gamma_s-\gamma}{\gamma}\right)d_m}\left(\frac{h}{d_m}\right)^{0.08} \tag{6.10}$$

式中：γ_s、γ——冲刷材料和水的容重，kN/m^3；

g——重力加速度，m/s^2；

h——水深，m；

d_m——中值粒径，m。

对于冲刷坑的另一个衡量指标坑距，即冲坑最深点到射流入射点之间的水平距离，水利部西北水利科学研究所提出坑距的经验公式，见式(6.11)。

$$L_d = 3.0q^{0.67}\left(\frac{t}{d_m}\right)^{0.095} \tag{6.11}$$

式中：L_d——坑距，m；

q——单宽流量，m^2/s；

t——下游水深，m；

d_m——中值粒径，m。

河床冲刷深度采用式(6.9)进行计算，并依据式(6.11)计算出混合流坑距，要求坑距超出围堰堰脚，以免水流直接冲击堰脚而使堰脚发生局部破坏。

②堰体稳定性判别。

如果下游河床的淘刷范围波及围堰(拦石坎)堰脚，则认为堰脚受到淘刷，堰脚失去稳定。过水围堰下游冲刷模型计算仿真流程如图 6.10 所示。

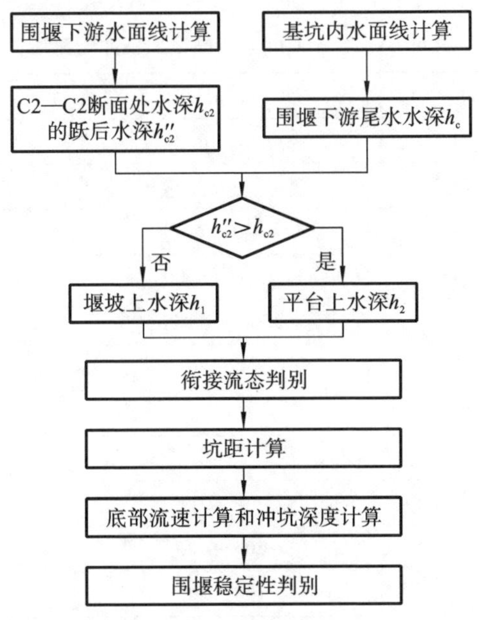

图 6.10　过水围堰下游冲刷模型计算仿真流程

(2) 拦石桩。

截流龙口设置拦石桩，其形式同桥渡水文，桩体引起水面侧向收缩，抬高堰前水深，加大水的势能，桩体之间流速急剧加大，引起桩间覆盖层冲刷，其冲刷分为一般冲刷和局部冲刷。

根据《公路工程水文勘测设计规范》(JTG C30—2015)，对于非黏性土河滩部分河床的一般冲刷可按式(6.12)计算。

$$h_p = \left[\frac{\frac{Q_1}{\mu B_{tj}}\left(\frac{h_{tm}}{h_{tq}}\right)^{5/3}}{V_{H1}}\right]^{5/6} \tag{6.12}$$

式中：h_p——一般冲刷后的最大水深，m；

Q_1——桥下河滩部分通过的设计流量，m^3/s；

μ——水流压缩系数，指构筑物侧面因漩涡形成滞流区而减小过水断面的折减系数；

h_{tm}——桥下河滩最大水深，m；

h_{tq}——桥下河滩平均水深，m；

B_{tj}——河滩部分桥孔净长，m；

V_{H1}——河滩水深 1 m 时非黏性土不冲刷流速，m/s，其值可按表 6.10 选用。

表 6.10　水深 1 m 时非黏性土不冲刷流速

非黏性土		$\bar{d}$/mm	V_{H1}/(m/s)
砂	细	0.05～0.25	0.35～0.32
	中	0.25～0.50	0.32～0.40
	粗	0.50～2.00	0.40～0.60
圆砾	小	2.00～5.00	0.60～0.90
	中	5.00～10.00	0.90～1.20
	大	10～20	1.20～1.50
卵石	小	20～40	1.50～2.00
	中	40～60	2.00～2.30
	大	60～200	2.30～3.60
漂石	小	200～400	3.60～4.70
	中	400～800	4.70～6.00
	大	>800	>6.00

非黏性土桥墩局部冲刷可按式(6.13)和式(6.14)计算。

当 $V \leqslant V_0$ 时，

$$h_b = K_\xi K_{\eta 2} B_1^{0.6} h_p^{0.15} \left(\frac{V - V_0'}{V_0}\right) \tag{6.13}$$

当 $V > V_0$ 时，

$$h_b = K_\xi K_{\eta 2} B_1^{0.6} h_p^{0.15} \left(\frac{V - V_0'}{V_0}\right)^{n_2} \tag{6.14}$$

式中：h_b——桥墩局部冲刷深度，m；

K_ξ——墩形系数；

B_1——桥墩计算宽度，m；

h_p——一般冲刷后的最大水深，m；

$K_{\eta 2}$——河床颗粒影响系数，其计算见式(6.15)；

V——一般冲刷后墩前行进流速，m/s，按《公路工程水文勘测设计规范》(JTG C30—2015)规定计算；

V_0——河床泥沙起动流速，m/s，其计算见式(6.16)；

V'_0——墩前泥沙起冲流速，m/s，其计算见式(6.17)；

n_2——指数，其计算见式(6.18)。

$$K_{\eta 2} = \frac{0.0023}{\overline{d}^{2.2}} + 0.375\overline{d}^{0.24} \tag{6.15}$$

$$V_0 = 0.28(\overline{d} + 0.7)^{0.5} \tag{6.16}$$

$$V'_0 = 0.12(\overline{d} + 0.5)^{0.55} \tag{6.17}$$

$$n_2 = \left(\frac{V_0}{V}\right)^{0.23+0.19\lg\overline{d}} \tag{6.18}$$

式中：$\overline{d}$——河床泥沙平均粒径，mm。

设置拦石桩时，须根据截流块体大小选取适当的桩径与桩间距，其稳定性影响因素主要有两方面：一是当设置单排桩时，根据堰体泄流条件，桩间距密度大会起到壅水及拦碴效果，但桩间冲刷也会随之加剧，在覆盖层冲刷严重时其稳定性会受到严重影响；二是桩体深度与桩径决定其拦碴效率，与拦碴粒径关系甚密，亦决定了桩体成本。

为保证良好的拦碴效果，并减小桩间冲刷，可以设置多排桩，加大桩间距，以梅花形进行布置。

决定局部冲刷深度的影响因素为：基础周围水流的行进流速，基础宽度，河床质粒径的组成，基础周围开始冲刷时速，河床泥沙的起动流速，水深与基础形状等。群桩的基础冲刷比单桩冲刷影响因素更多，水流冲击群桩发生的作用较为复杂，除考虑单桩的因素之外，还受水流与各单桩之间的相互作用的影响。群桩基础冲刷计算分析可参照《铁路工程设计技术手册：桥渡水文》(1999 年)提供的群桩冲刷计算公式。

拦石桩在深厚覆盖层高落差截流施工中，为保证其稳定性，在采用单排桩时，须加大护底宽度，减小覆盖层冲刷深度。同时，桩径的大小需经准确的力学计算后方能采用。

(3) 梳齿墩。

基于堰体泄流研究,综合拦石桩的稳定性研究,提出梳齿墩截流技术方案如下。

①通过修建护底防渗墙,减少预进占过程中高流速造成的渗透破坏及冲刷破坏,保证护底的稳定性。

②通过修建护底平板混凝土,减少龙口高流速水流造成的河床软基冲刷破坏,稳定龙口抛投特殊料物,减少流失量;平衡龙口落差。

③通过修建梳齿墩,可创造良好分流条件,减小特殊料物粒径、抛投强度及难度,减少料物流失。

具体施工方案详见第 2 章 2.2.3 节“梳齿墩截流施工”中“1. 龙口护底技术”的相关内容。

6.3 创新总结

随着中国经济建设的持续快速发展,我国蕴藏的丰富的水电资源得以迅速开发,特别是改革开放以来,由于党和政府重视水电开发,水电建设迅猛发展,工程规模不断扩大。从 20 世纪 90 年代开始,在西部大开发的战略下,开发西部水电宝藏,实现“西电东送”,促进全国联网,由此溪洛渡、向家坝、锦屏一级、锦屏二级、龙滩等一大批骨干水电站陆续建成投产,金沙江、雅砻江、大渡河、岷江等全面开发,水电工程设计、施工、装备制造技术也得到迅猛发展。

四川在水电开发方面具有得天独厚的自然条件,然而由于特殊的地形地貌特征,大量的水能资源分布在河流中上游人口稀少的三州地区,而河流下游人口集中、工业发达,急需能源的盆地平原区水能资源分布较少。2004 年 9 月,为合理利用大渡河水力资源,适应环境保护、征地移民政策的变化,满足新的要求,结合流域经济、社会发展状况,《大渡河干流水电规划调整报告的评审意见》出台,将原来 17 级开方发案优化为 22 级,并对大渡河干流下游梯级开发提出指导性意见,规划了沙湾、沫水、安谷三级开发方案。

根据水电站集中落差的方式,可将水能的开发方式分为三种:坝式开发、引水式开发和混合式开发。沙湾水电站若采取堤坝式的高坝大库方式开发,或采用引水式开发,或采用纯河床式开发,均各有缺点,不宜采用。

经技术经济综合比较,针对该河段的特点采取了一种全新的开发方式:河床式厂房加长尾水渠的混合式开发。利用此方式可完成该河段的水能资源开发利

用，而其筑坝壅水高度仅 15.5 m，河床式厂房后接长约 9 km 的尾水渠，尾水渠集中落差 14.5 m，电站总利用落差达 30 m。这种低坝长尾水渠的混合开发方式得到了中国水利水电建设工程咨询有限公司和中国国际工程咨询有限公司专家的充分肯定和认可，并在安谷水电站 9.5 km 尾水渠得以成功运用。在此过程中，成功申请了“一种在平原性河流上集聚水能的建筑物”实用新型专利。

在沙湾水电站和安谷水电站的开发建设中，建设队伍通过施工实践，解决了诸多施工难题并取得了一定的成果，具体运用情况如下。

6.3.1　强透水深基坑纯砂层施工技术应用及创新

沙湾水电站河床覆盖层最大厚度约 77.8 m，主要分布于河流左岸Ⅱ级阶地及河床内左右两侧深切河槽中、下部。物质组成为砾卵石、漂砾卵石夹砂或粉土、砂夹砾卵石，层中夹粉细砂层透镜体（俗称纯砂层），其厚度为 6.6～34.4 m；在基坑中出露了一种特殊的地质体——孤块石夹黏土透镜体，厚度约 26 m，顺纵向围堰堰脚呈长条形展布，具有复杂的物质组分，以灰岩、白云岩为主，其次为泥质白云岩、泥质粉砂岩及玄武岩和河床漂卵石，透镜体中孤块石含量占 85%～90%，块径一般为 20～200 cm；岩溶承压水埋藏深度距河床基岩面以下 3.32～50.95 m，最大水头为 86.42 m。

沙湾厂房深基坑土石方开挖支护施工面临以下问题。

（1）厂房基坑为封闭式深基坑，其深度为全国之最，而且右岸为高边坡，施工布置难度非常大。

（2）基坑渗水量大，由投标时的 750 m^3/h 左右增加到最大值约 8700 m^3/h。

（3）由于基坑内及基坑边坡纯砂层的处理方式存在较多的不确定性，其处理效果不一定明显，施工进度受到严重制约。

（4）由于集水槽的布置，将基坑分割成许多小块；由于渗水来源的不确定，集水槽的位置在不断变化，给施工布置带来较大难度。

（5）为有效抽排水，设置的水泵群随着开挖的下降需要频繁移动，相应的临时道路变化频繁，对开挖工作的干扰极大。

（6）基坑内孤石分布范围较大，绝大多数为大块体，分层开挖时有时会占基坑开挖面积的 2/3，解炮工作量大，造成道路布置困难。

（7）基坑深厚覆盖层开挖与边坡稳定的关系较为复杂，为了保证基坑的安全，基坑四周边坡支护种类较多，支护工作量大，影响开挖施工进度。

（8）因紧邻基坑的右岸高边坡坡面几乎直立，上部施工将直接影响基坑开挖和支护工作,组织协调关系复杂,安全问题十分突出。

为有效提高开挖施工效率,加快开挖施工进度,对纯砂层的开挖施工方法进行了专项研究。

(1) 根据纯砂层的分布情况,对排水方式、机械设备配置和开挖方法等进行了研究,采取先降水再换填铺筑施工道路的方式,有效解决了纯砂层承载力低、施工机械设备下陷的问题。

(2) 采取多种排水方式相结合的方法对含水量丰富、渗水量大的纯砂层进行排水,保证干地作业。

(3) 采用分层开挖方式,并合理安排施工机械,对厚度较大的纯砂层进行开挖,最大限度地保证施工机械的使用效率。

(4) 采用框格梁对纯砂层坡面进行分格处理,以土工布覆盖边坡面,并采用钢筋石笼压坡脚,有效防止了纯砂流失,降低失稳风险。

(5) 采取基坑大排量水泵串联接力的排水措施,实现了纯砂层的快速高效排水。

最终,通过将“换填法”“倒退法”和“滤水法”相结合,并辅以“直接开挖法和预留开挖法”,保证了纯砂层的快速、高效和有序施工,减少了工程概算投资 200 余万元,缩短施工工期 1 个月。“强透水深厚覆盖层基坑纯砂层开挖施工工法”获得四川省省级工法、中国电力建设企业协会工法和中国电建集团工法,并在后续斜卡水电站深基坑和去学水电站深基坑开挖施工中得到推广运用。

6.3.2 薄层互层状极软岩快速开挖施工技术应用及创新

安谷水电站是四川大渡河干流梯级开发中的最后一级,是四川省重点工程,也是当时中国电建集团投资规模和装机容量最大的水电开发项目。工程采用混合开发方式,装机容量 4×190 MW+1×12 MW(生态机组),厂房坝段地面高程 374.5～381.4 m,建基高程 325.321 m,最大下挖深度 56 m。河床覆盖层为砂砾卵石层,厚度 9.7～21.6 m。下伏基岩顶面高程 357.98～367.67 m,为中厚层夹薄层状砂岩及泥岩薄层,岩体无强风化,弱风化带厚 10～12 m。新鲜岩体饱和抗压强度 12.7 MPa,为软岩。在高程 347.0 m 以下薄层状砂岩夹中厚层砂岩及泥岩薄层,强度较低,饱和抗压强度为 4.2 MPa,属极软岩,完整性差,为厂基地基持力层。

开挖区红砂岩属于极软岩,在边坡成形、支护、建基面保护过程中若不采取有效的技术措施,极易造成开挖边坡成形质量差、岩石崩落安全风险大、超挖严

重、清理工程量大，给工程施工进度及成本控制造成极大的困难及损失。

解决极软红砂岩大面积开挖的核心在于排水，通过研究与实践，提出"顶部截水＋中间引水＋底排强排"的排水思路。开挖前沿轮廓线设置截水沟，截水沟的坡降及大小根据岩石走向及建筑物轮廓线确定；岩层层间渗水利用马道设置排水沟，或设置排水软管将水引至泵坑；最后由基坑底部泵集中抽排。

极软岩因其独特的岩层特性，其开挖方式也异于常规爆破开挖方式，主要影响包括轮廓边坡的精准控制、高强度爆破的参数设计以及建基面的保护。为实现极软岩深基坑安全、高效的开挖，主要有三个施工关键点：一是在开挖极软岩前通过爆破生产性试验，确定极软岩不同坡比条件下的预裂爆破参数；二是利用先锋槽采用浅孔梯段爆破方法施工，并确定主爆破孔的设计参数；三是主爆孔造孔设备调整为 TB1135CH 改进型液压钻机，提高造孔速率。

通过实践，基坑部位石方月最高开挖强度由投标阶段的 29.2 万 m^3/月提高至 34.27 万 m^3/月，开挖时间由原计划的 6 个月缩短至 4 个月，为后续混凝土施工赢得宝贵的时间。"大面积低强薄层状砂岩及泥岩预裂爆破质量控制"获电力建设优秀质量管理 QC 成果三等奖。

6.3.3　砂卵石地层快速支护施工技术应用及创新

安谷水电站所在河段河谷开阔，厂坝基坑施工采用枢纽明渠全年导流方式，尾水渠基坑施工利用左岸河道拓宽疏浚后的尾水渠明渠枯期导流方式。导流施工主要包括尾水渠导流明渠(桩号 0＋000～9＋967)、泄洪渠(桩号 0＋490～3＋600)和枢纽明渠(桩号 0＋000～1＋881)。根据水力模型试验结果，枢纽明渠和尾水渠明渠的水力学条件非常复杂，设计根据不同的水力学条件，采取了钢筋石笼、混凝土面板、格宾石笼、混凝土预制块、干砌石、浆砌石等多种支护方式，支护工程量大。枢纽明渠和尾水渠明渠施工区均紧邻主河道，水系发达，基坑周边下伏砂卵石，属强透水层，无渗控体系，渗水量极大。渗流处理不好，将对明渠的开挖支护成型造成较大影响。由于环评验收、移民征地等影响，尾水渠的施工工期由 7.5 个月压缩至 5 个月，枢纽明渠和泄洪渠的施工工期更是压缩至 2 个月，砌体合计高峰强度为 28.7 万 m^3/月，混凝土合计高峰强度为 8.9 万 m^2/月，施工强度非常高。如何在复杂的工况条件下，实现砂卵石地层边坡支护施工快速、高效、经济地进行，确保施工强度和质量，是厂坝枢纽主体工程施工工期保障的关键。

针对砂卵石地层高强度支护施工特点，通过现场试验和工程施工实践，充分利用现场条件，对原状砂砾石料通过剔除大粒径卵石后，经配合比试验，掺入水泥和水，用反铲拌和均匀后入仓浇筑，形成混凝土结构物，开创了原级配混凝土施工技术。

耐特笼土工网主要用于北方土质边坡的支护，主要采用小直径钢筋锚入土质边坡进行固定。而砂卵石边坡钢筋植入过程中一旦遇到大粒径卵石，无法达到要求的锚入深度，针对此特点，研究了"三位锚固"方案。

(1) 齿槽锚固：开挖边坡坡脚齿槽，沿齿槽底部铺设耐特笼后，齿槽回填砂卵石料，耐特笼再反卷与边坡耐特笼土工网连接牢固。

(2) 坡面锚固：边坡坡面按照一定间距开挖深坑，坑内埋入砖块，砖块上捆绑铅丝，铅丝伸出砂卵石坡面。深坑回填后沿坡面铺设耐特笼土工网，再将铅丝与耐特笼土工网连接牢固。

(3) 坡顶锚固：将边坡顶部的耐特笼土工网水平延伸至边坡内，其上填筑碾压密实。

通过优化支护结构和形式，采用原级配混凝土施工工艺和耐特笼土工网进行渠道边坡支护，选择合理的施工布置和基坑渗流控制、处理措施，满足了高强度快速施工的要求，在合同规定工期内完成了支护施工。该项技术获得水电七局科技进步二等奖，并在安谷水电站后续主体副坝、长尾水渠及河道水系治理上得到广泛运用。通过超常规资源调配、优化施工方案、强化组织协调、加大资源投入等方式，在提前策划和做足施工准备的情况下，创造了土石方开挖单日12万 m^3 和单月320万 m^3 的行业内罕见施工纪录。

6.3.4 新型梳齿建筑物截流施工技术应用及创新

安谷水电站枢纽位于大渡河末端，河道交错、岔河众多、水系控制复杂，由于河床的特殊性，工程建设无法像其他水电站"一截一导定终身"，而需要进行分期多次截流，导流施工时，工期条件下最紧密的一次需要在一个月内完成三次截流流量在500 m^3/s 以上的截流施工，截流频繁、截流流量大、软弱河床是安谷水电站施工常态。其中，枢纽主体二期截流施工是难度最大的一次。

为确保二期截流的顺利实现，项目部核心骨干及技术人员多次召开技术专题会，通过优化施工参数、合理选择施工工艺及设备、优化截流施工组织方案，针对宽明渠高落差深厚软基条件下的龙口段截流方法、进占方式、龙口护底技术、截流特殊料物选择、施工机械设备配型进行了分析和研究，并对截流施工技术和组织方式进行了总结，提出了梳齿截流施工方法，其主要创新点如下。

(1) 采用井字格塑性防渗墙＋混凝土底板组成的龙口刚性护底设施,减少龙口段进占过程中高速水流对龙口护底设施及软基河床的冲刷破坏,稳定龙口抛投的特殊料物,减少特殊料物流失量。

(2) 采用混凝土矩形墩＋钢索连接形成截流拦石设施,通过修建梳齿墩,利用梳齿过流流态快速形成闸前壅水,平衡龙口落差,创造良好分流条件;梳齿建筑物减小特殊料物料径、抛投强度及难度;梳齿及钢丝绳形成拦石栅,减少了截流料物流失。

(3) 利用梳齿矩形墩浇筑扶壁式挡水墙形成围堰龙口段防渗设施,使得后续围堰防渗体系可以与梳齿护底有效结合,节约施工成本及工期。

(4) 在截流建筑物研究基础上,对截流料物及施工设备配型制定了相应的处理措施;通过浇筑原级配混凝土六面体(1.5 m×1.5 m×1 m),实现了截流料物的快速施工,降低材料成本;通过原级配混凝土六面体特殊料物的使用,实现了常规挖掘机、装载机、自卸汽车、汽车吊在截流工程中的运用,减轻了组织难度,降低施工成本。

该技术减少了戗堤和特殊料物抛投量及料物流失,节约施工成本约 600 万元。“宽明渠高落差深厚软基新型截流施工技术研究”获得中国电力企业协会电力建设科学技术进步三等奖,“一种开阔深厚软基河流上的截流建筑物”获实用新型专利,并获得四川省省级工法,关于截流施工的论文刊发于《四川水利》。

6.3.5　厂坝混凝土高效施工组织关键技术应用及创新

安谷水电站具有建筑结构类型多、结构复杂、混凝土工程量大、质量要求高,施工组织上涉及多次施工导截流、汛期影响、金属结构及机电安装多个专业交叉,组织难度大等特点。受环评及征拆影响,枢纽主体标段的开工时间较计划时间滞后一个枯期,为保证发电工期不变,将原滞后的工期按照枯、汛时段分期进行压缩控制,形成极大的工期压力。为顺利实现工期目标,技术是保障,高效的施工组织是关键,而重中之重是混凝土浇筑施工的组织与管理。进水口闸墩及压力墙是厂房主体工程的重要组成部分,金属结构埋件多,结构复杂,而且受到较大的水压力,其结构安全、防渗质量控制极为关键。进水口闸墩是挡水度汛及首台机组发电两条关键线路上的重要部位。安谷水电站进水口闸墩墩高为 54.144 m,设计有胸墙底梁及门楣,下游侧与厂房压力墙连为一个整体。由于厂房进水口闸墩受业主工期调整影响,为保证后期金属结构安装工期,厂房进水口土建部分实际施工时间由原来的 8 个月缩短至 6 个月,因垂直运输设备布置受限，进水口闸墩施工面临巨大挑战，为了确保施工进度，引入滑模施工工艺，但因河床式厂房闸墩结构功能多，模体设计与爬升施工时难度极大，主要表现在门槽数量较多，插筋预埋量大；在高程 364.556 m 处设计有门楣底梁，结构突变；墩与墩之间胸墙底部悬空结构，若搭设承重架施工，滑模施工的优势将不再明显。为保证方案的顺利实现，对影响施工的关键点做了改进和优化，一是将门槽埋件形式调整为钢板；二是将门楣位置二期预留；三是在胸墙底部设置半预制梁，并就锚固结构进行了专家咨询，形成等截面变体型滑模施工工法，最终实现了厂房 1 #机进水口闸墩历时 18 天浇筑到顶，滑升高度 45.5 m，极大地缓解了工期压力，该项工法重点解决了厂房闸墩滑模施工中体型变化的难题，获得四川省省级工法。

此外，在枢纽工程施工中研发了一种铜片止水加工装置，提高了铜片止水的施工质量和效率，节约成本 37 万元；研发了一种自卸汽车卸料装置，降低平板汽车卸料人工成本；为保障厂房部位施工门、塔机的运行安全，针对施工门机及塔机各自运行方式，引入防碰撞系统，并针对门机动臂运行为球面的特点，改进了碰撞参数方程，并编制运行规程，切实提高施工效率。在加强技术支撑的基础上，进行沐龙溪明渠跨尾水渠导流方案、泄洪冲沙闸门机布置方案优化。高度重视各级管理机构的全职能建设，提高团队活力；同时，成立“信息中心”对施工日志、生产信息及资料、机械设备效能、变更补偿资料、竣工资料准备等进行专项收集和管理，提出预警信息，强势推动项目综合高效运转，在 2012 年 11 月实现了闸坝式电站常态混凝土月浇筑 14.2 万 m^3 的施工纪录，连续 5 个月累计混凝土浇筑突破 9 万 m^3。

6.3.6 混凝土数字化控制技术应用及创新

水工建筑物的混凝土浇筑质量控制一直是困扰施工的难题。振捣施工是混凝土浇筑的关键工艺，对新拌混凝土浇筑振捣效果的可靠测试是混凝土质量控制的重要环节。而目前施工时通常是通过施工人员的经验来控制振捣棒的插入位置、振捣深度和振捣时间等参数，判别混凝土振捣密实与否。实际施工过程中施工环境复杂，振捣质量受人为因素和工作条件影响很大，同时浇筑信息传递手段滞后，一旦出现欠振、过振及漏振，留下质量缺陷且无法及时获知，会成为影响混凝土浇筑振捣质量的瓶颈。

为此，建设队伍利用单位的平台，联合同济大学，针对混凝土施工过程的精细信息化管控技术与装备开展了研发和应用，首次融合材料工艺、机电自控、人

体工学、GPS-RTK、微电子、网络通信、数据库、人工智能和 BIM 施工等多学科理论与方法在混凝土施工精准馈控成套技术上集成创新，通过研发一整套完备成熟的混凝土施工环节要素（如工作流变性、振捣工艺参数等）的实时量化在线采集智能仪器与装备，配套开发远程实时数字化馈控平台，实现混凝土从生产、运输到现场浇捣质量的数字精细化在线馈控；成果技术与装备可精确掌控调节拌和物生产至入仓的工作性参数，精细识别现场人工振捣混凝土过振、漏振与欠振现象并及时准确反馈指导修复，避免混凝土因施工过程的不可控性带来质量和经济损失，其主要创新点如下。

（1）创建了混凝土流变学可视化试验方法，提出了物模＋数模的理论分析模型，为掌握施工现场拌和物流变特征提供了关键理论支撑。

（2）构建了基于能量累积分析法的混凝土流变振动密实评价模型，填补了混凝土振捣效果数字化分析的理论研究空白。

（3）构建了基于原料配合比与环境因素的拌和物流变性综合表征指标体系，提出了基于拌和物流变参数变异的多因素模糊层次分析法，解决了现场拌和物工作性经时损失的可量化调控技术难题。

（4）研发了智能在线流变仪，开发了现场拌和物工作性馈控专家系统，创建了混凝土生产浇筑工作性的精准调控智信化技术，显著提升了混凝土生产与施工的稳定可靠性能；自主研发了振捣智能穿戴设备，突破了人工振捣工艺参数信息可量化的技术瓶颈，实现了振捣工艺效果的数值化表征；融合施工过程单元体 BIM 建模及云数据平台，创建了混凝土实时振捣信息可视化馈控管理方法，解决了直观精准馈控混凝土实时振捣缺陷的关键技术难题。

该项技术成功运用于观音岩水电站厂房、成都轨道交通 18 号线锦城广场站、成都金融总部商务区基础设施建设工程综合管廊等项目，并在进一步推广运用过程中。该项研究获得中国电建集团科学技术进步三等奖、中国电力企业科学技术进步二等奖、中国电力创新一等奖，并获得实用新型专利 2 项、发明专利 1 利以及软件著作权 1 项。

6.4　不足及改进之处

大渡河下游河段水流和地形条件复杂多变，同时两岸城镇较多，电站的布置及其涉及的水力学问题较多，也较复杂，具有重要的研究意义。由于时间和能力的限制，还有很多问题需要做进一步的研究。

(1) 长尾水渠内通航问题中的关于船舶在尾水渠内航行难点、船舶最佳航线和驾驭方式的选择的研究课题均有待于进一步的研究。

(2) 电站枢纽库区的泥沙淤积和电站进口引水防沙等问题的研究,对于电站的正常运行具有重要意义,有待于进一步的研究。

(3) 安谷水电站的开发,将复杂的分汊型河道合并为单一河道,彻底改变了原河道的地形地貌与行洪滞洪和生态环境条件,因此安谷枢纽布置对河流行洪、沿岸城镇防洪以及生态环境的影响等课题,均有待于进一步的研究。

参考文献

[1] 陈祖煜,周晓光,陈立宏,等.务坪水库软基筑坝基础处理技术[J].中国水利水电科学研究院学报,2004(3):9-13,20.

[2] 谌祖安.大渡河下游电站枢纽布置及其水力学问题研究[D].重庆:重庆交通大学,2014.

[3] 成体海.安谷水电站防渗墙成槽工艺探讨[J].四川水利,2014,35(4):14-17.

[4] 程念生.二滩拱坝混凝土及其分区设计[J].水电站设计,2000(4):38-41.

[5] 高明军.大渡河沙湾水电站开发方式及其长尾水渠水力学特性研究[D].成都:四川大学,2005.

[6] 高星吉,杨兴国,李祥龙,等.强透水深覆盖层基坑纯砂层开挖施工技术[J].四川水力发电,2008,27(6):97-99.

[7] 国家能源局.混凝土面板堆石坝设计规范:NB/T 10871—2021[S].北京:中国水利水电出版社,2021.

[8] 国家能源局.混凝土面板堆石坝施工规范:DL/T 5128—2021[S].北京:中国电力出版社,2021.

[9] 何承海,孔云洲.安谷水电站厂坝枢纽防渗漏系统设计与施工[J].四川水利,2016(3):63-64,70.

[10] 何兴勇.水电站施工截流方法及其应用研究[D].成都:四川大学,2006.

[11] 河北省交通规划设计院.公路工程水文勘测设计规范:JTG C30—2015[S].北京:人民交通出版社,2015.

[12] 胡良文,罗涛,单智杰.大渡河安谷水电站工程特性分析[J].四川水利,2020,41(6):28-30.

[13] 简祥,何江达,苏向震,等.沙湾水电站深基坑塑性混凝土防渗墙应力及变形研究[J].红水河,2009,28(2):33-38.

[14] 孔云洲,曹辉.安谷水电站尾水渠极软红砂岩长缓坡开挖施工[J].四川水利,2016,37(3):3.

[15] 李万舒.沙湾水电站引水隧洞穿越赋水砂砾石地层设计和工程实践[J].

工程建设与设计，2019(21)：89-91.

[16] 李旭辉.水电站碾压式混凝土坝的施工技术与质量控制[J].工程建设与设计，2021(19)：103-105.

[17] 李永清，高明军.沙湾水电站尾水渠防渗墙设计[J].四川水利，2010，31(2)：2-6.

[18] 李忠贵.河床式电站导流工程施工实践和探讨[J].云南水力发电，2002(1)：99-102.

[19] 刘典忠，肖恩尚，孙亮.大渡河安谷水电站左右岸副坝混凝土防渗墙施工[C]//中国水利学会地基与基础工程专业委员会.2015 水利水电地基与基础工程——中国水利学会地基与基础工程专业委员会第 13 次全国学术研讨会论文集.北京：中国水利水电出版社，2015.

[20] 刘复明，叶作仁.淤泥地基中振冲法碎石桩复合地基[J].地基基础工程，1994，4(1)：3-8.

[21] 刘舒平.沙湾电站一期围堰塑性混凝土防渗墙施工[J].四川水利，2004(6)：17-20.

[22] 中华人民共和国建设部.施工现场临时用电安全技术规范：JGJ 46—2005[S].北京：中国建筑工业出版社，2005.

[23] 中华人民共和国住房和城乡建设部，中华人民共和国国家质量监督检验检疫总局.堤防工程设计规范：GB 50286—2013[S].北京：中国计划出版社，2013.

[24] 中华人民共和国住房和城乡建设部，中华人民共和国国家质量监督检验检疫总局.防洪标准：GB 50201—2014[S].北京：中国计划出版社，2014.

[25] 田巍.水电站围堰防渗和坝基灌浆施工新技术研究[J].工程建设与设计，2020(24)：105-106.

[26] 铁道部第三勘测设计院.铁路工程设计技术手册：桥渡水文[M].北京：中国铁道出版社，1999.

[27] 王庆，胡明.安谷水电站厂房混凝土浇筑施工机械布置浅析[J].四川水利，2014，35(6)：53-56.

[28] 王升德，孔云洲.安谷水电站砂卵石河床快速截流施工探讨[J].四川水利，2016，37(3)：71-72+76.

[29] 王升德，孔云洲.梳齿截流技术在安谷水电站二期截流施工中的运用[J].四川水利，2016，37(3)：73-76.

[30] 王伟建,崔金秀.河床式电站泄水闸水工结构设计研究[J].工程建设与设计,2020(2):100-101.

[31] 王元立.内河航道生态护坡防冲效果研究[D].合肥:合肥工业大学,2013.

[32] 谢世坚.沙湾水电站防渗墙施工技术[J].广东水利水电,2009(5):48-50.

[33] 徐建华.复杂地质条件下强渗水封闭式深基坑开挖方式[J].贵州电力技术,2016,19(4):66-69,42.

[34] 许天龙,赵国峰.掺水泥填筑砂卵石施工工艺浅谈[J].四川水利,2014,35(6):50-52.

[35] 许永刚.黄土地区引水渠生态边坡稳定性影响分析[D].兰州:兰州交通大学,2022.

[36] 杨晓,陆卫东.浅谈纯抓法施工(40 cm)薄防渗墙施工工艺与质量控制[J].商品与质量·学术观察,2013(12):20.

[37] 中华人民共和国住房和城乡建设部,国家市场监督管理总局.钢结构工程施工质量验收标准:GB 50205—2020[S].北京:中国计划出版社,2020.

[38] 张进,张成强.水利工程加筋麦克垫生态护坡施工技术[C]//《施工技术》杂志社,亚太建设科技信息研究院有限公司.2021年全国土木工程施工技术交流会论文集(中册).[出版者不详],2021.

[39] 赵然,张柏玲.安谷水电站导流明渠砂卵石地层快速护坡技术研究与应用[J].四川水利,2012(z1):23-27.

[40] 中华人民共和国住房和城乡建设部.空间网格结构技术规程:JGJ 7—2010[S].北京:中国建筑工业出版社,2011.

[41] 中华人民共和国国家发展和改革委员会.水电水利工程土工试验规程:DL/T 5355—2006[S].北京:中国电力出版社,2007.

[42] 国家能源局.水电工程等级划分及洪水标准:NB/T 11012—2022[S].北京:中国水利水电出版社,2022.

[43] 国家能源局.水电水利工程振冲法地基处理技术规范:DL/T 5214—2016[S].北京:中国电力出版社,2017.

[44] 国家能源局.碾压式土石坝施工规范:DL/T 5129—2013[S].北京:中国电力出版社,2014.

[45] 中华人民共和国水利部.水利水电工程水力学原型观测规范:SL 616—2013[S].北京:中国水利水电出版社,2013.

[46] 国家能源局.水工混凝土施工规范:DL/T 5144—2015[S].北京:中国电力出版社,2015.

[47] 周伟.河床式水电站厂房坝段横缝止水布置形式研究[D].西安:西安理工大学,2008.

后　记

2020年，大渡河沙湾水电站枢纽工程喜获2020年度四川土木工程水利水电专业“李冰奖”。该奖是四川省土木工程领域工程建设项目科技创新的省级最高荣誉奖。

大渡河沙湾水电站属国家大Ⅱ型工程，采取河床式厂房加超长尾水渠开发方式，电站装机容量为4×120 MW，年设计发电量为24.07亿kW·h，工程总投资为49.5亿元，2005年12月主体工程开工，2010年5月工程竣工。沙湾水电站的建设体现了创新、节能、环保的宗旨，为西南电网、项目投资方及地方经济的发展发挥了重要的作用，同时，也为当地带来了很大的社会效益，截至2022年12月31日，沙湾水电站已累计发电254.68亿kW·h。

沙湾水电站枢纽工程的创新性和先进性不仅带来巨大的经济效益，还能推动我国水利工程项目建设高质量地发展。

安谷水电站位于四川省乐山市安谷河段的生姜坡，上游距沙湾水电站35 km，下游距乐山城区15 km，即大渡河河流尾端。经过专家论证和细化方案，安谷水电站采取的是“人工造坝”，即利用深挖长尾水渠来制造高差创造水头，这就意味着需建设上下游20多千米长、施工量直逼三峡的尾水渠，施工困难重重。通过设置生态流量、仿生鱼道等措施，安谷水电站环保和移民标准大幅提高。安谷水电站同样为当地带来了较大的社会效益，截至2022年12月31日，安谷水电站已累计发电214.87亿kW·h。

安谷水电站是对传统意义的水电站开发的一次颠覆，在冲积平原开阔的河床上建设水电站本来就是一个创新，从无到有，从8万到16万、64万、72万，再到最终的77.2万千瓦装机，安谷水电站不仅仅显示出装机规模的变化，更是一个采用全新开发方式的水电站。

全产业链建设、注重环保和移民的“安谷模式”不仅助力中国水电大步走出去，未来还将影响中国水电发展趋势。